Informationstheorie
in Meteorologie und Geophysik

Informationstheorie in Meteorologie und Geophysik

Mit besonderer Berücksichtigung der Maximum-Entropie-Spektralschätzung

Von

Manfred Olberg und Ferenc Rákóczi

Mit 35 Abbildungen und 19 Tabellen

Akademie-Verlag Berlin · 1984

Erschienen im Akademie-Verlag, DDR-1086 Berlin, Leipziger Straße 3–4

Lizenznummer: 202 · 100/507/83
Printed in the German Democratic Republic
Gesamtherstellung: VEB Druckhaus Köthen
Lektor: Dipl.-Met. Heide Deutscher
Einbandgestalter: Annemarie Wagner
LSV 1435
Bestellnummer: 763 221 6 (6757)

02500

Vorwort

Das Buch ist durch die Zusammenarbeit beider Verfasser im Rahmen der Kommission der Akademien der Wissenschaften sozialistischer Länder für die multilaterale Bearbeitung des komplexen Problems „Planetare geophysikalische Forschungen" (KAPG) auf dem Gebiet der statistischen Struktur meteorologisch-geophysikalischer Felder und Zeitreihen entstanden. F. RÁKÓCZI verfaßte die Abschnitte 1.1., 1.2., 2.1., 2.2., 2.3 und 2.4.1., M. OLBERG die Abschnitte 1.3., 1.4., 2.4.2. und das 3. Kapitel.

Eine ausgewählte Darstellung der konventionellen statistischen Verfahren in deutscher Sprache, speziell zugeschnitten auf die Behandlung geophysikalischer und meteorologischer Beobachtungen, liegt in dem Buch von J. TAUBENHEIM „Statistische Auswertung geophysikalischer und meteorologischer Daten" vor. Die Bearbeitung meteorologischer und geophysikalischer Meßwerte mit Hilfe informationstheoretischer Begriffe, insbesondere die Anwendung der Maximum-Entropie-Methode, stellt eine Ergänzung und Erweiterung dieser konventionellen statistischen Verfahren der Datenbearbeitung und Zeitreihenanalyse dar.

Vorliegende Monographie wendet sich vor allem an geowissenschaftlich orientierte Leser, die die neueren statistischen Analysemethoden kennenlernen und in ihrem Fachgebiet anwenden wollen, sie dürfte aber auch für Leser anderer Fachdisziplinen, die sich mit Fragen der statistischen Auswertung von Beobachtungsergebnissen befassen, von Interesse sein.

Frau I. GRESZAT möchten wir für die sorgfältige Anfertigung der Abbildungen und dem Verlag, insbesondere Frau H. DEUTSCHER, für die gute Zusammenarbeit herzlichst danken.

Berlin und Budapest

MANFRED OLBERG
FERENC RÁKÓCZI

Inhaltsverzeichnis

Einleitung

Die in großer Menge in der Meteorologie und Geophysik anfallenden bzw. bereits vorliegenden Beobachtungsdaten erfordern zu ihrer Auswertung eine breite Anwendung mathematisch-statistischer Methoden, wobei neben den klassischen Verfahren zunehmend neuere statistische Verfahren der Zeitreihenanalyse und der Theorie der Zufallsprozesse herangezogen werden. Auf zu beachtende Besonderheiten bei der Anwendung der statistischen Forschungsmethoden in der Meteorologie und Geophysik, bedingt durch die Zeit- und Ortsabhängigkeit der Meßgrößen, sei hier nur hingewiesen. Einzelheiten dazu findet man in dem im Vorwort erwähnten Buch von J. Taubenheim.

Da die meteorologsich-geophysikalischen Größen in Form diskreter Beobachtungswertefolgen (Zeitreihen) oder kontinuierlicher Registrierungen (Realisierungen von Zufallsprozessen) als „Signale" des atmosphärischen und geophysikalischen Geschehens Träger von Information sind, kann auch die Informationstheorie als Zweig der mathematischen Wahrscheinlichkeitsrechnung zur Erschließung der statistischen Struktur des Datenmaterials herangezogen werden. Die Informationstheorie baut auf dem Begriff der statistischen Entropie als Maß der Unbestimmtheit oder Unsicherheit eines Versuchsausganges auf. Jede Verminderung der Unkenntnis bedeutet daher einen Zuwachs an Kenntnis, d.h., die Information kann als Maß für beseitigte Unsicherheit aufgefaßt werden. Im informationstheoretischen Sinne sind daher Signale nur dann Träger von Information, wenn sie nicht vollständig vorhersagbar sind, wenn sie mit gewissen Unbestimmtheiten des zukünftigen Ausgangs behaftet sind.

Die Anwendungsmöglichkeiten informationstheoretischer Begriffe, insbesondere der Entropie bei der statistischen Bearbeitung meteorologisch-geophysikalischen Datenmaterials, sind vorwiegend in Einzelpublikationen verstreut über viele Fachzeitschriften zu finden. In der vorliegenden Monographie wird eine zusammenfassende Darstellung wichtiger Anwendungen der Informationstheorie in der Meteorologie und Geophysik gegeben. Bei der Literaturzusammenstellung wurde von vornherein keine Vollständigkeit angestrebt, sondern es werden nur die wichtigsten Publikationen zu dieser Thematik zitiert.

Der behandelte Stoff ist in drei Kapitel gegliedert, wobei im ersten Kapitel die notwendigen mathematisch-statistischen Grundlagen kurz dargelegt werden. Zum tieferen Eindringen in die Wahrscheinlichkeitsrechnung und mathematische Statistik sei auf die zahlreichen Lehrbücher dieses Fachgebietes verwiesen, von denen in diesem Kapitel nur einige angeführt sind. Das zweite Kapitel bringt die Anwendung der Begriffe der Informationstheorie auf Probleme der meteorologisch-geophysikalischen Datenauswertung. Dabei werden Fragen der Meßnetzdichte, der Analogie von Datenfeldern, der Abhängigkeit von Zufallsgrößen und der Überprüfung von Prognosen behandelt. Im dritten Kapitel wird die Spektraltheorie geophysikalisch-meteorologischer Zeitreihen unter besonderer Berücksichtigung der Maximum-Entropie-Methode behandelt. Das Verfahren der Maximum-Entropie-Spektralschätzung wurde in den letzten zwei Jahrzehnten entwickelt, erprobt und mit beachtenswerten Erfolgen bei der spektralen Analyse von Zeitreihen angewendet. Die Grundidee der Maximum-Entropie-Methode besteht in der Extrapolation der unbekannten Autokovarianzkoeffizienten außerhalb des Verschiebungsintervalls in der Weise, daß die Entropiedichte des zugrundeliegenden Zufallsprozesses maximiert wird. Die damit folgende Schätzung der spektralen Energiedichte eines stationären Zufallsprozesses aus den Extremwerten der Entropie ergibt eine weit bessere Frequenzauflösung als die konventionelle Schätzung des Energiespektrums über die diskrete FOURIER-Transformation der Autokovarianzkoeffizienten.

Recht günstig hat sich für die numerische Durchführung einer Maximum-Entropie-Spektralanalyse (MESA) der von BURG entwickelte Algorithmus erwiesen, der für die Analyse kurzer Zeitreihen geeignet ist. Nach BURG werden die zu berechnenden Autoregressionskoeffizienten direkt aus den Daten abgeschätzt ohne vorherige Berechnung der Autokovarianzkoeffizienten. Dieser Algorithmus wird hier etwas ausführlicher beschrieben. Insbesondere auch deshalb, weil mit seiner Hilfe sogenannte gleitende MES-Analysen durchgeführt werden können. Ist eine Zeitreihe schwach instationär, dann kann ihr gesamtes Realisierungsintervall in kurze Teilabschnitte, die sich überlappen können, unterteilt werden und für jedes Teilintervall, in dem dann die Zeitreihe als stationär angenommen werden kann, eine MESA durchgeführt werden. Durch entsprechende Darstellung der dadurch gewonnenen Serie von ME-Spektren lassen sich zeitliche Veränderungen im spektralen Verhalten einer Zeitreihe aufdecken. Dies ist insbesondere für die Untersuchung meteorologisch-klimatologischer und geophysikalischer Zeitreihen von Bedeutung, da diese über längere Zeitintervalle neben Trends auch oft Änderungen der spektralen Zusammensetzung aufweisen. Darüber hinaus ist die Kenntnis zeitlicher Änderungen des spektralen Verhaltens von Zeitreihen für die Formulierung statistischer Prognosen im Sinne von Extrapolationen der Zeitreihen erforderlich.

Die Schätzung der spektralen Energiedichte eines stationären Zufallsprozesses mit Hilfe der Maximum-Entropie-Methode erweist sich als gleichwertig mit der autoregressiven (AR-) Spektraldichteschätzung. Neben der Schätzung der spektralen Energiedichte einer Zeitreihe erlaubt die AR-Prozeßmodellierung auch eine Vorwärts-

und Rückwärtsextrapolation der Zeitreihe und damit eine Erweiterung des Datenumfangs. Darüber hinaus läßt sich die autoregressive Modellierung einzelner (einkanaliger) stationärer Zeitreihen zur autoregressiven Modellierung mehrkanaliger (multivariater) Zeitreihen erweitern. Mit Hilfe der multivariaten AR-Prozeßmodellierung versucht man, das Maximum-Entropie-Konzept auf die Analyse mehrkanaliger Zeitreihen zu übertragen. Die multivariate AR-Anlayse gestattet dann neben der Schätzung der Autospektren der Einzelreihen auch die Schätzung der Kreuzspektren (Co- und Quadraturspektren) bzw. der Kohärenz- und Phasenspektren zwischen den einzelnen Zeitreihen.

In Analogie zum einkanaligen Fall wird die Methode der multivariaten AR-Spektralanalyse oft auch als mehrkanalige MESA bezeichnet. Diese ist bisher noch nicht so ausführlich erprobt wie die einkanalige MESA. Im letzten Abschnitt werden daher nur einige zusammenfassende Hinweise zum Teil nur in Form von Blockdiagrammen gegeben. Bei der Berechnung der Autoregressionsmatrizen, die im mehrkanaligen Fall an die Stelle der Autoregressionskoeffizienten des einkanaligen Falles treten, wird dabei der normierte LEVINSON-WIGGINS-ROBINSON-(LWR-) Algorithmus benutzt. Im Anhang 1 sind die dazugehörigen FORTRAN-Unterprogramme zu finden.

Diese kurzen Darlegungen zur MESA mehrkanaliger Zeitreihen werden durch die Berechnung eines Kohärenzspektrums zwischen zwei Zeitreihen als Anwendungsbeispiel für die autoregressive Kohärenzanalyse ergänzt, das den zu erwartenden Fortschritt bei der Analyse mehrkanaliger Zeitreihen durch die Nutzung dieser multivariaten Analysemethode zeigen soll.

1. Mathematische Grundlagen

1.1. Das Wahrscheinlichkeitsfeld

1.1.1. Der Begriff des Versuches

Die in der Natur auftretenden Erscheinungen können wir in zwei große Gruppen oder Klassen aufteilen. Zur ersten Gruppe gehören Erscheinungen, bei denen man die beobachteten Größen zu bestimmten Kräften, die die Erscheinungen verursachen, durch einfache Gesetze in Beziehung setzen kann. Der Ursache-Wirkung-Zusammenhang kann dabei voll erfaßt werden, d.h., bei gleichen bekannten Ausgangsbedingungen einer Beobachtung (eines Versuchs) ergibt sich stets das gleiche Versuchsergebnis.

In die zweite Gruppe der in der Natur auftretenden Erscheinungen gehören solche, bei denen das Ergebnis, der Ausgang eines Versuches nicht mit voller Sicherheit im voraus bestimmt werden kann. Es läßt sich in diesem Falle keine einfache Beziehung zwischen der beobachteten Erscheinung und ihren Bedingungen angeben, bzw. neben den bekannten Bedingungen bestehen noch andere nichterfaßte oder unbekannte Bedingungen, die den Versuchsausgang nicht mit voller Sicherheit im voraus zu bestimmen gestatten. Solche Beobachtungen oder Versuche wollen wir *zufällige Versuche* nennen.

Im folgenden soll unter einem Versuch allgemein die Wahrnehmung einer Erscheinung verstanden werden, gleichgültig, ob es sich dabei um ein kontrolliertes Experiment handelt (aktive Vorgabe der Bedingungen) oder um die Beobachtung einer Erscheinung mit von der Natur vorgegebenen Bedingungen (ohne unsere Beeinflussung). Unter einem zufälligen Versuch verstehen wir also einen Versuch, dessen Ausgang durch die von uns berücksichtigten Bedingungen nicht eindeutig bestimmt wird.

Ein zufälliger Versuch ist zum Beispiel die Beobachtung des Wasserstandes eines Flusses an einem bestimmten Ort und zu einem bestimmten Zeitpunkt, oder der tägliche Temperaturgang an einem bestimmten Ort, die Beobachtung des Verkehrs an bestimmten Straßenabschnitten und zu bestimmten Zeiten.

Wesentlich für einen zufälligen Versuch ist, daß es stets mehrere verschiedene, mitunter unendlich viele Ausgänge gibt. So gibt es z.B. im Falle der Wasserstandsbeobachtung soviele Ausgänge, wie Wasserstände vorstellbar sind, also jede positive Zahl zwischen einem Stande 0 und einer sinnvollen oberen Grenze M. Sind bei einem Versuch nur endlich viele und nicht allzu zahlreiche Ausgänge möglich, dann können diese bei ausreichend vielen Versuchswiederholungen alle realisiert werden. Im Zusammenhang mit irgendeinem Versuch nennen wir die möglichen Ausgänge Elementarereignisse. Tritt das Elementarereignis ein, wird es also konkret verwirklicht, dann sprechen wir von seiner Realisierung. Es ist aber nicht unbedingt notwendig, daß ein elementares Ereignis realisiert wird, um als zu dem Versuch gehörendes Ereignis zu gelten. In diesem Sinne existiert ein Ereignis auch dann, wenn der Versuch gar nicht durchgeführt wird, sondern nur gedacht wird.

Die Gesamtheit der Elementarereignisse nennen wir *Ereignisraum* oder *Ereignisfeld.* Vom mathematischen Standpunkt kann der Ereignisraum durch eine Menge veranschaulicht werden. Bis zu einem gewissen Grade ist in bezug auf einen bestimmten Versuch die Definition des Ereignisraumes natürlich willkürlich. So machen wir z.B. keinen Unterschied zwischen in Wirklichkeit mehreren verschiedenen Ausgängen, wenn dieser für uns uninteressant ist.

Bei einem Versuch können außer den Elementarereignissen auch andere Ereignisse, zusammengesetzte Ereignisse, definiert werden. Das Ereignis, daß beispielsweise die Tagesdurchschnittstemperatur in das Intervall 18,1 bis 20,0 °C fällt, können wir nicht als elementares Ereignis auffassen. Auch das Auftreten einer geraden Zahl beim Werfen eines Würfels ist kein elementares Ereignis. Diese Ereignisse sind zusammengesetzte Ereignisse, aus elementaren Ereignissen gebildete Mengen, die Teilmengen des Ereignisraumes sind.

Bei der Durchführung eines Versuches nehmen wir ein Ereignis als eingetroffen an, wenn das Ergebnis des Versuches Element der das jeweilige Ereignis repräsentierenden Menge ist.

Ein mögliches Ereignis ist also aus mathematischer Sicht nichts anderes als eine Teilmenge der Menge der elementaren Ereignisse, des Ereignisraumes.

Solche Ereignisse nennen wir mögliche zufällige Ereignisse oder kurz mögliche Ereignisse. Darunter fallen auch die Elementarereignisse. Allgemein sollen die Teilmengen des Ereignisraumes, obwohl sie Mengen sind, Ereignisse heißen.

Eine besondere Stellung unter den Ereignissen nimmt die Menge des Ereignisraumes ein, die als unechte Teilmenge Ω alle Ereignisse enthält. Dazu kommt die leere Menge $\emptyset$, welche wir als Teilmenge einer jeden Menge auffassen. Die erste Menge nennen wir *sicheres Ereignis*, die letztere *unmögliches Ereignis.*

Bei den Versuchsdurchführungen setzen wir in vielen Fällen voraus, daß die Ausgänge der einzelnen Versuche unabhängig von den vorherigen Versuchsausgängen sind. Solche Versuche heißen *stochastisch unabhängig*. Die Wahrscheinlichkeit eines beliebigen Ausganges ist dabei von Versuch zu Versuch gleich.

1.1.2. Definition der Wahrscheinlichkeit

Dem Eintreffen eines Ereignisses können wir irgendeine Zahl zuordnen, die das Wahrscheinlichkeitsmaß des betreffenden Ereignisses darstellt. Das hier definierte Wahrscheinlichkeitsmaß ist ein spezieller Typ der auf Mengen definierten Funktionen. Wir fordern von diesem Wahrscheinlichkeitsmaß, daß es eine auf die physikalische Begriffswelt anwendbare Meßzahl ist.

Einen Versuch definieren wir so, daß jedem möglichen Ausgang ein Punkt des Ereignisraumes entspricht. Weiter sei vorausgesetzt, daß der Versuch höchstens abzählbar unendlich viele Ausgänge habe. Wir bezeichnen die Ausgänge mit a_k und definieren eine eindeutige reelle Funktion $m\{a_k\}$, die wir Wahrscheinlichkeitsmaß nennen.

Jedes Ereignis A ist als Menge derjenigen Ausgänge a_k aufzufassen, bei deren Eintreffen das Ereignis A eintritt. Das zu A komplementäre Ereignis $\bar{A}$ ist das Ereignis, das eintritt, wenn A nicht eintrifft. Beide Ereignisse A und $\bar{A}$ (Nicht-A) bilden zusammen das sichere Ereignis Ω.

Zwei Ereignisse A und B nennen wir disjunkt, sich gegenseitig ausschließend oder auch unvereinbar, wenn sie bei einem Versuch nicht gleichzeitig auftreten können.

Vom Wahrscheinlichkeitsmaß fordern wir die folgenden Eigenschaften:

$$0 \leq m\{A\} \leq 1, \tag{1.1}$$

$$m\{A \cup B\} = m\{A\} + m\{B\}, \tag{1.2}$$

wenn A und B disjunkt sind.

Durch das Symbol $A \cup B$ wird ausgedrückt, daß von den beiden sich gegenseitig ausschließenden Ereignissen A und B *entweder* das eine *oder* das andere eintritt, d.h., es muß $A \cap B = \emptyset$ sein. Neben der *Vereinigung* $A \cup B$ zweier Ereignisse wird mit dem Symbol $A \cap B$ der *Durchschnitt* zweier Ereignisse A und B ausgedrückt, der darin besteht, daß beide Ereignisse A und B eintreten. Das Ereignis $A \cap B$ umfaßt das verbundene Eintreten zweier zufälliger Ereignisse (siehe dazu die Abb. 1).

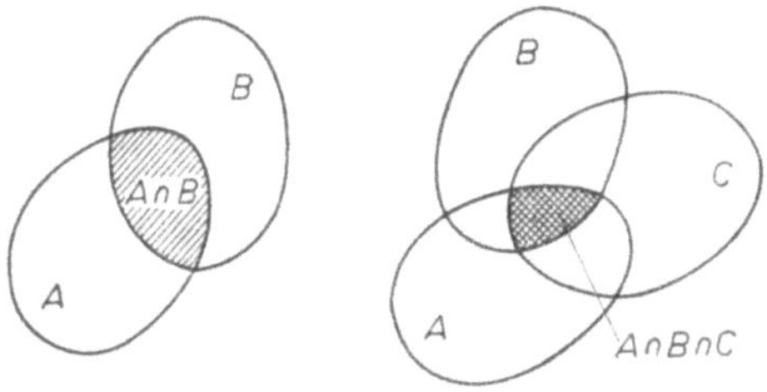

Abb. 1

Weiter muß gelten

$$m\{X\} = 0, \text{ wenn } X = \emptyset, \tag{1.3}$$

$$m\{X\} = 1, \text{ wenn } X = \Omega. \tag{1.4}$$

Diese genannten Eigenschaften beziehen sich auf *diskrete* Ereignisse, das heißt auf solche, die höchstens abzählbar unendlich viele Elemente haben.

Seien die Mengen A, B, C nicht disjunkte Teilmengen einer beliebigen Grundmenge Ω und definieren wir auf Ω ein additives Wahrscheinlichkeitsmaß so, daß der Vereinigung zweier disjunkter Teilmengen das Maß zugeordnet wird, welches gleich der Summe der den einzelnen Mengen zugeordneten Maße ist, dann gelten folgende Beziehungen:

$$m\{A\} \leq m\{B\}, m\{A\} = m\{B\} - m\{B - A\}, \text{ wenn } A \subset B \ (A \text{ Untermenge von } B). \tag{1.5}$$

In diesem Falle sind $B - A$ und A zwei disjunkte Mengen, deren Vereinigung B ist. Weiter wird

$$m\{\bar{A}\} = m\{\Omega - A\} = m\{\Omega\} - m\{A\} = 1 - m\{A\}, \tag{1.6}$$

und wegen $A \cup B = (A - A \cap B) \cup B$, wobei $A - A \cap B$ und B disjunkt sind,

$$\begin{aligned} m\{A \cup B\} &= m\{(A - A \cap B) \cup B\} = m\{A - A \cap B\} + m\{B\} \\ &= m\{A\} + m\{B\} - m\{A \cap B\} \end{aligned} \tag{1.7}$$

sowie

$$m\{A\} + m\{B\} \geq m\{A \cap B\}. \tag{1.8}$$

Sind A, B, C drei disjunkte Mengen, dann gilt

$$m\{A \cup B \cup C\} = m\{A\} + m\{B\} + m\{C\}, \tag{1.9}$$

für drei beliebige Mengen wird analog (1.5)

$$\begin{aligned} m\{A \cup B \cup C\} &= m\{A\} + m\{B\} + m\{C\} + m\{A \cap B \cap C\} \\ &\quad - m\{A \cap B\} - m\{B \cap C\} - m\{C \cap A\}. \end{aligned} \tag{1.10}$$

Damit haben wir den Begriff Wahrscheinlichkeitsmaß axiomatisch eingeführt. Jetzt ist zu prüfen, wie solche Funktionen konkret zu finden sind, die die an das Maß gestellten Forderungen erfüllen.

Bei der Versuchsauswertung muß man die Mengenfunktion durch die relative Häufigkeit beschreiben. Tritt ein Ereignis X_k bei N Versuchen, die unter gleichen Bedingungen durchgeführt werden, $N(X_k)$-mal ein, dann ist der Quotient $N(X_k)/N = W_N(X_k)$ die relative Häufigkeit des Eintretens des Ereignisses X_k bei N Versuchen. Im Limes $N \to \infty$ geht die relative Häufigkeit des Ereignisses X_k in die Wahrscheinlichkeit $\mathbf{P}(X_k)$ über. Es ist

$$0 \leq N(X_k) \leq N \qquad \text{oder} \qquad 0 \leq \frac{N(X_k)}{N} \leq 1, \tag{1.11}$$

und wegen $\mathbf{P}(X_k) = \lim\limits_{N \to \infty} N(X_k)/N$ gilt

$$0 \leq \mathbf{P}(X_k) \leq 1. \tag{1.12}$$

Die Wahrscheinlichkeit eines beliebigen Ereignisses X_k ist also eine reelle Zahl aus dem Intervall [0, 1].

Für ein Ereignis X_b, das bei jeder Beobachtung eintrifft, erhalten wir mit dieser empirischen Definition der Wahrscheinlichkeit den Wert $\mathbf{P}(X_b) = 1$, wobei X_b das sichere Ereignis ist. Ein Ereignis X_e, das niemals eintrifft, das unmögliche Ereignis hat die Wahrscheinlichkeit $\mathbf{P}(X_e) = 0$.

Für die empirisch definierte Wahrscheinlichkeit soll nun noch die Gültigkeit der Gleichung (1.2) gezeigt werden. A und B seien zwei Ereignisse, und wir führen einen Versuch N-mal durch. In Abb. 2 ist das Wahrscheinlichkeitsfeld der beiden Ereignisse A und B skizziert. Die möglichen Ausgänge des Versuches sind:

a) Es trifft A ein, nicht aber B. Wir nennen dieses Ereignis (Versuchsausgang) $A \cap \bar{B}$, das insgesamt N_1-mal eintreffe.

b) B trifft ein, nicht aber A. Dieses Ereignis $B \cap \bar{A}$ trete N_2-mal auf.

c) A und B trifft gleichzeitig ein und zwar N_3-mal. Dies ist das Ereignis $A \cap B$.

d) Es trifft weder A noch B ein. Dieses Ereignis $\bar{A} \cap \bar{B}$ möge N_4-mal vorkommen.

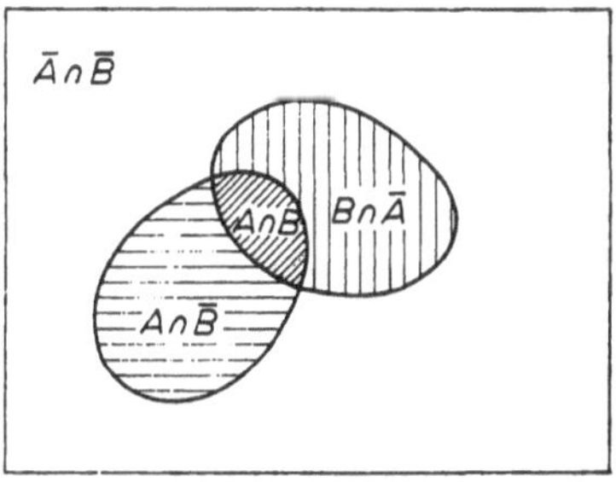

Abb. 2

Die Gesamtzahl der Versuche ist $N_1 + N_2 + N_3 + N_4 = N$, und es gelten folgende Beziehungen

$$A = (A \cap \bar{B}) \cup (A \cap B) \qquad \text{und} \qquad B = (B \cap \bar{A}) \cup (A \cap B)$$

sowie

$$A \cup B = (A \cap \bar{B}) \cup (A \cap B) \cup (B \cap \bar{A}).$$

Da die Ereignisse a) bis d) disjunkt sind, ergibt sich die relative Häufigkeit des Ereignisses A zu

$$W_N(A) = \frac{N_1 + N_3}{N}. \tag{1.13}$$

Für das Ereignis B folgt die relative Häufigkeit zu

$$W_N(B) = \frac{N_2 + N_3}{N}, \tag{1.14}$$

und für die relative Häufigkeit des Ereignisses $A \cup B$ erhalten wir

$$W_N(A \cup B) = \frac{N_1 + N_2 + N_3}{N}. \tag{1.15}$$

Schließlich wird die relative Häufigkeit des Ereignisses $A \cap B$, d.h. die relative Häufigkeit dafür, daß A und B gleichzeitig eintreffen, gleich

$$W_N(A \cap B) = \frac{N_3}{N}. \tag{1.16}$$

Aus Abb. 2 ist sofort ersichtlich, daß die relative Häufigkeit für das Eintreffen des Ereignisses A unter der Bedingung, daß das Ereignis B bereits eintraf, gleich

$$W_N(A \mid B) = \frac{N_3}{N_2 + N_3} \tag{1.17}$$

ist. Analog folgt für die relative Häufigkeit des Ereignisses B unter der Bedingung A

$$W_N(B \mid A) = \frac{N_3}{N_1 + N_3}. \tag{1.18}$$

Zur Begriffsdefinition der bedingten Wahrscheinlichkeit sei hier auf den Abschnitt 1.3 verwiesen.

Wird die Anzahl der Versuche unendlich groß, dann gehen die relativen Häufigkeiten in die Wahrscheinlichkeiten über und man erhält bei entsprechender Deutung die Additions- und Multiplikationsregeln für die Wahrscheinlichkeiten

$$\mathbf{P}(A \cup B) = \mathbf{P}(A) + \mathbf{P}(B) - \mathbf{P}(A \cap B) \tag{1.19}$$

und

$$\mathbf{P}(A \cap B) = \mathbf{P}(A)\,\mathbf{P}(B \mid A) = \mathbf{P}(B)\,\mathbf{P}(A \mid B). \tag{1.20}$$

Sind die Ereignisse A und B speziell disjunkt, dann wird

$$\mathbf{P}(A \cap B) = 0 \quad \text{und} \quad \mathbf{P}(A \cup B) = \mathbf{P}(A) + \mathbf{P}(B). \tag{1.21}$$

Für die beiden entgegengesetzten Ereignisse A und $\bar{A}$ wird $A \cup \bar{A} = \Omega$ und $A \cap \bar{A} = \emptyset$, so daß aus

$$\mathbf{P}(A \cup \bar{A}) = \mathbf{P}(A) + \mathbf{P}(\bar{A}) = \mathbf{P}(\Omega) = 1$$

folgt

$$\mathbf{P}(\bar{A}) = 1 - \mathbf{P}(A). \tag{1.22}$$

Der Additionssatz (1.19) gilt natürlich auch für beliebig viele Ereignisse A_1, A_2, ... A_n.

Für die bedingten Wahrscheinlichkeiten ergeben sich in Analogie zu den entsprechenden relativen Häufigkeiten (1.17) und (1.18) die Beziehungen

$$\mathbf{P}(A \mid B) = \frac{\mathbf{P}(A \cap B)}{\mathbf{P}(B)} \quad \text{für} \quad \mathbf{P}(B) \neq 0 \tag{1.23}$$

und

$$\mathbf{P}(B \mid A) = \frac{\mathbf{P}(A \cap B)}{\mathbf{P}(A)} \quad \text{für} \quad \mathbf{P}(A) \neq 0\,. \tag{1.24}$$

Die Ereignisse A und B heißen *stochastisch unabhängig* voneinander, wenn

$$\mathbf{P}(A \mid B) = \mathbf{P}(A) \quad \text{und} \quad \mathbf{P}(B \mid A) = \mathbf{P}(B) \tag{1.25}$$

gilt, d.h., für stochastisch unabhängige Ereignisse ist

$$\mathbf{P}(A \cap B) = \mathbf{P}(A)\,\mathbf{P}(B)\,. \tag{1.26}$$

Ausführlichere Darstellungen zu dieser Thematik findet man z.B. in den Lehrbüchern von Fabian [29], Fisz [32], Rényi [80], Smirnow und Dunin-Barkowski [92], Storm [97].

1.1.3. Die Zufallsvariable

Bei den in der Praxis durchgeführten Experimenten lassen sich die zufälligen Einflüssen unterliegenden Versuchs- oder Beobachtungsergebnisse im allgemeinen durch numerische Werte charakterisieren, das bedeutet, den einzelnen elementaren Ereignissen sind gewisse Zahlenwerte zugeordnet. Zur statistischen Behandlung solcher Versuchsergebnisse führt man anstelle des Begriffs des zufälligen Ereignisses den Begriff der *zufälligen Veränderlichen* (Zufallsvariablen) ein. Unter einer Zufallsvariablen verstehen wir eine reellwertige Funktion, die auf der Menge Ω der elementaren Ereignisse definiert ist, d.h., ihre Argumente sind die elementaren zufälligen Ereignisse eines Wahrscheinlichkeitsfeldes. Man unterscheidet dabei zwischen *diskreten* und *stetigen* Zufallsgrößen.

Eine Zufallsvariable heißt diskret, wenn sie nur endlich viele oder abzählbar unendlich viele Werte annehmen kann. Wir bezeichnen die Zufallsvariable mit X und ihre Realisierungswerte mit $x_1, x_2, \ldots$. Die Wahrscheinlichkeitsverteilung einer diskreten Zufallsvariablen X ist gegeben, wenn die Wahrscheinlichkeit eines jeden Ereignisses $X = x_k$, d.h.

$$f(x_k) = \mathbf{P}(X = x_k) = p_k \tag{1.27}$$

bekannt ist. Da diese Ereignisse ein vollständiges System Ω bilden müssen, gilt $\sum_k f(x_k) = 1$.

Unter der Verteilungsfunktion (oder kumulativen Wahrscheinlichkeitsfunktion) versteht man die Funktion

$$F(x) = \mathbf{P}(X \leq x) = \sum_{x_k < x} f(x_k), \tag{1.28}$$

d.h., die Verteilungsfunktion ist gleich der Summe der Wahrscheinlichkeiten der Werte x_k von X, die kleiner als eine vorgegebene Zahl x sind. Die Verteilungsfunktion hat folgende Eigenschaften:

a) $$F(x_1) \leq F(x_2), \qquad \text{wenn} \qquad x_1 \leq x_2, \tag{1.29}$$

b) $$\lim_{x \to -\infty} F(x) = 0, \qquad \lim_{x \to +\infty} F(x) = 1, \tag{1.30}$$

c) $F(x)$ ist in jedem Punkt linksseitig stetig, d.h.,

$$\lim_{n \to \infty} F(x_n) = F(x), \qquad \text{wenn} \qquad x_1 < x_2 < \ldots \lim_{n \to \infty} x_n = x. \tag{1.31}$$

Eine Zufallsvariable X und ihre Verteilung nennen wir stetig, wenn eine nichtnegative Funktion $f(x)$ existiert, so daß für jedes Intervall (a, b) gilt

$$F(b) - F(a) = \mathbf{P}(a \leq X < b) = \int_a^b f(x)\,\mathrm{d}x. \tag{1.32}$$

Die Funktion $f(x)$ heißt Wahrscheinlichkeitsverteilungsdichte der Zufallsvariablen X. Im Falle $a \to -\infty$ und $b = x$ ergibt sich aus (1.32) die Verteilungsfunktion

$$F(x) = \int_{-\infty}^{x} f(t)\,\mathrm{d}t. \tag{1.33}$$

Für $a \to -\infty$ und $b \to +\infty$ folgt wegen $\mathbf{P}(-\infty < X < +\infty) = 1$, daß das Integral der Wahrscheinlichkeitsdichte über den gesamten Wertebereich von X gleich Eins sein muß, d.h.

$$F(\infty) = \int_{-\infty}^{+\infty} f(t)\,\mathrm{d}t = 1. \tag{1.34}$$

Nach (1.33) ist $F(x)$ eine stetige, monoton wachsende Funktion von x. Die Wahrscheinlichkeit dafür, daß die stetige Zufallsgröße X einen bestimmten Wert annimmt, ist gleich Null. Eine Wahrscheinlichkeit kann nur für die Aussage, daß X in einem bestimmten Intervall $a \leq X < b$ liegt, definiert werden in der Form $\mathbf{P}(a \leq X < b)$. Diese Wahrscheinlichkeit ist gleich dem Zuwachs von $F(x)$ im Intervall (a, b), d.h. dem Integral über $f(x)$ von a bis b.

Die Verteilungsfunktion $F(x)$ ist differenzierbar und ergibt die Wahrscheinlichkeitsdichtefunktion zu

$$f(x) = \frac{\mathrm{d}F(x)}{\mathrm{d}x}. \tag{1.35}$$

Die Größe $f(x)\Delta x$ ist die Wahrscheinlichkeit dafür, daß X einen Wert im Intervall $(x, x + \Delta x)$ annimmt, und es wird

$$\lim_{\Delta x \to 0} \frac{\mathbf{P}(x \leq X \leq x + \Delta x)}{\Delta x} = f(x). \tag{1.36}$$

Als wichtigstes Beispiel einer stetigen Verteilung sei die Gaussche Normalverteilung angeführt. Ihre Wahrscheinlichkeitsverteilungsdichte ist gegeben durch den Ausdruck

$$f(x) = \frac{1}{\sqrt{2\pi}\,\sigma} \mathrm{e}^{-\frac{1}{2}\left(\frac{x-\mu}{\sigma}\right)^2}. \tag{1.37}$$

Diese Funktion enthält zwei Parameter, μ und σ^2, die die Form der Verteilungsfunktion vollständig festlegen. Der Parameter μ ist identisch mit dem Erwartungswert der Zufallsgröße X, der durch die Gleichung

$$\mathbf{E}(X) = \int_{-\infty}^{\infty} x f(x)\,\mathrm{d}x = \mu \tag{1.38}$$

bestimmt wird. Die Dispersion σ^2 einer Zufallsgröße berechnet man aus

$$\mathbf{E}(X - \mu)^2 = \int_{-\infty}^{\infty} (x - \mu)^2 f(x)\,\mathrm{d}x = \sigma^2. \tag{1.39}$$

1.2. Der Begriff der statistischen Entropie

Die zu einem zufälligen Versuch gehörenden diskreten Ereignisse $E_1, E_2, \dots, E_n$ mögen mit den Wahrscheinlichkeiten $p_1, p_2, \dots, p_n$ auftreten. Das Ereignissystem ist vollständig, wenn immer genau ein Ereignis eintrifft und die einzelnen Ereignisse sich gegenseitig ausschließen. Die Menge der Ereignisse und der Wahrscheinlichkeiten kann durch das endliche Wahrscheinlichkeitsschema

$$\begin{pmatrix} E_1 & E_2 & \dots & E_n \\ p_1 & p_2 & \dots & p_n \end{pmatrix} \tag{1.40}$$

charakterisiert werden.

Jedes endliche Wahrscheinlichkeitsschema beschreibt einen Zustand, zu dem eine Unbestimmtheit gehört. Die Unbestimmtheit ist Ausdruck für die Unkenntnis darüber, welcher der n verschiedenen Versuchsausgänge eintreten wird. Diese Unbestimmtheit wird um so kleiner sein, je größer die Wahrscheinlichkeit p_k eines einzelnen Ereignisses E_k ist. Ist also die Wahrscheinlichkeit von E_k sehr groß, dann wird dieses Ereignis häufiger auftreten. Sind dagegen die Wahrscheinlichkeiten der einzelnen Ereignisse ungefähr alle gleich, dann kann eine Aussage bezüglich des Eintreffens eines bestimmten herausgegriffenen Ereignisses kaum gemacht werden.

Für die Unbestimmtheit oder Unsicherheit eines Versuchsausganges kann ein Maß angegeben werden, das von den Wahrscheinlichkeiten $p_1, p_2, \ldots, p_n$ der einzelnen Versuchsergebnisse $E_1, E_2, \ldots, E_n$ abhängt. SHANNON [91] ordnete den Wahrscheinlichkeitsschemen den Unbestimmtheitswert

$$H(p_1, p_2, \ldots, p_n) = -\sum_{i=1}^{n} p_i \log p_i \tag{1.41}$$

zu. Diese Größe heißt Informationsentropie oder kurz Entropie der Wahrscheinlichkeitsschemen. Die Basis des Logarithmus in (1.41) ist frei wählbar, man nimmt für viele Probleme den Logarithmus zur Basis 2. Die Maßeinheit der Entropie ist dann *bit* (von engl. binary digit). Es wird vereinbart, daß $p_i \log p_i = 0$ gesetzt werde, wenn $p_i = 0$ ist.

Da der Logarithmus zu einer beliebigen Basis a einer Größe x, $\log_a x$, sich aus dem Logarithmus zur Basis 2 (geschrieben $\log_2 x = \text{lb}\, x$) zu $\log_a x = \log_a 2 \cdot \log_2 x$ ergibt, ist die Änderung der Basis des Logarithmus in (1.41) gleichbedeutend mit der Multiplikation der Entropie H mit einer Konstanten, d.h., mit der Wahl der Basis wird die Maßeinheit der Entropie festgelegt. Speziell für die Basis e, d.h. bei Verwendung des natürlichen Logarithmus (geschrieben $\log_e = \ln$), nennt man die Maßeinheit der Entropie *nit* (als Abkürzung des englischen natural digit). Die Maßeinheiten nit und bit unterscheiden sich um den Faktor $\ln 2 = 0{,}69315$, d.h. 1 nit = 0,69315 bit.

Die Zweckmäßigkeit des Ansatzes (1.41) für die Entropie als Maß der Unbestimmtheit läßt sich anschaulich deuten. Betrachten wir den Ausgang E_k eines Versuches, der die Wahrscheinlichkeit p_k habe, dann kann diesem Versuchsausgang die Unbestimmtheit $-\log p_k$ zugeordnet werden. Für die einzelnen Versuchsausgänge ist diese Größe $X = -\log p$ eine Zufallsgröße, die für die einzelnen Ereignisse E_k die diskreten Realisierungswerte $x_k = -\log p_k$ annimmt. Diese Größe $-\log p_k$ kann als die Information über das Ereignis E_k angesehen werden. Diese Information ist eine nichtnegative Zahl, da wegen $p_k \leq 1$

$$I(E_k) = -\log p_k \geq 0 \tag{1.42}$$

gilt. Bei einem sicheren Ereignis steht in (1.42) das Gleichheitszeichen, d.h., das sichere Ereignis liefert keine Information im statistischen Sinne bezüglich seines Eintreffens.

Als Maß der Unbestimmtheit des gesamten Versuchs muß der Erwartungswert der Zufallsgröße X angesetzt werden, d.h., der Mittelwert der Unbestimmtheit der einzelnen Versuchsausgänge

$$\mathbf{E}(X) = \overline{I(E_k)} = -\sum_{i=1}^{n} p_i \log p_i = H(p_1, p_2, \ldots, p_n). \tag{1.43}$$

Dieser Mittelwert ist gerade gleich der Entropie (1.41).

Die Entropiefunktion $H(p_1, p_2, \ldots, p_n)$ kann auch durch die Angabe ihrer Eigenschaften definiert werden. Diese sollen sein:

a) $H(p_1, p_2, \ldots, p_n)$ sei eine stetige Funktion, das bedeutet, daß sich ihr Wert bei kleinen Änderungen der Wahrscheinlichkeiten $p_1, p_2, \ldots, p_n$ ebenfalls wenig ändere. Kleine Änderungen der Wahrscheinlichkeiten bedingen kleine Änderungen der Unbestimmtheit des Versuchs und damit der Information über den Versuchsausgang.

b) Die Funktion $H(p_1, p_2, \ldots, p_n)$ sei symmetrisch, d.h., das Maß der Unbestimmtheit sei unabhängig von der Reihenfolge der Wahrscheinlichkeiten, z.B.

$$H(p_1, p_2, \ldots, p_n) = H(p_n, \ldots, p_2, p_1). \tag{1.44}$$

c) Als Maß der Unbestimmtheit soll die Funktion $H(p_1, p_2, \ldots, p_n)$ ihren maximalen Wert für ein Ereignissystem, das aus n Ereignissen mit gleichen Wahrscheinlichkeiten $p_1 = p_2 = \ldots = p_n = \frac{1}{n}$ besteht, annehmen, d.h.

$$\text{Maximum } H(p_1, p_2, \ldots, p_n) = H\left(\frac{1}{n}, \frac{1}{n}, \ldots, \frac{1}{n}\right). \tag{1.45}$$

d) Die Entropiefunktion soll additiv sein. Diese Eigenschaft beinhaltet folgendes: Unterteilt man z.B. das Ereignis E_n in m disjunkte Ereignisse $e_1, e_2, \ldots, e_m$, so daß deren Vereinigung das Ereignis E_n ergibt, und haben diese Ereignisse e_1 bis e_m die Wahrscheinlichkeiten $q_1, q_2, \ldots, q_m$, so daß

$$\sum_{k=1}^{m} q_k = p_n \quad \text{bzw.} \quad \frac{q_1}{p_n} + \frac{q_2}{p_n} + \ldots + \frac{q_m}{p_n} = 1 \tag{1.46}$$

ist, dann kann das Ereignis E_n als ein neues vollständiges Ereignissystem betrachtet werden mit der Entropie $H_3\left(\frac{q_1}{p_n}, \frac{q_2}{p_n}, \ldots, \frac{q_m}{p_n}\right)$.

Das Ereignissystem $E_1, E_2, \ldots, E_n$ hat die Entropiefunktion $H_1(p_1, p_2, \ldots, p_n)$ und das Ereignissystem $E_1, E_2, \ldots, E_{n-1}, e_1, e_2, \ldots, e_m$ die Entropiefunktion $H_2(p_1, p_2, \ldots, p_{n-1}, q_1, q_2, \ldots, q_m)$ und es gilt die Beziehung

$$H_2 = H_1 + p_n H_3. \tag{1.47}$$

Zur Herleitung der Entropiefunktion setzte FADDEJEW die Eigenschaften a), b) und d) voraus, CHINTSCHIN forderte die Eigenschaften a), b) und c) für die Entropiefunktion. Sie bewiesen, daß die Entropiefunktion der Form (1.41) den Eigenschaften a) bis d) genügt (siehe dazu auch JAGLOM und JAGLOM [45], REZA [82]).

Als Informationsmaß können allerdings auch von der SHANNON-WIENER-Entropie abweichende Funktionen benutzt werden. Man kann aber leicht nachweisen, daß das durch Gleichung (1.41) gegebene Maß das einfachste ist.

Im Falle einer eindimensionalen, stetigen Wahrscheinlichkeitsverteilung definiert man für kontinuierliche Zufallsgrößen die sogenannte differentielle Entropie durch die Gleichung

$$H(X) = \mathbf{E}(-\log f(X)) = - \int_{-\infty}^{\infty} f(x) \log f(x) \, \mathrm{d}x \,, \tag{1.48}$$

wobei $f(x)$ die Verteilungsdichtefunktion der kontinuierlichen Wahrscheinlichkeitsvariablen X ist. Die Entropie (1.48) ist keine bloße Erweiterung der Entropie (1.43) für eine diskrete Zufallsgröße. Erinnern wir uns daran, daß bei einer Unterteilung des kontinuierlichen Wertebereichs der Zufallsgröße X in differentielle Abschnitte Δx jedem dieser Abschnitte die Wahrscheinlichkeit $f(x)\Delta x$ zugeordnet werden kann. Damit kann in Analogie zur Entropie einer diskreten Zufallsvariablen die Größe

$$\begin{aligned} &\lim_{\Delta x \to 0} - \sum f(x) \, \Delta x \log (f(x) \, \Delta x) \\ &= - \int f(x) \log f(x) \, \mathrm{d}x + \lim_{\Delta x \to 0} - \sum f(x) \, \Delta x \log \Delta x \\ &= - \int f(x) \log f(x) \, \mathrm{d}x + \lim_{\Delta x \to 0} \log \frac{1}{\Delta x} \\ &= H(X) + \infty \end{aligned} \tag{1.49}$$

gebildet werden, von der nur der Anteil $H(X)$ als differentielle Entropie betrachtet wird.

Im Unterschied zur Entropie (1.43) kann die differentielle Entropie auch negativ und unendlich sein. Außerdem ist die differentielle Entropie im Gegensatz zur Entropie im diskreten Falle von der Zufallsvariablen X abhängig und damit im allgemeinen nicht invariant gegenüber Koordinatentransformationen (siehe dazu z.B. FEY [31], REZA [82]).

Im folgenden seien einige Beispiele für die differentiellen Entropien ausgewählter kontinuierlicher Verteilungsdichten angegeben. Es zeigt sich, daß diese Entropien von den Parametern der Verteilung (Erwartungswert und Dispersion) abhängen, bei deren Kenntnis die Entropien dann leicht zu bestimmen sind.

1. Rechtecksverteilung oder gleichmäßige Verteilung:
   Die Verteilungsdichtefunktion lautet

$$f(x) = \begin{cases} \dfrac{1}{b-a} & \text{für } a \leq x \leq b, \text{ wobei } a \text{ und } b \text{ Konstanten sind} \\ 0 & \text{sonst,} \end{cases}$$

woraus sich der Erwartungswert

$$\mathbf{E}(X) = \int_a^b \frac{x}{b-a}\,\mathrm{d}x = \frac{a+b}{2}$$

und die Dispersion

$$\mathbf{D}^2(X) = \mathbf{E}(X - \mathbf{E}(X))^2 = \mathbf{E}(X^2) - (\mathbf{E}(X))^2$$

$$= \int_a^b \frac{x^2}{b-a}\,\mathrm{d}x - \left(\frac{a+b}{2}\right)^2 = \frac{(b-a)^2}{12}$$

ergibt. Für die differentielle Entropie dieser Verteilung folgt

$$H(X) = -\int_a^b \frac{1}{b-a} \log_2 \frac{1}{b-a}\,\mathrm{d}x = \log_2 (b-a)\,.$$

2. Exponentialverteilung:
   Aus der Dichtefunktion

$$f(x) = \lambda\,\mathrm{e}^{-\lambda x} \qquad \text{für} \qquad x \geq 0\,,$$

wobei λ eine positive Konstante ist, folgt der Erwartungswert zu

$$\mathbf{E}(X) = \int_0^\infty x\lambda\,\mathrm{e}^{-\lambda x}\,\mathrm{d}x = \frac{1}{\lambda}$$

und die Dispersion zu

$$\mathbf{D}^2(X) = \int_0^\infty x^2\lambda\,\mathrm{e}^{-\lambda x}\,\mathrm{d}x - \frac{1}{\lambda^2} = \frac{1}{\lambda^2}\,.$$

Die Entropie ergibt sich zu

$$H(X) = -\int_0^\infty \lambda\,\mathrm{e}^{-\lambda x} \log_2 (\lambda\,\mathrm{e}^{-\lambda x})\,\mathrm{d}x = \log_2 (\lambda\,\mathrm{e}).$$

3. Normalverteilung:

Substituiert man in der Gleichung (1.48) für $f(x)$ die Dichte der Normalverteilung (1.37), dann erhält man nach Integration die differentielle Entropie einer normalverteilten Zufallsvariablen in Abhängigkeit von deren Dispersion σ^2 zu

$$H(X) = \log_2 \left(\sqrt{2\pi}\, \sigma\, \mathrm{e}\right). \tag{1.50}$$

4. Logarithmische Normalverteilung:

Eine logarithmisch-normalverteilte Zufallsgröße, deren Wahrscheinlichkeitsverteilungsdichte

$$f(x) = \frac{1}{\sqrt{2\pi}\, \sigma x} \exp\left(-\frac{1}{2}\left(\frac{\ln x - \mu}{\sigma}\right)^2\right) \quad \text{für} \quad x > 0$$

lautet, hat den Erwartungswert

$$\mathbf{E}(X) = \exp\left(\mu + \frac{\sigma^2}{2}\right)$$

und die Dispersion

$$\mathbf{D}^2(X) = \exp\left(2\mu + \sigma^2\right)\left(\mathrm{e}^{\sigma^2} - 1\right),$$

(siehe z.B. TAUBENHEIM [101]).

Die differentielle Entropie der log-normalen Verteilung erhält man zu

$$H(X) = -\int_0^\infty \frac{1}{\sqrt{2\pi}\, \sigma x}\, \mathrm{e}^{-\frac{1}{2}\left(\frac{\ln x - \mu}{\sigma}\right)^2} \log_2\left(\frac{1}{\sqrt{2\pi}\, \sigma x}\, \mathrm{e}^{-\frac{1}{2}\left(\frac{\ln x - \mu}{\sigma}\right)^2}\right) \mathrm{d}x$$

$$= \log_2\left(\sqrt{2\pi}\, \sigma\, \mathrm{e}^{\mu + 1}\right).$$

Die Gleichverteilung, Exponentialverteilung und GAUSSsche Normalverteilung sind Wahrscheinlichkeitsdichteverteilungen mit maximaler Entropie für die jeweilige Zufallsvariable (siehe REZA [82], S. 278). Eine Zufallsgröße, die auf ein begrenztes Intervall $a \leq X \leq b$ beschränkt ist, hat bei einer Gleichverteilung über dieses Intervall die größte Entropie. Die Wahrscheinlichkeitsdichteverteilung einer Zufallsgröße, die nur positive Werte annehmen kann und deren Erwartungswert einen vorgegebenen Wert hat, nimmt dann den größten Entropiewert an, wenn die Verteilung eine Exponentialverteilung ist.

Für eine Zufallsgröße, deren Erwartungswert μ und Dispersion σ^2 vorgegeben sind und deren Wahrscheinlichkeitsdichteverteilung $f(x)$ so bestimmt werden soll, daß die Entropie

$$H(X) = -\int_{-\infty}^{\infty} f(x) \ln f(x)\, \mathrm{d}x$$

ihren Maximalwert annimmt unter den Bedingungen

$$\int_{-\infty}^{\infty} f(x)\,\mathrm{d}x = 1 \qquad \text{und} \qquad \int_{-\infty}^{\infty} x f(x)\,\mathrm{d}x = \mu$$

sowie

$$\int_{-\infty}^{\infty} (x-\mu)^2 f(x)\,\mathrm{d}x = \sigma^2,$$

ist das Maximierungsproblem mit Hilfe der Variationsmethode zu lösen. Sind λ_1, λ_2, λ_3 die LAGRANGEschen Multiplikatoren, dann folgt aus der Differentialgleichung

$$\frac{\partial}{\partial f}\left(-f\ln f + \lambda_1 f + \lambda_2 x f + \lambda_3 (x-\mu)^2 f\right) = 0$$

die Beziehung

$$-(1+\ln f) + \lambda_1 + \lambda_2 x + \lambda_3 (x-\mu)^2 = 0$$

und damit

$$f(x) = \exp\,(\lambda_1 - 1 + \lambda_2\mu)\left(\exp \lambda_2 (x-\mu) + \lambda_3 (x-\mu)^2\right).$$

Die Erfüllung der ersten Bedingung führt zu

$$\int_{-\infty}^{\infty} f(x)\,\mathrm{d}x = \mathrm{e}^{\lambda_1 - 1 + \lambda_2\mu}\sqrt{\frac{\pi}{-\lambda_3}}\,\mathrm{e}^{-\frac{\lambda_2^2}{4\lambda_3}} = 1.$$

Die zweite Bedingung ergibt

$$\int_{-\infty}^{\infty} (x-\mu) f(x)\,\mathrm{d}x = -\mathrm{e}^{\lambda_1 - 1 + \lambda_2\mu}\,\frac{\lambda_2}{2\lambda_3}\sqrt{\frac{\pi}{-\lambda_3}}\,\mathrm{e}^{-\frac{\lambda_2^2}{4\lambda_3}} = 0,$$

woraus $\lambda_2 = 0$ folgt. Schließlich liefert die dritte Bedingung mit $\lambda_2 = 0$

$$\int_{-\infty}^{\infty} (x-\mu)^2 f(x)\,\mathrm{d}x = -\mathrm{e}^{\lambda_1 - 1}\,\frac{1}{2\lambda_3}\sqrt{\frac{\pi}{-\lambda_3}} = \sigma^2.$$

Daraus ergibt sich mit $\mathrm{e}^{\lambda_1 - 1}\sqrt{\frac{\pi}{-\lambda_3}} = 1$

$$\lambda_3 = -\frac{1}{2\sigma^2} \qquad \text{und} \qquad \mathrm{e}^{\lambda_1 - 1} = \frac{1}{\sqrt{2\pi}\,\sigma},$$

d.h.

$$f(x) = \frac{1}{\sqrt{2\pi}\,\sigma}\exp\left(-\frac{1}{2}\left(\frac{x-\mu}{\sigma}\right)^2\right).$$

Von allen Wahrscheinlichkeitsdichteverteilungen mit vorgegebenen Zentralmomenten 1. und 2. Ordnung liefert also die Normalverteilung die größte Entropie.

1.3. Bedingte Wahrscheinlichkeit und bedingte Entropie

1.3.1. Mehrdimensionale diskrete, zufällige Veränderliche; bedingte Wahrscheinlichkeiten

Neben den eindimensionalen zufälligen Veränderlichen gibt es zwei-, drei- oder mehrdimensionale zufällige Veränderliche, die man kurz als Zufallsvektoren bezeichnet. Man denke in der Meteorologie z.B. an den Windvektor oder an mehrere, nicht unabhängige meteorologische Elemente. Die statistische und informationstheoretische Beschreibung mehrdimensionaler zufälliger Veränderlicher wollen wir am Beispiel eines zweidimensionalen Zufallsvektors (X, Y) studieren.

Betrachten wir zunächst einen diskreten Zufallsvektor (X, Y), wobei X die verschiedenen diskreten, sich gegenseitig ausschließenden Werte $x_1, x_2, \dots, x_n$ und Y die Werte $y_1, y_2, \dots, y_m$ annehmen kann. Die Wahrscheinlichkeit für das gleichzeitige Eintreten der Ereignisse $X = x_i$ und $Y = y_k$ $(i = 1,2,\dots,n;\ k = 1,2,\dots,m)$ nennt man Wahrscheinlichkeitsverteilung des Zufallsvektors (X, Y) und schreibt

$$\mathbf{P}(x = x_i, Y = y_k) = p(x_i, y_k) = p_{ik}\,. \tag{1.51}$$

Die Wahrscheinlichkeiten p_{ik} genügen der Beziehung

$$\sum_{i=1}^{n} \sum_{k=1}^{m} p_{ik} = 1. \tag{1.52}$$

Zur Veranschaulichung der Wahrscheinlichkeitsverteilung kann man sich eine Verteilungstabelle zusammenstellen (siehe Tab. 1).

Tabelle 1 Zweidimensionale Wahrscheinlichkeitsverteilung

$Y \backslash X$	x_1	x_2	x_3	$\cdots$	x_i	$\cdots$	x_n	
y_1	p_{11}	p_{21}	p_{31}	$\cdots$	p_{i1}	$\cdots$	p_{n1}	$p_{\cdot 1}$
y_2	p_{12}	p_{22}	p_{32}		$\cdots$		p_{n2}	$p_{\cdot 2}$
y_3	p_{13}	p_{23}	p_{33}		$\cdots$		p_{n3}	$p_{\cdot 3}$
$\vdots$								$\vdots$
y_k	p_{1k}			$\cdots$	p_{ik}	$\cdots$	p_{nk}	$p_{\cdot k}$
$\vdots$								$\vdots$
y_m	p_{1m}	p_{2m}	p_{3m}	$\cdots$	p_{im}	$\cdots$	p_{nm}	$p_{\cdot m}$
	$p_{1\cdot}$	$p_{2\cdot}$	$p_{3\cdot}$	$\cdots$	$p_{i\cdot}$	$\cdots$	$p_{n\cdot}$	

Summiert man in dieser Tabelle alle Wahrscheinlichkeiten, die in der k-ten Zeile stehen, dann erhält man nach dem Additionstheorem der Wahrscheinlichkeiten die Wahrscheinlichkeit dafür, daß $Y = y_k$ ist, wenn X irgendeinen seiner möglichen Werte annimmt. Man nennt

$$\sum_{i=1}^{n} p_{ik} = \mathbf{P}(Y = y_k) = p(y_k) = p_{\cdot k} \tag{1.53}$$

die Randwahrscheinlichkeiten oder die Randverteilung der zufälligen Veränderlichen Y in der zweidimensionalen Wahrscheinlichkeitsverteilung des Zufallsvektors (X, Y). Entsprechend ergibt die Summation in der i-ten Spalte die Randwahrscheinlichkeiten oder die Randverteilung der zufälligen Veränderlichen X

$$\sum_{k=1}^{m} p_{ik} = \mathbf{P}(X = x_i) = p(x_i) = p_{i\cdot}\,. \tag{1.54}$$

Soll der Einfluß der einen diskreten Zufallsgröße auf die andere untersucht werden, dann verwendet man die bedingten Wahrscheinlichkeiten der einen Zufallsgröße unter der Bedingung, daß die andere einen festen Wert angenommen hat. Die Wahrscheinlichkeit

$$\mathbf{P}(X = x_i \mid Y = y_k) = p(x_i \mid y_k) = \frac{p(x_i, y_k)}{p(y_k)} = \frac{p_{ik}}{p_{\cdot k}} \tag{1.55}$$

ist die bedingte Wahrscheinlichkeitsverteilung der diskreten zufälligen Veränderlichen X unter der Bedingung, daß die diskrete Zufallsgröße Y den Wert y_k angenommen hat, wobei $p(y_k) \neq 0$ sei.

Ganz entsprechend ist

$$\mathbf{P}(Y = y_k \mid X = x_i) = p(y_k \mid x_i) = \frac{p(x_i, y_k)}{p(x_i)} = \frac{p_{ik}}{p_{i\cdot}} \tag{1.56}$$

die bedingte Wahrscheinlichkeitsverteilung von Y bei vorgegebenem Wert $X = x_i$, wenn $p(x_i) \neq 0$ ist.

Ist die Wahrscheinlichkeit des Eintretens des Ereignisses $X = x_i$ unabhängig davon, welchen Wert die Zufallsgröße Y gerade angenommen hat und umgekehrt, dann heißen die beiden zufälligen Veränderlichen X und Y stochastisch voneinander unabhängig. Es muß in diesem Falle also gelten $p(x_i \mid y_k) = p(x_i)$ und $p(y_k \mid x_i) = p(y_k)$. Aus den Gleichungen (1.55) und (1.56) für die bedingten Wahrscheinlichkeiten folgt damit für die Wahrscheinlichkeitsverteilung der unabhängigen Zufallsgrößen X und Y die Gleichung

$$p(x_i, y_k) = p(x_i)\, p(y_k)\,, \tag{1.57}$$

d.h., die zweidimensionale Wahrscheinlichkeitsverteilung ist gleich dem Produkt aus den einzelnen Wahrscheinlichkeiten für die Zufallsgrößen X und Y, d.h. gleich dem Produkt der Randwahrscheinlichkeiten oder Randverteilungen.

Im allgemeinen ist die Wahrscheinlichkeit des Eintretens eines Ereignisses von vornherein nicht bekannt. Bei umfangreichem Beobachtungsmaterial können in solchem Falle die Wahrscheinlichkeiten p_{ik} durch die relativen Häufigkeiten N_{ik}/N ersetzt werden, wobei N_{ik} die Anzahl des Eintretens des Ereignisses $X = x_i$ und $Y = y_k$ in einer Serie von insgesamt N Beobachtungen der zweidimensionalen zufälligen Veränderlichen (X, Y) ist. Es gilt

$$N = \sum_{i=1}^{n} \sum_{k=1}^{m} N_{ik} . \tag{1.58}$$

Bezeichnet man

$$N_{i\cdot} = \sum_{k=1}^{m} N_{ik} \qquad \text{und} \qquad N_{\cdot k} = \sum_{i=1}^{n} N_{ik} , \tag{1.59}$$

dann lassen sich die Wahrscheinlichkeiten der Randverteilungen durch die relativen Häufigkeiten $N_{i\cdot}/N$ bzw. $N_{\cdot k}/N$ abschätzen.

1.3.2. Verbundene und bedingte Entropie

Analog zur einfachen Informationsentropie einer Ereignisfolge oder diskreten zufälligen Veränderlichen X mit den Ausgängen x_i definiert man bei zwei verbundenen Ereignisfolgen (X, Y) die sogenannte verbundene Entropie durch die Gleichung

$$H(X, Y) = - \sum_{i=1}^{n} \sum_{k=1}^{m} p_{ik} \ln p_{ik} , \tag{1.60}$$

wobei im weiteren für die Entropie der natürliche Logarithmus benutzt wird. Diese Entropie des diskreten Wahrscheinlichkeitsfeldes $p(x_i, y_k) = p_{ik}$ ist genau wie im eindimensionalen Fall ein Maß für den Grad der Unbestimmtheit oder der Unsicherheit des Ereignissystems $(X = x_i, Y = y_k)$. Ihr Maximum nimmt die Entropie wieder bei einer Gleichverteilung der Wahrscheinlichkeiten an, d.h. wenn alle p_{ik} einander gleich sind. Hat das Wahrscheinlichkeitsfeld insgesamt $n \cdot m$ Ereignisfelder, dann liegt eine Gleichverteilung vor, wenn alle $p_{ik} = 1/n \cdot m$ sind. Der Grad der Unbestimmtheit des Ereignisfeldes ist in diesem Falle am größten, es wird

$$H_{\max}(X, Y) = \ln (n \cdot m) . \tag{1.61}$$

Beim Anwachsen einzelner Wahrscheinlichkeiten auf Kosten anderer nimmt die Entropie ab. Tritt ein Ereignis mit Bestimmtheit ein, d.h., ist die Wahrscheinlichkeit des Auftretens eines Wertepaares der zweidimensionalen diskreten Zufallsgröße (X, Y) gleich Eins und sind alle anderen Wahrscheinlichkeiten gleich Null, dann ist der Grad der Unbestimmtheit des Ereignisfeldes gleich Null und damit auch die Entropie.

Sind die beiden zufälligen Veränderlichen X und Y stochastisch voneinander unabhängig, dann erhält man wegen $p(x_i, y_k) = p(x_i)\, p(y_k)$ aus der Gleichung (1.60) für die verbundene Entropie

$$\begin{aligned} H(X, Y) &= -\sum_{i=1}^{n} \sum_{k=1}^{m} p(x_i)\, p(y_k) (\ln p(x_i) + \ln p(y_k)) \\ &= -\sum_{i=1}^{n} p(x_i) \ln p(x_i) - \sum_{k=1}^{m} p(y_k) \ln p(y_k) \\ &= H(X) + H(Y), \end{aligned} \tag{1.62}$$

d.h. im Falle unabhängiger Ereignisfolgen $X = x_i$ und $Y = y_k$ ist die verbundene Entropie $H(X, Y)$ gleich der Summe der Entropien der einzelnen Ereignisfolgen.

Sind die Ereignisse X und Y stochastisch voneinander abhängig, dann enthält der Eintritt des Ereignisses $X = x_i$ eine gewisse Aussage über das Eintreffen des Ereignisses $Y - y_k$, d.h., der Grad der Unbestimmtheit des Ereignissystems (X, Y) muß sich gegenüber dem des Falles der stochastischen Unabhängigkeit verringern. Das zeigt sich auch, wenn man die verbundene Entropie durch die bedingten Entropien ausdrückt. Substituiert man in der Gleichung (1.60) für $H(X, Y)$ die Wahrscheinlichkeiten $p(x_i, y_k)$ durch die bedingten Wahrscheinlichkeiten, d.h., setzt man $p(x_i, y_k) = p(x_i)\, p(y_k \mid x_i)$ oder $p(x_i, y_k) = p(y_k)\, p(x_i \mid y_k)$ ein, dann folgt

$$\begin{aligned} H(X, Y) &= -\sum_{i=1}^{n} \sum_{k=1}^{m} p(x_i)\, p(y_k \mid x_i) (\ln p(x_i) + \ln p(y_k \mid x_i)) \\ &= -\sum_{i=1}^{n} p(x_i) \ln p(x_i) - \sum_{i=1}^{n} \sum_{k=1}^{m} p(x_i)\, p(y_k \mid x_i) \ln p(y_k \mid x_i) \\ &= H(X) + H(Y \mid X), \end{aligned} \tag{1.63}$$

wobei $H(Y \mid X)$ die bedingte Entropie des Ereignisses Y unter der Bedingung des Eintretens von X ist. Genauer müßte man von der mittleren bedingten Entropie oder vom mathematischen Erwartungswert der bedingten Entropie sprechen, wenn man mit

$$H(Y \mid x_i) = -\sum_{k=1}^{m} p(y_k \mid x_i) \ln p(y_k \mid x) \tag{1.64}$$

die bedingte Entropie des Ereignisses Y unter der Bedingung des Eintretens des Ereignisses $X = x_i$ bezeichnet.

Analog ergibt sich

$$H(X, Y) = H(Y) + H(X \mid Y), \tag{1.65}$$

mit der mittleren bedingten Entropie

$$H(X \mid Y) = - \sum_{k=1}^{m} p(y_k)\, H(X \mid y_k)$$
$$= - \sum_{i=1}^{n} \sum_{k=1}^{m} p(y_k)\, p(x_i \mid y_k) \ln p(x_i \mid y_k)\,. \tag{1.66}$$

Die fünf Entropien $H(X, Y)$, $H(X| Y)$, $H(Y|X)$, $H(X)$, $H(Y)$ sind die zu einem zweidimensionalen Zufallsfeld gehörenden Entropien. Alle Logarithmen seien dabei, wie bereits vermerkt, natürliche Logarithmen. Damit ist die Einheit der Entropien *nit* (natural digit).

Werden die Wahrscheinlichkeiten durch die relativen Häufigkeiten $p_{ik} = N_{ik}/N$, $p_{i\cdot} = N_{i\cdot}/N$ und $p_{\cdot k} = N_{\cdot k}/N$ abgeschätzt, dann folgen die Entropien der Randverteilungen und der gemeinsamen Verteilung aus den Gleichungen

$$H(X) = \ln N - \frac{1}{N} \sum_{i=1}^{n} N_{i\cdot} \ln N_{i\cdot}\,, \tag{1.67}$$

$$H(Y) = \ln N - \frac{1}{N} \sum_{k=1}^{m} N_{\cdot k} \ln N_{\cdot k}\,, \tag{1.68}$$

$$H(X, Y) = \ln N - \frac{1}{N} \sum_{i=1}^{n} \sum_{k=1}^{m} N_{ik} \ln N_{ik}\,. \tag{1.69}$$

Zwischen den bedingten Entropien $H(X| Y)$ bzw. $H(Y|X)$ und den Entropien $H(X)$ bzw. $H(Y)$ bestehen die zuerst von Shannon aufgezeigten Ungleichungen

$$H(X) \geq H(X \mid Y) \geq 0 \tag{1.70}$$

und

$$H(Y) \geq H(Y \mid X) \geq 0\,. \tag{1.71}$$

Die Entropie $H(X)$ des Ereignisses X wird durch die Kenntnis des Ausgangs des Ereignisses Y auf den Wert $H(X| Y)$ vermindert. Analoges gilt für die Entropie $H(Y)$. Zum Beweis dieser Ungleichungen sei auf die Literatur verwiesen (z.B. Jaglom und Jaglom [45], Reza [82]).

Sind also die Ereignisse X und Y stochastisch voneinander abhängig, dann folgt aus der Ungleichung

$$H(X, Y) = H(X) + H(Y \mid X) \leq H(X) + H(Y), \tag{1.72}$$

daß sich der Grad der Unbestimmtheit des Ereignissystems (X, Y) gegenüber dem bei stochastischer Unabhängigkeit verringert hat. Das Gleichheitszeichen in (1.72) gilt dann und nur dann, wenn X und Y stochastisch unabhängig voneinander sind (siehe z.B. Feinstein [30]). Im Falle der stochastischen Unabhängigkeit gilt natürlich $H(X \mid Y) = H(X)$ und $H(Y \mid X) = H(Y)$.

1.3.3. Wahrscheinlichkeitsverteilungsdichte einer stetigen zweidimensionalen Zufallsgröße

Sind X und Y stetige Zufallsgrößen, deren Realisierungswerte in den Intervallen $-\infty < x < +\infty$, $-\infty < y < +\infty$ liegen, dann ist $\mathbf{P}(x \leq X \leq x + \Delta x,\ y \leq Y \leq y + \Delta y)$ die Wahrscheinlichkeit dafür, daß der Zufallsvektor (X, Y) in ein Rechteck mit den Seitenlängen Δx und Δy in der x,y-Ebene fällt. Existiert in allen Punkten (x, y) der Grenzwert

$$\lim_{\substack{\Delta x \to 0 \\ \Delta y \to 0}} \frac{\mathbf{P}(x \leq X \leq x + \Delta x,\ y \leq Y \leq y + \Delta y)}{\Delta x\, \Delta y} = f(x, y), \tag{1.73}$$

dann heißt der Zufallsvektor (X, Y) stetig verteilt und die Funktion $f(x, y)$ die Wahrscheinlichkeitsverteilungsdichte des Zufallsvektors.

$f(x, y)$ ist eine positive Funktion, und es gilt

$$\int_{-\infty}^{\infty} \int_{-\infty}^{\infty} f(x, y)\, \mathrm{d}x\, \mathrm{d}y = 1. \tag{1.74}$$

Die Funktion $f(x, y)$ kann man sich durch eine Fläche über der x,y-Koordinatenebene veranschaulichen.

Die Randverteilungsdichten der Verbundverteilungsdichte $f(x, y)$ sind

$$f_1(x) = \int_{-\infty}^{\infty} f(x, y)\, \mathrm{d}y \qquad \text{und} \qquad f_2(y) = \int_{-\infty}^{\infty} f(x, y)\, \mathrm{d}x, \tag{1.75}$$

die bedingten Wahrscheinlichkeitsverteilungsdichten folgen zu

$$f(x \mid y) = \frac{f(x, y)}{f_2(y)} \qquad \text{und} \qquad f(y \mid x) = \frac{f(x, y)}{f_1(x)}, \tag{1.76}$$

wobei $f_1(x) \neq 0$ und $f_2(y) \neq 0$ sein muß.

Unter der Verteilungsfunktion einer zweidimensionalen zufälligen Veränderlichen (X, Y) versteht man die Wahrscheinlichkeit dafür, daß ihr Realisierungswert in das Gebiet $(-\infty < X < x,\ -\infty < Y < y)$ fällt. Die Verteilungsfunktion $F(x, y)$ ergibt sich aus der Verteilungsdichte $f(x, y)$ zu

$$F(x, y) = \mathbf{P}(X < x,\ Y < y) = \int_{-\infty}^{x} \int_{-\infty}^{y} f(x, y)\, \mathrm{d}x\, \mathrm{d}y. \tag{1.77}$$

Man nennt die stetigen zufälligen Veränderlichen X und Y stochastisch voneinander unabhängig, wenn für beliebige Zahlenpaare (x, y) die Gleichung

$$F(x, y) = F_1(x)\, F_2(y) \tag{1.78}$$

und damit auch

$$f(x, y) = f_1(x) f_2(y) \tag{1.79}$$

gilt. Sind die zufälligen Veränderlichen X und Y unabhängig, dann ist die bedingte Verteilungsdichte der Veränderlichen X für alle Werte von Y dieselbe, und umgekehrt ist die bedingte Verteilungsdichte von Y für alle Werte von X dieselbe, d.h. $f(x|y) = f_1(x)$ und $f(y|x) = f_2(y)$.

Als wichtigstes Beispiel einer zweidimensionalen Wahrscheinlichkeitsverteilungsdichte betrachten wir wieder die Dichte der Normalverteilung für eine zweidimensionale Zufallsgröße, die auch in der Meteorologie und Geophysik eine zentrale Rolle spielt. Sie ist gegeben durch die Gleichung

$$f(x, y) = \frac{1}{2\pi\sigma_x\sigma_y \sqrt{1 - \varrho^2}} \exp\left[-\frac{1}{2}\frac{Q(x, y)}{1 - \varrho^2}\right] \tag{1.80}$$

mit

$$Q(x, y) = \left(\frac{x - \mu_x}{\sigma_x}\right)^2 - 2\varrho\left(\frac{x - \mu_x}{\sigma_x}\right)\left(\frac{y - \mu_y}{\sigma_y}\right) + \left(\frac{y - \mu_y}{\sigma_y}\right)^2,$$

wobei μ_x, μ_y die Erwartungswerte und σ_x, σ_y die Standardabweichungen (Dispersionen) der Zufallsgrößen X und Y sind. ϱ stellt den Korrelationskoeffizienten zwischen den beiden Zufallsgrößen X und Y dar. Zur Definition und statistischen Bedeutung dieser Verteilungsparameter sei auf die Literatur verwiesen.

Die Randverteilungsdichten der zweidimensionalen Normalverteilung sind die eindimensionalen Normalverteilungsdichten für die Zufallsgrößen X

$$f_1(x) = \frac{1}{\sqrt{2\pi}\,\sigma_x} \exp\left[-\frac{1}{2}\left(\frac{x - \mu_x}{\sigma_x}\right)^2\right] \tag{1.81}$$

und Y

$$f_2(y) = \frac{1}{\sqrt{2\pi}\,\sigma_y} \exp\left[-\frac{1}{2}\left(\frac{y - \mu_y}{\sigma_y}\right)^2\right], \tag{1.82}$$

wie man durch Integration des Ausdruckes für $f(x, y)$ über x bzw. über y jeweils von $-\infty$ bis $+\infty$ zeigen kann.

Ist der Korrelationskoeffizient ϱ gleich Null, dann erhalten wir für $f(x, y)$ anstelle der Formel (1.80)

$$f(x, y) = f_1(x) f_2(y). \tag{1.83}$$

Sind also zwei normalverteilte Zufallsgrößen unkorreliert ($\varrho = 0$), dann sind sie statistisch voneinander unabhängig. Wenn $\varrho^2 = 1$ ist, verliert der Ausdruck (1.80) für die zweidimensionale Normalverteilung seinen Sinn. In diesem Falle besteht zwischen den beiden Zufallsgrößen X und Y eine lineare Beziehung $Y = aX + b$, d.h., es liegt dann eigentlich nur eine eindimensionale Verteilung vor, die singuläre zweidimensionale Normalverteilung genannt wird (siehe Fisz [32] S. 142).

1.3.4. Die n-dimensionale Normalverteilung

Die n-dimensionale zufällige Veränderliche $(X_1, X_2, \ldots, X_n)$ heißt normalverteilt, wenn ihre Wahrscheinlichkeitsverteilungsdichtefunktion $f(x_1, x_2, \ldots, x_n)$ die Form

$$f(x_1, x_2, \ldots, x_n) = \frac{1}{\sqrt{(2\pi)^n \, |M|}} \exp\left\{-\frac{1}{2\,|M|} \sum_{j,k=1}^{n} |M_{jk}|\,(x_j - \mu_j)(x_k - \mu_k)\right\} \tag{1.84}$$

hat. Dabei ist μ_j der Erwartungswert der Zufallsgröße X_j, $|M| \neq 0$ die Determinante der Kovarianzmatrix

$$M = \begin{pmatrix} C_{11} & C_{12} & \cdots & C_{1n} \\ C_{21} & C_{22} & \cdots & C_{2n} \\ \cdots & \cdots & \cdots & \cdots \\ C_{n1} & C_{n2} & \cdots & C_{nn} \end{pmatrix} \tag{1.85}$$

und $|M_{jk}|$ das algebraische Komplement des Elementes C_{jk} in $|M|$. $C_{jk} = \mathbf{E}(X_j - \mu_j) \cdot (X_k - \mu_k)$ ist die Kovarianz der Zufallsgrößen X_j und X_k. $C_{jj} = \sigma_j^2$ ist das Quadrat der Standardabweichungen der Zufallsgrößen X_j.

Sind die Realisierungen $x_1, x_2, \ldots, x_n$ der Zufallsgrößen $X_1, X_2, \ldots, X_n$ die Werte eines stationären Gaussschen Zufallsprozesses $X(t)$ zu den äquidistanten Zeitpunkten $t_0, t_0 + \Delta t, \ldots, t_0 + (n-1)\,\Delta t$, wobei t_0 der Anfang der Zeitzählung und Δt die Zeitdistanz ist, dann wird $\mu_1 = \mu_2 = \ldots = \mu_n = \mu = \mathbf{E}X(t)$ und $\sigma_1^2 = \sigma_2^2 = \ldots = \sigma_n^2 = \sigma^2 = \mathbf{E}(X(t) - \mu)^2$. Die Kovarianzen sind gleich der Kovarianzfunktion des Zufallsprozesses für die Zeitdifferenz $|j-k|\,\Delta t$, d.h. mit $k = j + l$ wird $C_{jk} = C(|j-k|\,\Delta t) = C(l\,\Delta t)$. Mit der Korrelationsfunktion $r_l = C(l\,\Delta t)/\sigma^2$ läßt sich die Kovarianzmatrix M durch die Korrelationsmatrix R in der Form

$$M = \sigma^2 R = \sigma^2 \begin{pmatrix} 1 & r_1 & r_2 & \cdots & r_{n-1} \\ r_1 & 1 & r_1 & \cdots & r_{n-2} \\ r_2 & r_1 & 1 & \cdots & r_{n-3} \\ \cdots & \cdots & \cdots & \cdots & \cdots \\ r_{n-1} & r_{n-2} & r_{n-3} & \cdots & 1 \end{pmatrix} \tag{1.86}$$

ausdrücken. Die Korrelationsmatrix R stellt eine Toeplitz-Matrix dar, in der die Elemente jeder Diagonalen von links oben nach rechts unten einander gleich sind.

Für die n-dimensionale Verteilungsdichte der n zufälligen Variablen an aufeinanderfolgenden Abtastzeitpunkten eines stationären GAUSSschen Zufallsprozesses erhalten wir damit

$$f(x_1, x_2, \ldots, x_n) = \frac{1}{\sqrt{(2\pi\sigma^2)^n \, |\boldsymbol{R}|}} \exp\left\{-\frac{1}{2|\boldsymbol{R}|} \sum_{j,k=1}^{n} |R_{jk}| \, \mathring{x}_j \mathring{x}_k\right\}, \tag{1.87}$$

wobei $|R_{jk}|$ wieder der zum j,k-ten Element gehörige Minor der Determinanten $|\boldsymbol{R}|$ ist und $\mathring{x}_j = (x_j - \mu)/\sigma$, $\mathring{x}_k = (x_k - \mu)/\sigma$ die standardisierten Zufallsvariablenrealisierungen sind.

Zwischen den Determinanten der Matrizen $\boldsymbol{M}$ und $\boldsymbol{R}$ besteht die Beziehung $|\boldsymbol{M}| = \sigma^{2n} |\boldsymbol{R}|$, die Minoren oder Adjunkten sind durch die Gleichung $|M_{jk}| = \sigma^{2(n-1)} |R_{jk}|$ verbunden.

Sind die n äquidistanten Abtastwerte des GAUSSschen Zufallsprozesses voneinander unabhängig, dann wird $r_j = 0$ für $j \neq 0$, und es folgt $|\boldsymbol{R}| = 1$ sowie $|R_{jj}| = 1$ und $|R_{jk}| = 0$ für $j \neq k$, und man erhält

$$\begin{aligned} f(x_1, x_2, \ldots, x_n) &= \frac{1}{\sqrt{(2\pi\sigma^2)^n}} \exp\left\{-\frac{1}{2} \sum_{j=1}^{n} \left(\frac{x_j - \mu}{\sigma}\right)^2\right\} \\ &= \prod_{j=1}^{n} \frac{1}{\sqrt{2\pi}\,\sigma} \exp\left\{-\frac{1}{2} \left(\frac{x_j - \mu}{\sigma}\right)^2\right\}, \end{aligned} \tag{1.88}$$

d.h., die n-dimensionale Normalverteilungsdichte der n unabhängigen Zufallsgrößen $X_1, X_2, \ldots, X_n$ ist gleich dem Produkt aus den n eindimensionalen Normalverteilungsdichten.

1.3.5. Differentielle Entropie kontinuierlicher, mehrdimensionaler Zufallsgrößen

Die Übertragung der Definitionen der Entropien für diskrete Ereignissysteme auf mehrdimensionale, zufällige Veränderliche mit kontinuierlichen Verteilungsfunktionen bringt die gleichen Schwierigkeiten mit sich wie im eindimensionalen Fall.

Für eine zweidimensionale Zufallsgröße mit der Verteilung $f(x, y)$ und den Randverteilungen $f_1(x)$ und $f_2(y)$, die ungleich Null sein sollen, definiert man die Entropien

$$H(X, Y) = -\int_{-\infty}^{\infty} \int_{-\infty}^{\infty} f(x, y) \ln f(x, y) \, \mathrm{d}x \, \mathrm{d}y, \tag{1.89}$$

$$H(X) = -\int_{-\infty}^{\infty} f_1(x) \ln f_1(x) \, \mathrm{d}x, \tag{1.90}$$

$$H(Y) = -\int_{-\infty}^{\infty} f_2(y) \ln f_2(y) \, \mathrm{d}y, \tag{1.91}$$

$$H(X \mid Y) = - \int_{-\infty}^{\infty} \int_{-\infty}^{\infty} f(x, y) \ln \frac{f(x, y)}{f_2(y)} \, dx \, dy, \tag{1.92}$$

$$H(Y \mid X) = - \int_{-\infty}^{\infty} \int_{-\infty}^{\infty} f(x, y) \ln \frac{f(x, y)}{f_1(x)} \, dx \, dy. \tag{1.93}$$

Es ist zu bemerken, daß die bedingten Entropien $H(X|Y)$ und $H(Y|X)$ wieder als mittlere bedingte Entropien aufzufassen sind, welche die mathematische Erwartung der bedingten Entropien $H(X|y)$ bzw. $H(Y|x)$ darstellen. Wegen der Beziehungen (1.76) gilt

$$H(X \mid Y) = - \int_{-\infty}^{\infty} \int_{-\infty}^{\infty} f_2(y) f(x \mid y) \ln f(x \mid y) \, dx \, dy = \mathbf{E} H(X \mid y)$$

mit der bedingten Entropie

$$H(X \mid y) = - \int_{-\infty}^{\infty} f(x \mid y) \ln f(x \mid y) \, dx. \tag{1.94}$$

Analoges gilt für $H(Y \mid X)$.

Die Entropien (1.89) bis (1.94) lassen sich nicht durch einen Grenzübergang aus den entsprechenden Entropien für ein diskretes Ereignissystem herleiten. Man bezeichnet diese Entropien als differentielle Entropien, die allerdings nur bis auf eine additive Konstante bestimmt sind, welche das Bezugsniveau des Entropiewertes festlegt (siehe z.B. PUGAČEV [71]).

Speziell für eine zweidimensionale, normalverteilte Zufallsgröße erhalten wir durch Substitution der Normalverteilungsdichten (1.80) bis (1.82) in die entsprechenden Gleichungen für die differentiellen Entropien

$$H(X, Y) = \ln \left(2\pi \sigma_x \sigma_y \mathrm{e} \sqrt{1 - \varrho^2}\right), \tag{1.95}$$

$$H(X) = \ln \left(\sqrt{2\pi \mathrm{e}}\, \sigma_x\right), \tag{1.96}$$

$$H(Y) = \ln \left(\sqrt{2\pi \mathrm{e}}\, \sigma_y\right), \tag{1.97}$$

$$H(X \mid Y) = \ln \left(\sqrt{2\pi \mathrm{e}(1 - \varrho^2)}\, \sigma_x\right), \tag{1.98}$$

$$H(Y \mid X) = \ln \left(\sqrt{2\pi \mathrm{e}\,(1 - \varrho^2)}\, \sigma_y\right). \tag{1.99}$$

Die differentiellen Entropien einer zweidimensionalen normalverteilten Zufallsgröße hängen in einem kartesischen Koordinatensystem nur von den Dispersionen σ_x, σ_y und vom Korrelationskoeffizienten ϱ ab, nicht aber von den Erwartungswerten μ_x und μ_y der Zufallsgrößen. Dabei erreicht die differentielle Entropie $H(X, Y)$ für $\varrho = 0$ (Unabhängigkeit der beiden Zufallsgrößen) ihr Maximum.

In Verallgemeinerung der Gleichung (1.89) kann für eine n-dimensionale Zufallsgröße $(X_1, X_2, \ldots, X_n)$ mit der Wahrscheinlichkeitsdichtefunktion $f(x_1, x_2, \ldots, x_n)$ n-ter Ordnung eine n-dimensionale differentielle Entropie

$$H(X_1, X_2, \ldots, X_n) = H_n(X)$$
$$= -\int_{-\infty}^{\infty} \cdots \int_{-\infty}^{\infty} f(x_1, x_2, \ldots, x_n) \ln f(x_1, x_2, \ldots, x_n)\, \mathrm{d}x_1 \ldots \mathrm{d}x_n \qquad (1.100)$$

definiert werden.

Sind die Realisierungen dieser n-dimensionalen Zufallsgröße speziell die äquidistanten Abtastwerte eines stationären Gaussschen Zufallsprozesses mit der n-dimensionalen Normalverteilungsdichte der Form (1.87), dann ergibt sich nach Substitution dieser Wahrscheinlichkeitsdichte in die Gleichung für $H_n(X)$ nach einigen kurzen Zwischenrechnungen bei Beachtung von

$$\frac{1}{2} \sum_{j,k=1}^{n} \frac{|R_{jk}|}{|\boldsymbol{R}|} \int_{-\infty}^{\infty} \cdots \int_{-\infty}^{\infty} f(x_1, x_2, \ldots, x_n)\, \mathring{x}_j \mathring{x}_k\, \mathrm{d}x_1 \ldots \mathrm{d}x_n$$
$$= \frac{1}{2} \sum_{j,k=1}^{n} \frac{|R_{jk}|}{|\boldsymbol{R}|} R_{jk} = \frac{n}{2} = \ln \sqrt{\mathrm{e}^n}$$

die Entropie zu (siehe z.B. Pugačev [71])

$$H_n(X) = \ln \sqrt{(2\pi\, \mathrm{e}\, \sigma^2)^n\, |\boldsymbol{R}|}\,. \qquad (1.101)$$

Die differentielle Entropie eines Zufallsprozesses je Abtastwert

$$h(X) = \lim_{n \to \infty} \frac{H_n(X)}{n} \qquad (1.102)$$

nennt man die Entropiedichte des Zufallsprozesses. Aus Gleichung (1.101) ist zu ersehen, daß bei Kenntnis der Korrelationsmatrix bzw. der Autokorrelationskoeffizienten (siehe Gleichung (1.86)) des Prozesses die differentielle Entropie bzw. Entropiedichte berechnet werden kann. Da die Autokorrelationsfunktion über das Wiener-Chintschin-Theorem mit dem Energiespektrum des Prozesses verknüpft ist, besteht auch eine Beziehung zwischen der Entropiedichte und der Spektraldichte des Zufallsprozesses. Ausgehend von der Entropiedichte kann eine sogenannte Maximum-Entropie-Spektraldichte-Schätzung eines Zufallsprozesses vorgenommen werden, die gegenüber der konventionellen Spektraldichte-Schätzung nach Blackman und Tukey [15] Vorteile mit sich bringt (siehe dazu Abschnitt 3).

Im Unterschied zur Entropie diskreter Ereignissysteme ist die differentielle Entropie nicht invariant gegenüber Koordinatentransformationen. Die Entropie hängt im diskreten Falle nur von den entsprechenden Wahrscheinlichkeiten ab, nicht aber von den Zufallsvariablen selbst, die sich bei einer Koordinatentransformation ändern.

Im kontinuierlichen Falle geht bei Koordinatentransformationen $(X_1, X_2, \ldots, X_n) \to (Y_1, Y_2, \ldots, Y_n)$ in die Transformationsbeziehung für die Wahrscheinlichkeitsverteilungsdichten g und f die JAKOBIsche Funktionaldeterminante ein, d.h., es gilt

$$g(y_1, y_2, \ldots, y_n) = f(x_1, x_2, \ldots, x_n) \left| \frac{\partial(x_1; x_2; \ldots; x_n)}{\partial(y_1; y_2; \ldots; y_n)} \right|, \tag{1.103}$$

und daher ist die n-dimensionale differentielle Entropie im allgemeinen abhängig vom jeweiligen Koordinatensystem

$$H_n(Y) = H_n(X) - \int_{-\infty}^{\infty} \cdots \int_{-\infty}^{\infty} f(x_1, x_2, \ldots, x_n) \ln \left| \frac{\partial(x_1; x_2; \ldots; x_n)}{\partial(y_1; y_2; \ldots; y_n)} \right| \mathrm{d}x_1 \, \mathrm{d}x_2 \ldots \mathrm{d}x_n. \tag{1.104}$$

Nur wenn die JAKOBIsche Determinante gleich Eins ist, bleibt die differentielle Entropie invariant gegenüber der Transformation des Koordinatensystems.

Betrachten wir als Beispiel zur Koordinatentransformation den Übergang von kartesischen Koordinaten X, Y in der Ebene zu Polarkoordinaten R, Φ. Diese Transformation ist in der Meteorologie bei der statistischen Bearbeitung des horizontalen Windvektors von Bedeutung. Es gilt

$$X = R \cos \Phi \qquad \text{und} \qquad Y = R \sin \Phi$$

sowie

$$R = \sqrt{X^2 + Y^2} \qquad \text{und} \qquad \Phi = \arctan \frac{Y}{X}.$$

Die JAKOBIsche Funktionaldeterminante wird

$$\left| \frac{\partial(X; Y)}{\partial(R; \Phi)} \right| = \begin{vmatrix} \frac{\partial X}{\partial R} & \frac{\partial X}{\partial \Phi} \\ \frac{\partial Y}{\partial R} & \frac{\partial Y}{\partial \Phi} \end{vmatrix} = R,$$

und für die Wahrscheinlichkeitsverteilungsdichten erhält man

$$g(r, \varphi) = \sqrt{x^2 + y^2}\, f(x, y), \tag{1.105}$$

für die Entropien

$$H(R, \Phi) = H(X, Y) - \frac{1}{2} \int_{-\infty}^{\infty} \int_{-\infty}^{\infty} f(x, y) \ln (x^2 + y^2) \, \mathrm{d}x \, \mathrm{d}y. \tag{1.106}$$

Speziell für die zweidimensionale Normalverteilung zweier unabhängiger Zufallsgrößen X, Y mit den Erwartungswerten Null

$$f(x, y) = \frac{1}{2\pi\sigma_x\sigma_y} \exp\left\{ -\frac{1}{2} \left(\frac{x^2}{\sigma_x^2} + \frac{y^2}{\sigma_y^2} \right) \right\} \tag{1.107}$$

wird die Verteilungsdichte in Polarkoordinaten

$$g(r, \varphi) = \frac{r}{2\pi\sigma_x\sigma_y} \exp\left\{-\frac{r^2}{2}\left(\frac{\cos^2\varphi}{\sigma_x^2} + \frac{\sin^2\varphi}{\sigma_y^2}\right)\right\}. \tag{1.108}$$

Sind die Zufallsgrößen nicht unabhängig voneinander, dann kann durch Drehung des Koordinatensystems (bei dieser Transformation ist die JAKOBIsche Determinante gleich Eins) die zweidimensionale Zufallsgröße auf ein System zweier normalverteilter unabhängiger Zufallsgrößen zurückgeführt werden (siehe z.B. GNEDENKO [38]).

Im Sonderfalle $\sigma_x = \sigma_y = \sigma$ ergibt sich aus (1.108) die RAYLEIGH-Verteilungsdichte

$$g(r, \varphi) = \frac{r}{2\pi\sigma^2} \exp\left(-\frac{r^2}{2\sigma^2}\right), \tag{1.109}$$

die unabhängig von der Richtung φ in der Koordinatenebene ist.

Die Entropien der beiden Verteilungsdichten (1.107) und (1.109) unterscheiden sich nach Gleichung (1.106) um

$$H(X, Y) - H(R, \Phi) = \frac{1}{\sigma^2} \int_0^\infty r\,\mathrm{e}^{-\frac{r}{2\sigma^2}} \ln r \,\mathrm{d}r. \tag{1.110}$$

Berechnung des Integrals ergibt mit Hilfe der EULERschen Konstanten $\mathcal{E} = 0{,}57721\,\ldots$ für diese Differenz der Entropien den Wert

$$H(X, Y) - H(R, \Phi) = \ln\sigma + \frac{1}{2}(\ln 2 - \mathcal{E}) = \ln\sigma + 0{,}05796 \text{ nit}.$$

Damit kann die Größe des durch Koordinatentransformation veränderten Entropiewertes eingeschätzt werden. Von einem Entropieverlust oder -gewinn bei der Koordinatentransformation zu sprechen ist jedoch nicht sinnvoll, da durch Rücktransformation der Entropieausgangswert wieder erhalten wird.

1.4. Begriff der Information, Informationsindex

1.4.1. Definition der Information und des Informationsindexes

Besteht zwischen zwei Zufallsgrößen X, Y eine stochastische Bindung, dann wird die Entropie $H(X)$ als Maß für den Grad der Unbestimmtheit des Ausgangs des Ereignisses X bei Kenntnis des Ausgangs des Ereignisses Y auf den Wert $H(X|Y)$ vermindert. Die Differenz zwischen der Entropie der Zufallsgröße X und der mittleren bedingten Entropie bezüglich Y

$$I(X, Y) = H(X) - H(X \mid Y) \tag{1.111}$$

ist die Information über die Zufallsgröße X, die durch Beobachtung der Zufallsgröße Y erlangt werden kann. Damit ist die Information als ein Maß für beseitigte Unsicherheit aufzufassen.

Mit Hilfe der im Abschnitt 1.3.2. angegebenen Gleichungen für die bedingten Entropien kann die Information auch durch die Beziehung

$$I(X, Y) = H(X) + H(Y) - H(X, Y) \tag{1.112}$$

ausgedrückt werden. Diese Gleichung weist wegen $H(X, Y) = H(Y, X)$ sofort den Symmetriecharakter $I(X, Y) = I(Y, X)$ der Information aus.

Die Entropie läßt sich durch die Information in der Form $H(X) = I(X, X)$ darstellen, d.h., die Entropie kann gewissermaßen als Selbstinformation der Zufallsgröße X aufgefaßt werden. Im Unterschied dazu nennt man die Größe $I(X, Y)$ oft auch die Transinformation der beiden Zufallsgrößen X, Y. Sie ist wegen $H(X, Y) \leq H(X) + H(Y)$ eine nichtnegative Größe (siehe dazu die Gleichung (1.72).

Sind die beiden Zufallsgrößen X und Y stochastisch unabhängig voneinander, dann folgt mit $H(X|Y) = H(X)$

$$I(X, Y) = H(X) - H(X) = 0, \tag{1.113}$$

das bedeutet, auch bei Kenntnis des Ausgangs des Ereignisses Y läßt sich der Grad der Unbestimmtheit des Ausgangs des Ereignisses X nicht verringern. Bei eindeutiger funktionaler Abhängigkeit der beiden Zufallsgrößen X und Y wird $H(X|Y) = 0$, weil bei Vorgabe eines bestimmten Wertes für Y auf Grund der eindeutigen funktionalen Abhängigkeit der Wert für X festliegt, die Unbestimmtheit für X also gleich Null ist. Die Information erreicht in diesem Falle ihren Maximalwert

$$I(X, Y) = H(X) = H(Y) = H(X, Y), \tag{1.114}$$

da die mittleren bedingten Entropien $H(X|Y)$ und $H(Y|X)$ stets positiv sind.

Die Größe der Information $I(X, Y)$ variiert somit zwischen dem Wert Null bei stochastischer Unabhängigkeit der beiden Zufallsgrößen X und Y und dem Wert $H(X)$ bzw. $H(Y)$ bei eindeutiger funktionaler Abhängigkeit. Dividiert man daher die Information durch die Entropie $H(X)$ oder $H(Y)$, dann bekommt man zwei dimensionslose Zahlen, die zwischen den Werten Null und Eins liegen.

Bezeichnet man diese Quotienten, die Informationsindizes oder Entropieverhältnisse genannt werden (siehe BAGROV [8], WAHL [113]), mit $q(X|Y)$ und $q(Y|X)$, dann wird

$$q(X \mid Y) = \frac{I(X, Y)}{H(X)} = 1 - \frac{H(X \mid Y)}{H(X)} \tag{1.115}$$

und

$$q(Y \mid X) = \frac{I(X, Y)}{H(Y)} = 1 - \frac{H(Y \mid X)}{H(Y)}. \tag{1.116}$$

Die Zahlenwerte für diese beiden Größen liegen laut Definition zwischen Null und Eins. $q(X|Y)$ und $q(Y|X)$ stellen Maßzahlen für die stochastische Abhängigkeit der beiden Zufallsgrößen X und Y dar, die gegenüber dem Stichprobenkorrelationskoeffizienten $r(X, Y)$ und den PEARSONschen Korrelationsverhältnissen $k^2(X|Y)$ und $k^2(Y|X)$ (siehe z.B. TAUBENHEIM [101]) Vorteile aufweisen.

Während aus $r(X, Y) = 0$ und $k^2(X|Y) = 0$ bzw. $k^2(Y|X) = 0$ nicht uneingeschränkt auf die Unabhängigkeit von X und Y geschlossen werden kann, bedeutet $q(X|Y) = 0$ stochastische Unabhängigkeit von X und Y. In diesem Falle wird auch $q(Y|X) = 0$. Bei eindeutiger funktionaler Abhängigkeit der Zufallsgröße Y von X wird $q(Y|X) = 1$. Dabei kann $q(X|Y)$ durchaus kleiner als Eins sein, wenn nämlich die funktionale Abhängigkeit zwischen Y und X nicht umkehrbar eindeutig ist (wie z.B. bei einer Beziehung der Form $Y = aX^2 + b$). Ist der funktionale Zusammenhang zwischen Y und X jedoch umkehrbar eindeutig, das heißt, ist Y eine monotone Funktion von X, dann gilt $q(Y|X) = q(X|Y) = 1$.

Betrachten wir zur Demonstration dieser Feststellungen als extremes Beispiel eine Modellverteilung, bei der zwischen den Zufallsgrößen X und Y eine Beziehung der Form $X^2 + Y^2 = \text{const}$ besteht. Wegen der zum Koordinatenursprung vorliegenden Symmetrie dieser Verteilung werden die Erwartungswerte von X und Y gleich Null, und die Regressionslinien fallen mit den Koordinatenachsen zusammen. Damit werden beide Korrelationsverhältnisse gleich Null und folglich auch der Korrelationskoeffizient. Das bedeutet aber, daß die Zufallsgrößen X und Y unkorreliert sind im Sinne des linearen Korrelationskoeffizienten (trotz vorgegebener funktionaler Abhängigkeit, die allerdings nichtlinear ist). In der meteorologischen Praxis kommen solche ausgefallenen zweidimensionalen Verteilungen z.B. bei der statistischen Beschreibung des horizontalen Windvektors vor (siehe LUCKE [57], OLBERG [67]).

Einen Hinweis auf die Bindung zwischen X und Y in dieser Modellverteilung, bei der N auf einem Kreis liegende Punkte (siehe Abb. 3) jeweils mit derselben Wahrscheinlichkeit $p = 1/N$ auftreten mögen, geben die Entropieverhältnisse. Zunächst erhält man für die verbundene Entropie der zweidimensionalen Zufallsgröße (X, Y) den Wert

$$H(X, Y) = -\sum_{k=1}^{N} \frac{1}{N} \ln \frac{1}{N} = \ln N.$$

Bei der Berechnung der Entropien der Randverteilungen muß beachtet werden, daß die einzelnen Punkte wegen der Zweideutigkeit jeweils mit der Wahrscheinlichkeit $p = 2/N$ auftreten (N sei eine gerade Zahl). Es ergibt sich

$$H(X) = H(Y) = -\sum_{k=1}^{N/2} \frac{2}{N} \ln \frac{2}{N} = \ln N - \ln 2.$$

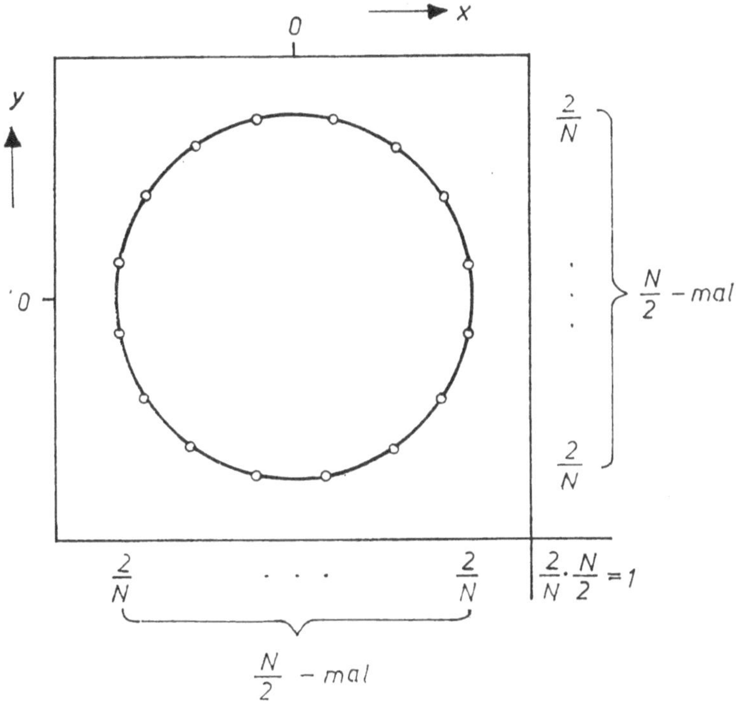

Abb. 3. Modellverteilung 1

Für die Information erhalten wir damit nach Gleichung (1.112)

$$I(X, Y) = \ln N - 2 \ln 2$$

und für die Entropieverhältnisse schließlich

$$q(X \mid Y) = q(Y \mid X) = 1 - \frac{\ln 2}{\ln \frac{N}{2}}.$$

Speziell für $N = 2^n$ erhalten wir $q = 1 - \frac{1}{n-1}$, d.h., für $N = 64 = 2^6$ wird $q = 0{,}8$.

Während also die Korrelationsverhältnisse und der Korrelationskoeffizient bei dieser zum Koordinatenursprung kreissymmetrischen Modellverteilung keinen Anhaltspunkt für eine stochastische Bindung der Zufallsgrößen X und Y liefern, weisen die Entropieverhältnisse als Maße für die stochastische Abhängigkeit recht gut auf einen Zusammenhang zwischen den beiden Zufallsgrößen hin.

Bei der betrachteten Modellverteilung bleibt q für endliche Werte für N stets kleiner als Eins, weil die bedingten Entropien der Zufallsgrößen X und Y von vornherein nicht kleiner als ln 2 werden können, denn zu den möglichen Werten für X bzw. Y gehören jeweils zwei Werte für Y bzw. X.

Besteht zwischen zwei Zufallsgrößen nur ein stochastischer Zusammenhang in Form einer ringförmigen Verteilung, dann werden die mittleren bedingten Entropien nicht viel kleiner als ln 2. Es ist daher zweckmäßig, die Information $I(X, Y)$ in diesem Falle durch $H(X) - \ln 2$ bzw. durch $H(Y) - \ln 2$ zu dividieren anstatt nur durch $H(X)$ bzw. $H(Y)$, um Maßzahlen für diese Form des stochastischen Zusammenhangs zu erstellen. Anstelle von $q(X|Y)$ und $q(Y|X)$ führen wir daher die Größen

$$q^*(X \mid Y) = \frac{I(X, Y)}{H(X) - \ln 2} \tag{1.117}$$

und

$$q^*(Y \mid X) = \frac{I(X, Y)}{H(Y) - \ln 2} \tag{1.118}$$

als Abhängigkeitsmaße bzw. als Informationsindizes ein.

Für die Modellverteilung der Abb. 3 ergibt sich dann $q^*(X|Y) = q^*(Y|X) = 1$, womit der funktionale Zusammenhang voll ausgewiesen wird. Bei empirischen Verteilungen werden durch die Klasseneinteilung der Realisierungswerte der Zufallsgrößen in den Häufigkeitstabellen die Unterschiede zwischen den Größen r, k^2, q und q^* bei einem stochastischen Zusammenhang in Form einer ringförmigen Verteilung nicht so markant sein wie im Modellbeispiel der Abb. 3. Das soll an einer zweiten Modellverteilung (siehe Abb. 4) erläutert werden. Die durch Punkte gekennzeichneten Klassen mögen alle die gleichen Besetzungszahlen haben, d.h., das Auftreten dieser Werte der Zufallsgrößen X, Y sei wieder gleichwahrscheinlich $p = 1/N$. Sind die Wahrscheinlichkeiten in einer Häufigkeitstabelle durch die relativen Häufigkeiten gegeben, dann berechnet man die Entropien nach den Gleichungen (1.67) bis (1.69) und damit dann die Werte für die Information und die Informationsindizes. Es ergeben sich die folgenden Werte für die Maßzahlen des stochastischen Zusammenhangs der Modellverteilung der Abb. 4:

$$q(X \mid Y) = 0{,}46, \qquad q^*(X \mid Y) = 0{,}63,$$

$$q(Y \mid X) = 0{,}45, \qquad q^*(Y \mid X) = 0{,}62,$$

$$k^2(X \mid Y) = 0{,}07, \qquad k^2(Y \mid X) = 0{,}08, \qquad r(X, Y) = -0{,}04.$$

Daraus ist zu ersehen, daß das Maß q^* den stochastischen Zusammenhang zwischen den Zufallsgrößen X und Y bei einer ringförmigen Verteilung weit besser erfaßt als der Korrelationskoeffizient, dessen Aussagekraft bei nichtlinearen stochastischen

Zusammenhängen bekanntlich stark eingeschränkt ist oder sogar ganz versagt (siehe dazu z.B. TAUBENHEIM [101]). Auch die für monotone Beziehungen zwischen stochastischen Größen aussagefähigen Korrelationsverhältnisse erweisen sich bei dieser speziellen Verteilungsform als nicht geeignet.

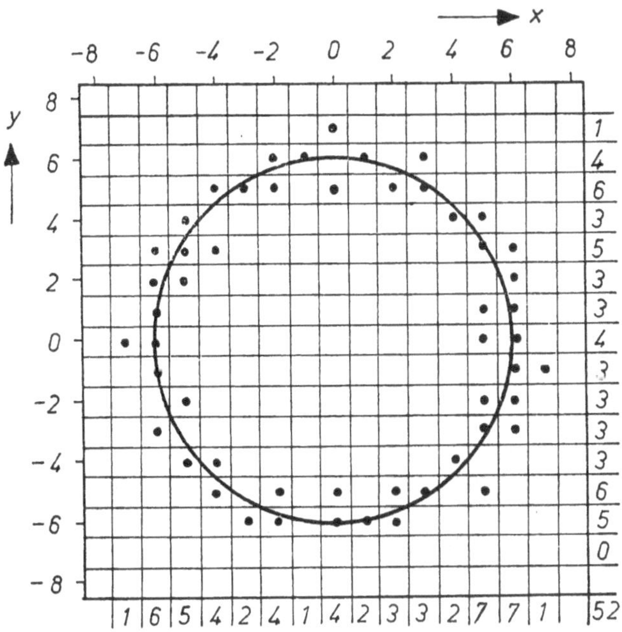

Abb. 4. Modellverteilung 2

1.4.2. Die Information bei kontinuierlichen Zufallsgrößen

Sind X und Y kontinuierliche Zufallsvariable mit den Wahrscheinlichkeitsverteilungsdichten $f(x, y)$, $f_1(x)$ und $f_2(y)$, dann folgt aus der Gleichung (1.112) mit den Entropien $H(X)$, $H(Y)$ und $H(X, Y)$ für kontinuierliche Zufallsgrößen (siehe die Gleichungen (1.89) bis (1.93)) die Information zu

$$I(X, Y) = \int_{-\infty}^{\infty} \int_{-\infty}^{\infty} f(x, y) \ln \frac{f(x, y)}{f_1(x) f_2(y)} \, dx \, dy. \tag{1.119}$$

Man ersieht aus dieser Gleichung, daß die Information $I(X, Y)$ als Erwartungswert der Größe

$$I = \ln \frac{f(X, Y)}{f_1(X) f_2(Y)} \tag{1.120}$$

aufgefaßt werden kann.

Sind die Zufallsgrößen X und Y normalverteilt mit den Wahrscheinlichkeitsverteilungsdichten (1.80) bis (1.82), dann erhalten wir mit den standardisierten Variablen $\mathring{X} = (X - \mu_x)/\sigma_x$ und $\mathring{Y} = (Y - \mu_y)/\sigma_y$

$$I = -\frac{1}{2}\ln(1-\varrho^2) - \frac{1}{2}\frac{\varrho}{1-\varrho^2}(\varrho\mathring{X}^2 - 2\mathring{X}\mathring{Y} + \varrho\mathring{Y}^2).$$

Der Erwartungswert von I ergibt wegen $\mathbf{E}\mathring{X} = 0$, $\mathbf{E}\mathring{Y} = 0$, $\mathbf{E}\mathring{X}^2 = 1$, $\mathbf{E}\mathring{Y}^2 = 1$ und $\mathbf{E}\mathring{X}\mathring{Y} = \varrho$ die Information der beiden normalverteilten Zufallsgrößen X und Y

$$I(X, Y) = -\frac{1}{2}\ln(1-\varrho^2) \qquad \text{für} \qquad |\varrho| \neq 1. \tag{1.121}$$

Die Information hängt für normalverteilte Zufallsgrößen also nur von dem Korrelationskoeffizienten ϱ zwischen den beiden Zufallsgrößen ab. Sind diese stochastisch voneinander unabhängig ($\varrho = 0$), dann wird $I(X, Y) = 0$. Wird der Korrelationskoeffizient ϱ betragsmäßig größer, dann wird auch die Information größer, d.h., die Kenntnis der Realisierung von Y ergibt eine bestimmtere Aussage bezüglich X.

Die Definition der Information für zwei Zufallsgrößen X und Y kann zur Information für zwei mehrdimensionale Zufallsvariable $(X_1, X_2, \ldots, X_n)$ und $(Y_1, Y_2, \ldots, Y_m)$ erweitert werden. Bezeichnen wir diese mehrdimensionalen Zufallsvariablen als Zufallsvektoren $\mathbf{X}$ und $\mathbf{Y}$, die die Wahrscheinlichkeitsverteilungsdichten $f_n(\mathbf{X})$ und $f_m(\mathbf{Y})$ sowie die Verbundverteilungsdichte $f_{n+m}(\mathbf{X}, \mathbf{Y})$ haben sollen, dann wird die Information

$$I(\mathbf{X}, \mathbf{Y}) = \mathbf{E}\left(\ln\frac{f_{n+m}(\mathbf{X}, \mathbf{Y})}{f_n(\mathbf{X})\, f_m(\mathbf{Y})}\right). \tag{1.122}$$

Mit Hilfe der Entropien (siehe dazu auch die Gleichung (1.100)) kann die Information, die ein Zufallsvektor über einen anderen Zufallsvektor liefert, auch in der Form

$$I(\mathbf{X}, \mathbf{Y}) = H_n(\mathbf{X}) + H_m(\mathbf{Y}) - H_{n+m}(\mathbf{X}, \mathbf{Y}) \tag{1.123}$$

geschrieben werden.

Es soll nun wieder der für die praktische Anwendung wichtige Spezialfall normalverteilter, mehrdimensionaler Zufallsgrößen betrachtet werden. Der n-dimensionale Zufallsvektor $\mathbf{X}$ habe also eine Wahrscheinlichkeitsverteilungsdichte der Form (1.84), der m-dimensionale Zufallsvektor $\mathbf{Y}$ eine entsprechende Normalverteilungsdichte m-ter Ordnung. Ohne Beschränkung der Allgemeinheit können wir die Erwartungswerte der Zufallsgrößen X_k für $k = 1,2, \ldots, n$ und Y_k für $k = 1,2, \ldots, m$ zu Null annehmen. Außerdem definieren wir einen $(n + m)$-dimensionalen Zufallsvektor $\mathbf{Z} = (X_1, X_2, \ldots, X_n;\ Y_1, Y_2, \ldots, Y_m) = (Z_1, Z_2, \ldots, Z_{n+m})$, der das Verbundverhalten von $\mathbf{X}$ und $\mathbf{Y}$ beschreiben soll. $\mathbf{Z}$ hat dann wegen $\mathbf{E}Z_k = 0$ für $k = 1, 2, \ldots,$

$n + m$ die $(n + m)$-dimensionale Normalverteilungsdichte

$$f(z_1, z_2, \ldots, z_{n+m}) = \frac{1}{\sqrt{(2\pi)^{n+m} \, |M^{(n+m)}|}} \exp\left\{ - \frac{1}{2\,|M^{(n+m)}|} \sum_{j,k=1}^{n+m} |M_{jk}^{(n+m)}| \, z_j z_k \right\}, \tag{1.124}$$

wobei $|M^{(n+m)}|$ die Determinante der Kovarianzmatrix $(n + m)$-ter Ordnung

$$M^{(n+m)} = \left[\begin{array}{ccc|ccc} C_{1,1} & \cdots & C_{1,n} & C_{1,n+1} & \cdots & C_{1,n+m} \\ \vdots & & \vdots & \vdots & & \vdots \\ C_{n,1} & \cdots & C_{n,n} & C_{n,n+1} & \cdots & C_{n,n+m} \\ \hline C_{n+1,1} & \cdots & C_{n+1,n} & C_{n+1,n+1} & \cdots & C_{n+1,n+m} \\ \vdots & & \vdots & \vdots & & \vdots \\ C_{n+m,1} & \cdots & C_{n+m,n} & C_{n+m,n+1} & \cdots & C_{n+m,n+m} \end{array}\right] \tag{1.125}$$

ist, die auch durch die Untermatrizen A_{xx}, A_{yy}, C_{xy} und C_{yx} in der Form

$$M^{(n+m)} = \begin{pmatrix} A_{xx} & C_{xy} \\ C_{yx} & A_{yy} \end{pmatrix} \tag{1.126}$$

geschrieben werden kann. Die Elemente der quadratischen Matrix n-ter Ordnung A_{xx} sind die Kovarianzen der Zufallsgrößen X_j und X_k, die Elemente der quadratischen Matrix m-ter Ordnung A_{yy} sind die Kovarianzen der Zufallsgrößen Y_j und Y_k. C_{xy} und C_{yx} sind Matrizen vom Typ (n, m) bzw. (m, n), ihre Elemente sind die Kovarianzen zwischen den Zufallsgrößen X_j und Y_k. Es gilt $C_{yx} = C_{xy}^T$, d.h., die Matrix C_{yx} ergibt sich durch Transponierung der Matrix C_{xy}.

Die wechselseitige Information der beiden Zufallsvektoren X und Y kann nun mit Hilfe der Entropien mehrdimensionaler, normalverteilter Zufallsgrößen

$$H_n(X) = \ln \sqrt{(2\pi\,\mathrm{e})^n \, |M|}$$

(siehe dazu Gleichung (1.101) und (1.86)) berechnet werden. Aus Gleichung (1.123) folgt

$$I(X, Y) = \ln \sqrt{(2\pi\,\mathrm{e})^n \, |A_{xx}|} + \ln \sqrt{(2\pi\,\mathrm{e})^m \, |A_{yy}|} - \ln \sqrt{(2\pi\,\mathrm{e})^{n+m} \, |M^{(n+m)}|},$$

und mit der Darstellung (1.126) erhalten wir

$$I(X, Y) = -\frac{1}{2} \ln \frac{\begin{vmatrix} A_{xx} & C_{xy} \\ C_{yx} & A_{yy} \end{vmatrix}}{|A_{xx}| \cdot |A_{yy}|}. \tag{1.127}$$

Sind die Realisierungen der n-dimensionalen Zufallsgröße $(X_1, X_2, \ldots, X_n)$ und der m-dimensionalen Zufallsgröße $(Y_1, Y_2, \ldots, Y_m)$ speziell wieder die zeitlich äquidistanten Abtastwerte zweier stationärer GAUSSscher Zufallsprozesse $X(t)$ und $Y(t)$ mit den Erwartungswerten $\mathbf{E}X(t) = 0$ und $\mathbf{E}Y(t) = 0$ sowie den Dispersionen $\mathbf{E}(X(t))^2 = \sigma_x^2$ und $\mathbf{E}(Y(t))^2 = \sigma_y^2$, dann stellen die Elemente der quadratischen Matrix n-ter Ordnung $\boldsymbol{A}_{xx}$ die Autokovarianzkoeffizienten der Zufallsgrößen $X_j = X(j\,\Delta t)$ und $X_k = X(k\,\Delta t)$ dar, d.h., die Matrixelemente sind

$$\mathbf{E}(X(j\,\Delta t)\,X(k\,\Delta t)) = A_{xx}(|j-k|\,\Delta t) = A_{xx}(l\,\Delta t) = \sigma_x^2 r_x(l) \tag{1.128}$$

mit den Autokorrelationskoeffizienten $r_x(l)$ für $l = 0, 1, 2, \ldots, n-1$ des Zufallsprozesses $X(t)$. Entsprechend lassen sich die Elemente der m-dimensionalen quadratischen Matrix $\boldsymbol{A}_{yy}$ durch die Autokorrelationskoeffizienten $r_y(l)$ für $l = 0, 1, 2, \ldots, m-1$ ausdrücken.

Die Elemente der (n, m)-Matrix $\boldsymbol{C}_{xy}$ sind die Erwartungswerte der gemischten Produkte aus X_j und Y_k. Sie heißen Kreuzkovarianzkoeffizienten und sind die Werte der Kreuzkovarianzfunktion der beiden Zufallsprozesse $X(t)$ und $Y(t)$ für diskrete Zeitdifferenzen. Es ist

$$\mathbf{E}(X(j\,\Delta t)\,Y(k\,\Delta t)) = C_{xy}((j-k)\,\Delta t) = C_{xy}(l\,\Delta t) = \sigma_x\sigma_y r_{xy}(l), \tag{1.129}$$

wobei

$$r_{xy}(l) = \frac{C_{xy}(l\,\Delta t)}{\sqrt{A_{xx}(0)\,A_{yy}(0)}} = \frac{C_{xy}(l\,\Delta t)}{\sigma_x\sigma_y} \tag{1.130}$$

für $l = 0, 1, 2, \ldots, \min(n-1, m-1)$ die dimensionslosen, normierten Kreuzkorrelationskoeffizienten darstellen.

Als Beispiel der praktischen Anwendung der sehr kompakten Gleichung (1.127) für die wechselseitige Information zweier GAUSSscher Zufallsvektoren soll das Problem der linearen Extrapolation einer Zeitreihe behandelt werden. Die n diskreten Werte der Zeitreihe $x_1, x_2, \ldots, x_n$ seien die Realisierungen einer stationären Zufallsfunktion an äquidistanten Zeitpunkten. Gesucht werde die Realisierung x_{n+1} der Zufallsfunktion zum Zeitpunkt $(n+1)\,\Delta t$. Setzt man in (1.127) anstelle des m-dimensionalen Zufallsvektors $\boldsymbol{Y}$ die eindimensionale Zufallsgröße $Y_1 = X((n+1)\,\Delta t)$, dann kann die gesuchte Fortsetzung x_{n+1} der Zeitreihe x_j für $j = 1, 2, \ldots, n$ am günstigsten so berechnet werden, daß die Information, die die n-dimensionale Zufallsgröße $\boldsymbol{X}_n = (X_1, X_2, \ldots, X_n)$ bezüglich X_{n+1} ergibt, ihren Maximalwert annimmt.

Zur Lösung dieses Problems gehen wir von der Gleichung (1.127) aus. Die Matrix $\boldsymbol{A}_{yy}$ hat wegen $m = 1$ nur das Element

$$\mathbf{E}Y_1^2 = \mathbf{E}[X((n+1)\,\Delta t)]^2 = \sigma_x^2.$$

C_{xy} ist eine Matrix vom Typ $(n, 1)$, d.h. ein Spaltenvektor, und zwar wird mit $r_x(l) = r_l$

$$C_{xy} = \sigma_x^2 \begin{pmatrix} r_n \\ r_{n-1} \\ \vdots \\ r_2 \\ r_1 \end{pmatrix}. \tag{1.131}$$

A_{xx} ist gleich der Matrix (1.86). Mit der Determinante $(n + 1)$-ter Ordnung

$$|R_{n+1}| = \left| \begin{array}{cccc|c} 1 & r_1 & \cdots & r_{n-1} & r_n \\ r_1 & 1 & \cdots & r_{n-2} & r_{n-1} \\ \vdots & \vdots & & \vdots & \vdots \\ r_{n-1} & r_{n-2} & \cdots & 1 & r_1 \\ \hline r_n & r_{n-1} & \cdots & r_1 & 1 \end{array} \right|$$

$$= \left| \begin{array}{cccc|c} & & & & r_n \\ & & & & r_{n-1} \\ & & R_n & & \vdots \\ & & & & r_1 \\ \hline r_n & r_{n-1} & \cdots & r_1 & 1 \end{array} \right| \tag{1.132}$$

ergibt sich die Information in diesem speziellen Fall zu

$$I(X_n, X_{n+1}) = -\frac{1}{2} \ln \frac{|R_{n+1}|}{|R_n|}. \tag{1.133}$$

Bei vorgegebenen Autokorrelationskoeffizienten r_l für $l = 1, 2, \ldots, n - 1$ (Autokorrelationen zwischen den n Zufallsgrößen $X_1, X_2, \ldots, X_n$, deren Realisierungen $x_1, x_2, \ldots, x_n$ gegeben sind) kann die Information (1.133) nur durch entsprechende Wahl von r_n maximiert werden, d.h., es muß

$$\frac{\partial}{\partial r_n} |R_{n+1}| = 0$$

werden. Die Lösung dieser Extremwertaufgabe erfordert also das Verschwinden der Determinante, d.h.,

$$\begin{vmatrix} r_1 & 1 & \cdots & r_{n-2} \\ r_2 & r_1 & \cdots & r_{n-3} \\ \vdots & \vdots & & \vdots \\ r_{n-1} & r_{n-2} & \cdots & 1 \\ r_n & r_{n-1} & \cdots & r_1 \end{vmatrix} = 0\,. \tag{1.134}$$

Durch Auflösung dieser Determinantengleichung könnte der Autokorrelationskoeffizient r_n bestimmt werden.

Bei der praktischen Durchführung der Berechnung geht man jedoch zweckmäßiger wie folgt vor. Das Verschwinden der Determinante (1.134) ist die Voraussetzung dafür, daß das homogene lineare Gleichungssystem

$$\begin{pmatrix} r_1 & 1 & \cdots & r_{n-2} \\ r_2 & r_1 & \cdots & r_{n-3} \\ \vdots & \vdots & & \vdots \\ r_{n-1} & r_{n-2} & \cdots & 1 \\ r_n & r_{n-1} & \cdots & r_1 \end{pmatrix} \begin{pmatrix} 1 \\ a_2 \\ \vdots \\ a_{n-1} \\ a_n \end{pmatrix} = 0 \tag{1.135}$$

nichttriviale Lösungen a_k für $k = 1, 2, \ldots, n$ (wobei $a_1 = 1$ gesetzt ist) besitzt. Zwischen den $n - 1$ als bekannt angenommenen Autokorrelationskoeffizienten r_k ($k = 1, 2, \ldots, n - 1$; $r_0 = 1$) und den $n - 1$ unbekannten Koeffizienten a_k bestehen somit die $n - 1$ linearen Beziehungen

$$r_k + \sum_{j=1}^{n-1} a_{j+1} r_{|k-j|} = 0 \qquad \text{für} \qquad k = 1, 2, \ldots, n - 1 \tag{1.136}$$

zur Bestimmung der a_k, während die n-te Gleichung

$$r_n + \sum_{j=1}^{n-1} a_{j+1} r_{n-j} = 0, \tag{1.137}$$

d.h.

$$r_n = -a_2 r_{n-1} - a_3 r_{n-2} - \cdots - a_{n-1} r_2 - a_n r_1,$$

bei vorher berechneten a_k die Maximum-Entropie-Extrapolation des Autokorrelationskoeffizienten r_n darstellt. Die Koeffizienten a_k erlauben dann auch die Berechnung des Extrapolationswertes für x_{n+1} (siehe z.B. MAKHOUL [59]).

Eng verbunden mit dem Problem der Maximum-Entropie-Extrapolation einer Zeitreihe oder der Reihe der Autokorrelationskoeffizienten ist die Maximum-Entropie-

Schätzung des Energiespektrums eines stationären Zufallsprozesses, worauf im Abschnitt 3 näher eingegangen wird.

Ein weiteres praktisches Anwendungsbeispiel der Gleichung (1.127) ist im Abschnitt 2.2 zu finden.

1.4.3. Statistische Beurteilung der mit Hilfe der Entropie definierten Maßzahlen

Die Abschätzung der Stichprobenfehler und die Angabe der Signifikanzgrenzen für die empirischen Werte der mit Hilfe der statistischen Entropie definierten Maßzahlen erfordert die Kenntnis der Wahrscheinlichkeitsverteilung der entsprechenden Größen, die im allgemeinen jedoch nicht bekannt ist.

Für den Schätzwert der Information

$$I(X, Y) = \ln N + \frac{1}{N} \sum_{i=1}^{n} \sum_{k=1}^{m} N_{ik} \ln N_{ik} - \frac{1}{N} \sum_{i=1}^{n} N_{i\cdot} \ln N_{i\cdot} - \frac{1}{N} \sum_{k=1}^{m} N_{\cdot k} \ln N_{\cdot k}, \tag{1.138}$$

aus einer Tabelle mit den absoluten bzw. relativen Häufigkeiten der betreffenden Ereignisse berechnet, kann gezeigt werden, daß die aus einer solchen Stichprobe vom Umfang N bestimmte Zufallsgröße $2N \cdot I(X, Y)$ eine Wahrscheinlichkeitsverteilung besitzt, die asymptotisch einer nichtzentralen χ^2-Verteilung entspricht mit dem Freiheitsgrad $(n-1)(m-1)$ (siehe dazu HOLLOWAY und WOODBURY [43], WAHL [113], VAN DER BIJL [109]). Für die nichtzentrale χ^2-Verteilung mit einem Freiheitsgrad findet man bei HOLLOWAY und WOODBURY Signifikanzgrenzen, mit denen für die empirischen Werte $2N \cdot I(X, Y)$, die einer 2×2 Häufigkeitstabelle entstammen, Vertrauensgrenzen bestimmt werden können.

Bei Unabhängigkeit von X und Y ist der Erwartungswert der Zufallsgröße $I(X, Y)$ gleich Null, und $2N \cdot I(X, Y)$ genügt einer zentralen χ^2-Verteilung mit dem Freiheitsgrad $(n-1)(m-1)$. Signifikante Abweichungen eines berechneten Wertes für $2N \cdot I(X, Y)$ von Null können daher mit der bekannten χ^2-Verteilung, deren Signifikanzgrenzen in Abhängigkeit vom Freiheitsgrad und den gebräuchlichen Irrtumswahrscheinlichkeiten in Statistiklehrbüchern tabuliert zu finden sind, überprüft werden.

Aus einer endlichen Stichprobe vom Umfang N wird sich allerdings auch bei Unabhängigkeit von X und Y ein mehr oder weniger von Null abweichender positiver Wert für $2N \cdot I(X, Y)$ ergeben, so daß auf Grund dieses Wertes ungleich Null nicht auf Abhängigkeit zwischen X und Y geschlossen werden darf. Erst wenn der gefundene Wert einen gewissen Grenzwert überschreitet, kann daraus auf die stochastische Abhängigkeit der beiden Zufallsgrößen geschlossen werden.

Da der Erwartungswert einer χ^2-verteilten Zufallsgröße mit der Dispersion Eins gleich dem Freiheitsgrad ist (siehe z.B. FISZ [32]), ist der Erwartungswert der Zufallsgröße $2N \cdot I(X, Y)$ gleich $(n-1)(m-1)$, d.h.

$$\mathbf{E}(I(X, Y)) = \frac{(n-1)(m-1)}{2N}. \tag{1.139}$$

Erst im Limes $N \to \infty$ ist der Erwartungswert für die Information zweier unabhängiger Zufallsgrößen X und Y gleich Null. Soll also ein empirischer Wert I_{emp} für $I(X, Y)$ auf eine signifikante Abweichung von Null getestet werden, dann ist bei Vorgabe der gewünschten Sicherheitswahrscheinlichkeit bzw. der Irrtumswahrscheinlichkeit α aus einer Tabelle für die χ^2-Signifikanzgrenzen die zum entsprechenden Freiheitsgrad gehörende Signifikanzgrenze χ^2_α zu entnehmen. Ist

$$I_{emp} > \frac{\chi^2_\alpha}{2N}, \tag{1.140}$$

dann weist dieser größere Wert für I_{emp} auf eine signifikante Abweichung von Null hin, d.h., X und Y dürfen nicht als unabhängig voneinander angenommen werden. Voraussetzung dabei ist jedoch, daß die in die Häufigkeitstabelle eingehenden einzelnen Realisierungswertepaare für (X, Y) stochastisch voneinander unabhängig sind.

Bei Abhängigkeit der einzelnen Realisierungswerte einer Zufallsgröße ist anstelle des Stichprobenumfangs N der sogenannte effektive Stichprobenumfang N_{eff} in die Signifikanztests einzusetzen (siehe dazu Bartels [12], Olberg [65], Taubenheim [101]).

Im Falle einer zweidimensionalen Zufallsgröße (X, Y) berechnet man den effektiven Stichprobenumfang aus der Gleichung

$$N_{eff} = \frac{N}{\eta(N)} + 1, \tag{1.141}$$

wobei die Größe

$$\eta(N) = 1 + 2 \sum_{k=1}^{N-1} \left(1 - \frac{k}{N}\right) r_x(k)\, r_y(k) \tag{1.142}$$

außer vom Stichprobenumfang N von den Autokorrelationskoeffizienten $r_x(k)$ und $r_y(k)$ der beiden Wertereihen x_i und y_i (für $i = 1, 2, \ldots, N$) abhängt (siehe Olberg [66], Taubenheim [102]). Haben die Autokorrelationskoeffizienten die Gestalt $r(k) = \varrho^k$ mit $\varrho < 1$, dann folgt für große N für $\eta\,(N)$ der Ausdruck

$$\eta(N \to \infty) = \frac{1 + \varrho_x \varrho_y}{1 - \varrho_x \varrho_y}, \tag{1.143}$$

so daß sich der effektive Stichprobenumfang der Wertepaare zu

$$N_{eff} = N \frac{1 - \varrho_x \varrho_y}{1 + \varrho_x \varrho_y} + 1 \tag{1.144}$$

ergibt.

2. Spezielle Anwendungen informationstheoretischer Begriffe bei der statistischen Bearbeitung geophysikalisch-meteorologischer Zeitreihen und Datenfelder

2.1. Die rationelle Dichte eines Stationsnetzes

2.1.1. Rationelle Meßnetzdichte und Entropie

Bei der Beobachtung meteorologischer Elemente sowie ihrer synoptisch-meteorologischen und klimatologischen Bearbeitung ist die Frage nach einer rationellen Anordnung des Beobachtungssystems in Raum und Zeit von besonderer Bedeutung. Unter einer rationellen Dichte des Stationsnetzes versteht man eine solche räumliche Anordnung der Beobachtungsstationen, bei der die so gewonnenen Beobachtungsergebnisse vorgegebenen Kriterien entsprechen. Ein solches Kriterium kann z.B. sein, daß die Entfernung d der gegebenen Stationen voneinander einen Wert $d_{\max}$ nicht überschreitet, wobei dieser Wert durch den Interpolationsfehler bestimmt wird, der selbst aus der statistischen Struktur des jeweiligen Feldes folgt. Neben dem Interpolationsfehler können als Kriterium auch bestimmte Grenzwerte der statistischen Entropie oder vorgegebene Werte für die gegenseitige Information benutzt werden.

Eine Beurteilung der günstigsten Dichte des Stationsnetzes mit Hilfe der statistischen Entropie des Datenfeldes erfordert die Definition eines Ereignisfeldes, das für die Bestimmung der Entropie geeignet ist. Da dabei die Eigenschaft der Entropiefunktion, daß sie ein geeignetes numerisches Maß für die Unsicherheit eines gegebenen Versuches ist, benutzt wird, muß das zu bestimmende Ereignisfeld so definiert werden, daß diese Eigenschaft der Entropie ausgenutzt werden kann.

Bezeichnet man den Wert eines meteorologischen Elementes an einem beliebigen Ort $\boldsymbol{r}$ mit $f(\boldsymbol{r})$ und den Wert in der vektoriellen Entfernung $\boldsymbol{d}$ von diesem ersten Ort mit $f(\boldsymbol{r} + \boldsymbol{d})$, dann betrachten wir

$$f' = f(\boldsymbol{r}) - f(\boldsymbol{r} + \boldsymbol{d}) \tag{2.1}$$

als das gesuchte Ereignissystem. Die Zufallsvariable f' nimmt, wenn das Feld homogen ist, in Abhängigkeit von der Entfernung $\boldsymbol{d}$ verschiedene Werte mit verschiedenen Wahrscheinlichkeiten an. Bei Isotropie kann der vektorielle Abstand $\boldsymbol{d}$ durch die skalare Entfernung d ersetzt werden. Für die im ungarischen Flachland durchgeführten Untersuchungen kann die Homogenität und Isotropie als annähernd gegeben angenommen werden.

Für vorgegebene Werte von d wird zur statistischen Untersuchung des Ereignissystems f' die Entropie bestimmt. Dazu müssen zunächst die zu diesem Ereignissystem gehörenden diskreten Wahrscheinlichkeitsverteilungen ermittelt werden. Zu jedem festen Wert für d gehört dabei eine empirische Verteilung, die durch ein Häufigkeitsdiagramm oder ein Histogramm dargestellt werden kann. Der Grad der Unbestimmtheit des Ereignissystems ist dann gegeben durch die Entropie, die aus der jeweiligen empirischen Häufigkeitsverteilung berechnet wird. Im Falle $d = 0$ wird die Entropie Null, da das zugrundeliegende Ereignissystem nur aus dem Element $f' = 0$ besteht und dieses mit der Wahrscheinlichkeit $p = 1$ auftritt. Mit wachsender Entfernung d ist eine Vergrößerung der Entropie zu erwarten, d.h., mit wachsendem d muß sich die Unsicherheit des Ereignissystems (2.1) vergrößern oder mit anderen Worten, die Bestimmtheit des „Versuches" (2.1) nimmt ab.

Diese Überlegungen wurden bei der Untersuchung des Temperaturfeldes in Ungarn verwendet (siehe Czelnai u.a. [24]). f' war in diesem Falle jeweils die Differenz der an zwei verschiedenen Stationen zu gleichen Zeiten gemessenen Temperatur, wobei die Realisierungen der diskreten Zufallsvariablen f' in ganzen °C variierten. Das gesamte Ereignisfeld ergab sich dabei aus den Daten, die an den in Abb. 5 angezeigten Stationen gemessen wurden. Ausgangsdaten waren die 7.00-Uhr-Temperaturwerte der einzelnen Tage der Jahre 1957 und 1958. Aus den Daten der 19 Stationen wurden

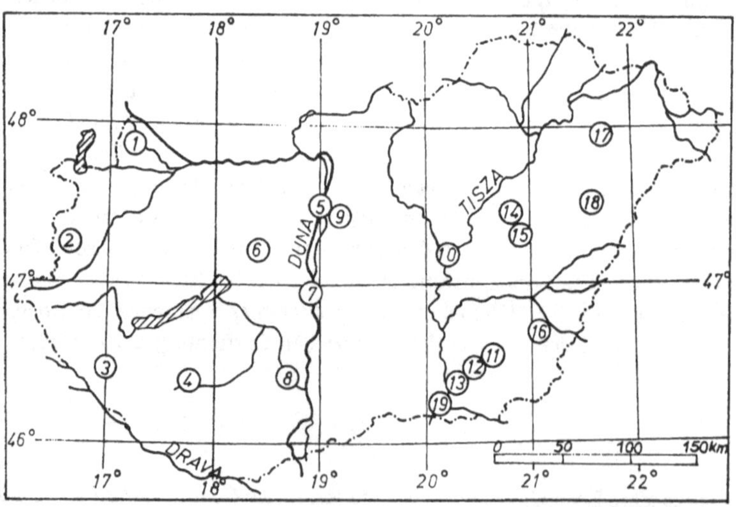

Abb. 5. Benutztes ungarisches Stationsnetz:
1 Mosonmagyaróvár, 2 Szombathely, 3 Nagykanizsa, 4 Kaposvár, 5 Budapest-Lörinc, 6 Székesfehérvár, 7 Dunaújváros, 8 Szekszárd, 9 Budapest-Ferihegy, 10 Szolnok, 11 Orosháza 12 Székkutas, 13 Hódmezövásárhely, 14 Tiszaörs, 15 Karcag, 16 Békéscsaba, 17 Nyíregyháza, 18 Debrecen, 19 Szeged

für 20 Stationspaare, wobei die Entfernung d zwischen 4 und 364 km (in nichtäquidistanten Abständen) variierte, die empirischen Häufigkeitsverteilungen ermittelt und zwar getrennt nach den Jahreszeiten Frühling, Sommer, Herbst und Winter sowie für das Jahr insgesamt. Von den sich ergebenden $20 \cdot 5 = 100$ empirischen Häufigkeitsverteilungen zeigt die Abb. 6 die beiden jährlichen Häufigkeitsdiagramme für die Stationspaare Budapest-Lörinc und Ferihegy sowie Szombathely und Debrecen.

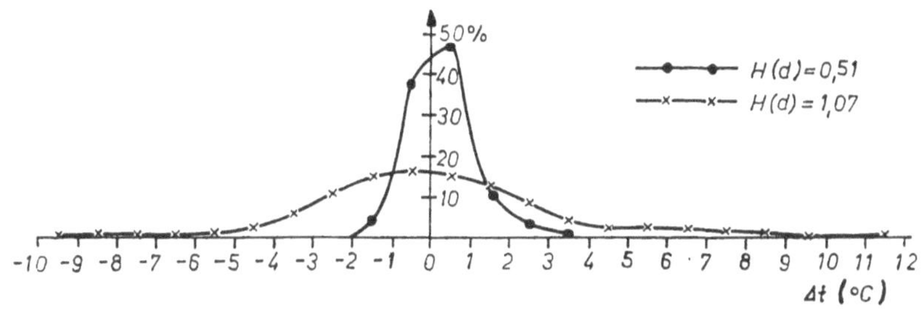

Abb. 6. Häufigkeitsdiagramme

Der Kurvenverlauf der Häufigkeitsdiagramme ist bereits sehr aufschlußreich und zeigt einige charakteristische Eigenschaften:

a) Bei dicht benachbarten Stationen tritt eine rechtsseitige Asymmetrie auf, während bei weiter voneinander entfernten Stationen eine linksseitige Asymmetrie zu beobachten ist.

b) Mit zunehmender Entfernung der Stationen vergrößert sich das Werteintervall der Zufallsvariablen.

c) Für fest vorgegebenes d ist die Variabilität im Sommer am kleinsten, im Winter ist ab einer gewissen Entfernung kaum noch eine Veränderung zu beobachten; bei den Übergangsjahreszeiten ähnelt der Herbst mehr dem Winter, der Frühling mehr dem Sommer.

In der Tab. 2 sind die aus den empirischen Häufigkeitsverteilungen berechneten Entropiewerte zusammengestellt, wobei die Stationsentfernungen d in Kilometern und die Höhenunterschiede Δh zweier Stationen in Metern angegeben sind. Die Werte dieser Tabelle können in graphischen Darstellungen veranschaulicht werden. Als Beispiel zeigt Abb. 7 die Darstellung der jährlichen Entropiewerte $H(d)$ als Ordinatenwerte über den auf der Abszisse aufgetragenen Entfernungen d.

Der Verlauf der Entropiekurven $H(d)$ kann allgemein in drei Abschnitte unterteilt werden:

1. Im ersten Abschnitt für kleine d-Werte nimmt die Entropie mit der Entfernung stark zu.
2. Es folgt ein Abschnitt mit mäßigem Anstieg.
3. Im dritten Abschnitt ist ein geringer, annähernd linearer Anstieg zu verzeichnen.

Tabelle 2

Stationspaar	Δh m	d km	$H(d)$ Frühling	Sommer	Herbst	Winter	Jahr
Budapest-Lörinc-Ferihegy	6	4	0,448	0,417	0,539	0,457	0,506
Székkutas-Orosháza	1	15	0,761	0,789	0,617	0,545	0,723
Karcag-Tiszaörs	4	24	0,636	0,648	0,641	0,607	0,644
Békéscsaba-Orosháza	4	34	0,577	0,585	0,573	0,616	0,597
Békéscsaba-Székkutas	3	46	0,774	0,786	0,767	0,723	0,791
Budapest-Lörinc-Dunaújváros	9	58	0,753	0,761	0,694	0,799	0,768
Kaposvár-Szekszárd	56	58	0,850	0,835	0,921	0,963	0,951
Mosonmagyaróvár-Szombathely	102	86	0,869	0,770	0,828	0,915	0,865
Szekszárd-Hódmezövásárhely	8	120	0,939	0,939	0,972	0,932	0,971
Székesfehérvár-Szolnok	23	129	0,864	0,819	1,010	0,980	0,952
Nagykanizsa-Szekszárd	57	133	0,905	0,874	0,977	0,977	0,970
Szombathely-Székesfehérvár	107	134	0,860	0,758	1,004	1,008	0,936
Mosonmagyaróvár-Nagykanizsa	29	155	0,963	0,817	0,953	1,055	0,973
Szombathely-Budapest-Lörinc	84	178	0,930	0,769	0,992	0,984	0,957
Budapest-Lörinc-Debrecen	26	187	0,915	0,872	0,940	0,939	0,935
Nagykanizsa-Hódmezövásárhely	65	250	1,018	0,958	1,057	1,057	1,064
Szombathely-Szolnok	130	263	0,949	0,829	1,033	1,059	1,002
Mosonmagyaróvár-Debrecen	108	319	1,055	0,915	1,077	1,110	1,078
Mosonmagyaróvár-Nyíregyháza	17	322	1,069	0,918	1,069	1,069	1,069
Szombathely-Debrecen	110	364	1,040	0,923	1,079	1,114	1,073

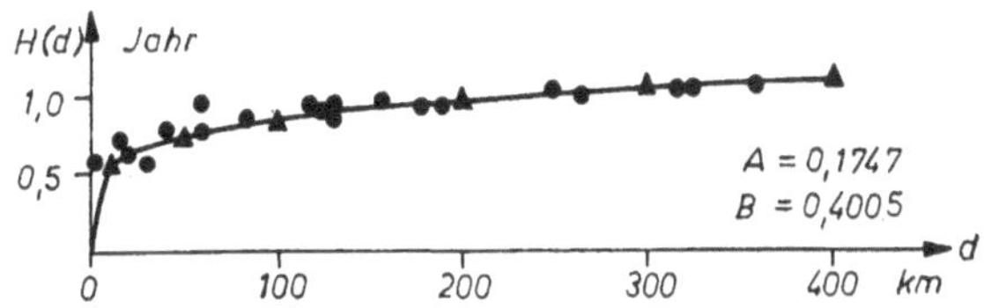

Abb. 7. Jährliche Entropiewerte

Der hier nicht dargestellte Verlauf der Entropiekurve für den Sommer zeigt besonders im ersten Kurvenabschnitt einen sehr steilen Anstieg, der auf große Abweichungen f' für kleine Entfernungen hinweist.

Die Abhängigkeit der Entropie von der Entfernung d kann durch die Beziehung

$$H(d) = A\, d^B \tag{2.2}$$

beschrieben werden, wobei die Konstanten A und B empirisch zu ermitteln sind. Diese Form der Entropie-Entfernungsfunktion gilt sowohl für die Jahreskurve (Abb. 7) als auch für die Entropiekurven für die Jahreszeiten. A und B bestimmt man aus den Werten der Tab. 2 mit Hilfe der Methode der kleinsten quadratischen Abweichungen. Dazu linearisiert man die Beziehung (2.2), indem man logarithmiert und anstelle von $H(d)$ und d mit den Größen

$$y = \log H(d) \qquad \text{und} \qquad x = \log d \tag{2.3}$$

rechnet. In der Regressionsgleichung

$$y_j - \bar{y} = b(x_j - \bar{x}) \tag{2.4}$$

ergibt sich mit den entsprechenden Mittelwerten $\bar{x}$ und $\bar{y}$ der Einzelgrößen x_j und y_j sowie den Abweichungen $\Delta x_j = x_j - \bar{x}$ und $\Delta y_j = y_j - \bar{y}$ der Anstiegsfaktor

$$b = \frac{\Sigma\, \Delta x_j\, \Delta y_j}{\Sigma(\Delta x_j)^2}\,. \tag{2.5}$$

Damit lassen sich die beiden Konstanten A und B berechnen. In der Tab. 3 sind die zu dieser Berechnung benötigten Größen zusammengestellt, Tab. 4 zeigt die Ergebnisse der Berechnung.

Tabelle 3

	$\bar{x}$	$\bar{y}$	$\Sigma(\Delta x)^2$	$\Sigma\Delta x\Delta y$
Frühling	1,96788	−0,07507	4,83094	0,84387
Sommer	1,96788	−0,10418	4,83094	0,66834
Herbst	1,96788	−0,06174	4,83094	0,88281
Winter	1,96788	−0,06002	4,83094	1,03986
Jahr	1,96788	−0,05893	4,83094	0,83276

Tabelle 4

	A	B
Frühling	0,3829	0,1747
Sommer	0,4402	0,1383
Herbst	0,3851	0,1826
Winter	0,3285	0,2152
Jahr	0,4005	0,1747

Die mit einem Dreieck gekennzeichneten Werte für $H(d)$ in der Abb. 7 stellen die numerisch mit den entsprechenden Koeffizienten A und B nach Gleichung (2.2) berechneten Werte dar. Die mit Punkten markierten empirischen Werte passen recht gut in diesen funktionellen Verlauf hinein. Ähnlich gute Ergebnisse sind bei den hier nicht dargestellten Jahreszeitenkurven zu verzeichnen. Im Falle des Temperaturfeldes kann die Abhängigkeit der Entropie von der Entfernung also als Potenzfunktion angegeben werden. Damit ist für eine beliebige Entfernung d das Maß der Unsicherheit des Ereignissystems berechenbar.

Sollen diese Ergebnisse für Aussagen bezüglich der rationellen Dichte des Stationsnetzes genutzt werden, dann ist es vorteilhaft, anstelle der absoluten Werte für die Entropie relative Werte anzugeben. Für das ungarische Stationsnetz beträgt die maximale Entfernung, in der zwei Stationen noch angeordnet werden können, rund 400 km. Der berechnete Wert $H(400)$ ist dann das aus den empirischen Daten ermittelte Maximum der Entropie für das vorgegebene Feld.

Es wird daher die sogenannte Prozent-Entropie-Entfernungsfunktion

$$H^{\%}(d) = \frac{H(d)}{H(400)} \cdot 100\,\% \tag{2.6}$$

eingeführt, die bei gegebenem d aussagt, wieviel Prozent der maximalen Unsicherheit auftreten, wenn zwei Stationen d km voneinander entfernt sind. Die jährlichen Werte $H^{\%}(d)$ sind in Abb. 8 als Funktion der Entfernung dargestellt.

Daraus kann abgelesen werden, daß die Prozententropie den Wert 50% bei einer Entfernung von etwa 20 km erreicht, den 70%-Wert bei ungefähr 50 km und den 90%-Wert bei ungefähr 220 km. Ordnet man die Stationen also jeweils mit Distanzen von 20 km voneinander an, dann ergibt sich ein Stationsnetz, bei dem die Unsicherheit des Auftretens der Größe f' auf die Hälfte der maximalen Unbestimmtheit absinkt, während die Unbestimmtheit der Differenz der Temperaturwerte, die an zwei Stationen gemessen werden, 90% der maximalen Unbestimmtheit beträgt, wenn die Stationen jeweils in Entfernungen von 220 km voneinander liegen.

Eine wesentlich anschaulichere Darstellung erhält man, wenn die Prozententropie in Abhängigkeit von der Anzahl der zu ihrer Sicherung notwendigen Stationen aufgezeichnet wird. Man geht dazu von der $H^{\%}(d)$-Kurve der Abb. 8 aus, an der für jedes vorgegebene $H^{\%}(d)$ der dazugehörige Wert d abgelesen werden kann. Dann reduziert sich die Bestimmung der Stationsanzahl, die zur Einhaltung des vorgegebenen $H^{\%}(d)$-Wertes notwendig ist, auf eine einfache geometrische Aufgabe: bei einer „Gitterentfernung“ von d km ist herauszufinden, wieviele Stationen sich innerhalb der Grenzen des untersuchten Territoriums anordnen lassen. Die sich ergebende empirische Beziehung zeigt die Abb. 9, worin auf der Ordinate die jeweiligen $H^{\%}(d)$-Werte und auf der Abszisse die dazugehörenden Stationsanzahlen aufgetragen sind.

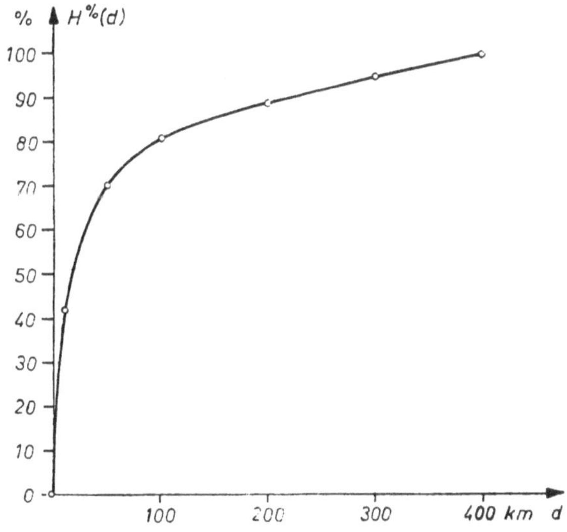

Abb. 8. Prozent-Entropie-Entfernungsfunktion der Lufttemperatur

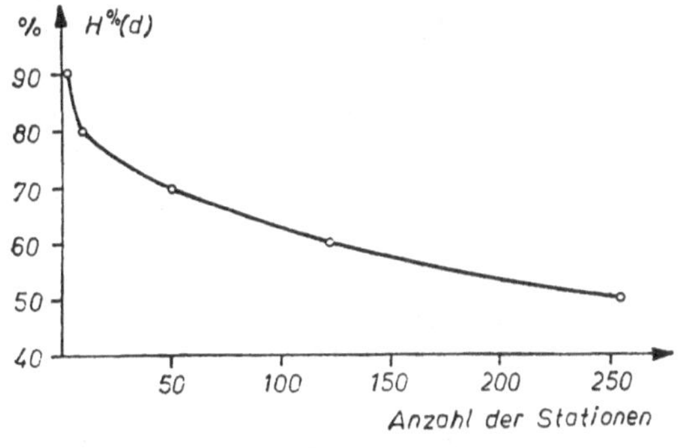

Abb. 9. Prozent-Entropie in Abhängigkeit von der Stationsanzahl

Dieser Kurvenverlauf gilt natürlich nur für das ungarische Territorium. Aus der Abbildung ist zu folgern, daß für eine Senkung der maximalen Unbestimmtheit des Feldes auf 50% insgesamt 260, auf 60% dagegen nur 120 und auf 70% schließlich nur noch 50 Stationen auf dem ungarischen Territorium erforderlich sind.

Vergleicht man die erhaltenen Resultate mit den Ergebnissen, die CZELNAI u.a. [23] mit Hilfe der Interpolationsmethode erhielten, dann findet man, daß sowohl die Verringerung des Interpolationsfehlers als auch die Senkung der Unbestimmtheit des Ausganges des „Experiments" (2.1) nur durch eine Verdichtung des Stationsnetzes erreicht werden kann. Die gegenwärtige Dichte des ungarischen Stationsnetzes mit mittleren Entfernungen von 30 bis 35 km ergibt eine Senkung der maximalen Unsicherheit um etwa 40%, das entspricht einer Dichte von 121 Stationen auf dem ungarischen Territorium. Eine weitere Absenkung der maximalen Unbestimmtheit um 10% würde eine Verdoppelung der Stationsanzahl und eine Senkung der Unsicherheit auf 40% des maximalen Wertes würde das zehnfache der jetzigen Stationsanzahl erfordern. Daraus ist zu ersehen, daß eine Erweiterung des derzeitigen Stationsnetzes nicht rationell wäre, weil dabei der Informationsgewinn nur sehr klein ausfallen würde.

Zur Überprüfung der Anwendbarkeit der Entropie-Entfernungsfunktion auch für größere Entfernungen wurde das bodennahe Luftdruckfeld im europäischen Raum untersucht. Die Datengewinnung erfolgte anhand der synoptischen Karten der Monate Mai der Jahre 1962 bis 1966. Aus den Bodendruckkarten wurden die Druckwerte entnommen, einmal entlang des Breitenkreises 50° Nord zwischen den geographischen Längen 20° West und 40° Ost, zum anderen längs des Meridians 15° Ost zwischen den geographischen Breiten 35° und 70° Nord, und zwar jeweils längs dieser Linien in Winkelabständen von 1,25; 2,5; 5; 10 usw. Breiten- bzw. Längengraden. Sei in diesem speziellen Falle p_i der Luftdruckwert im i-ten und p_j der im j-ten Punkt, dann wird analog zu (2.1) die Größe

$$f' = p_i - p_j \tag{2.7}$$

als Zufallsgröße angesehen, für die die Entropie-Entfernungsfunktion berechnet werden soll. Dazu wurden alle jeweils in 1,25; 2,5; 5 usw. Bogengrad-Entfernung liegenden Meßwerte in Gruppen zusammengefaßt und von diesen die relativen Häufigkeiten der Luftdruckdifferenzwerte für eine Klassenbreite von 1 mbar berechnet. Aus den so gewonnenen Histogrammen ergaben sich dann die gesuchten Entropiewerte. Eine Darstellung dieser Werte in Abhängigkeit von der Entfernung (in Kilometer umgerechnet) zeigt Abb. 10. Die längs des Breitenkreises berechneten Werte sind dabei mit Kreisen, die längs des Meridians berechneten mit Quadraten markiert. Beide Wertekollektive passen sich sehr gut einer eingezeichneten Entropie-Entfernungskurve an, unabhängig davon, ob sie aus den Daten in West-Ost- oder Nord-Süd-Richtung gewonnen wurden (siehe RÁKÓCZI [77]).

Anhand des eingezeichneten Kurvenverlaufs läßt sich die Entropie-Entfernungsfunktion in drei Abschnitte untergliedern. Für Entfernungsbereiche etwa bis 600–

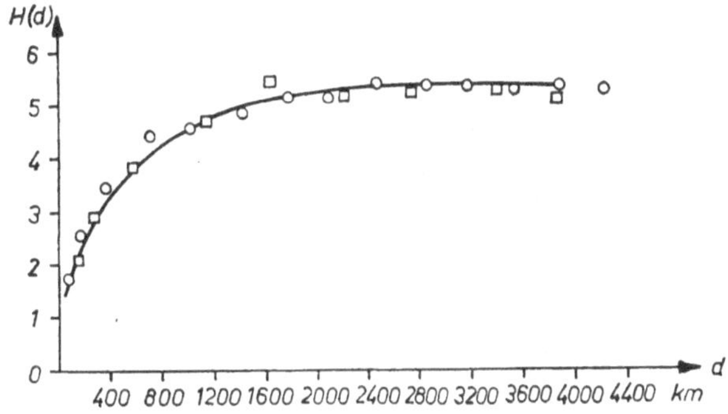

Abb. 10. Entropie-Entfernungsfunktion für das Luftdruckfeld

800 km wächst die Unsicherheit schnell an. Daran schließt sich ein Entfernungsbereich bis 1600–1800 km an, in dem die Unsicherheit nur wenig zunimmt. Schließlich beginnt bei einer Entfernung von 1800–2000 km die „Sättigung" der Entropiewerte, d.h., ab dieser Entfernung ändern sich die Entropiewerte nur noch ganz wenig mit weiter zunehmender Entfernung.

Der Entropiewert für die Entfernung 1670 km in Nord-Süd-Richtung hebt sich in der Darstellung etwas heraus. Bedenkt man, daß nach Zverev [121] der Durchmesser der europäischen Zyklonen ungefähr 1000 km beträgt und der der Antizyklonen etwa 2000 km, dann kann man den herausragenden höheren Wert der Unsicherheit des Ereignissystems bei dieser Entfernung durch die Zunahme der Häufigkeit des Übergangs von dem einen Luftdruckgebilde in das andere bei diesen Entfernungen deuten.

Aus den Entropiewerten der Abb. 10 kann wieder die Prozent-Entropie oder relative Entropie berechnet werden. Die Prozent-Entropie ist die Unsicherheit des Ereignissystems, gemessen in der Einheit des Sättigungswertes. In Abb. 11 ist die Prozent-

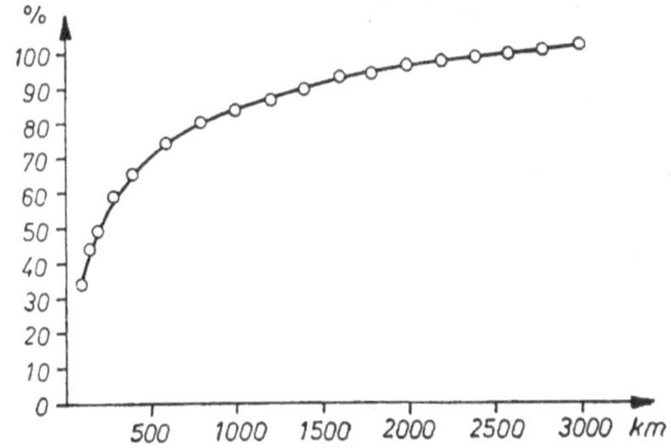

Abb. 11. Prozent-Entropie-Entfernungsfunktion für das Luftdruckfeld

Entropie-Entfernungsfunktion dargestellt. Als Sättigungswert wurde dabei der zur Entfernung $d = 3000$ km gehörende Entropiewert $H(3000) = 5{,}4$ angenommen. Aus der Abbildung ist zu ersehen, daß die Unsicherheit auf 95% der maximalen Unsicherheit bei einer Entfernung von 2000 km abnimmt und 80% bei einer Entfernung von 800 km erreicht. Für kleinere Entfernungen nimmt die Prozent-Entropie wesentlich schneller ab, so beträgt sie bei 400 km 65%, bei 100 km aber noch 33%. Kennt man umgekehrt die Luftdruckwerte in 100, 400, 800, 2000 km Entfernung von einer Station, dann sind damit 33%, 65%, 80% bzw. 95% der bezüglich des Luftdruckfeldes maximal zu erreichenden Information (im informationstheoretischen Sinne) bekannt.

Die Abb. 10 und 11 zeigen weiter, daß die Unsicherheit nicht proportional mit der Verringerung der Stationsentfernungen abnimmt. Zu einer Entfernung von 400 km gehört ein Prozent-Entropiewert von 65%, zu 100 km aber noch immer ein Wert von 33%, obwohl die Entfernung nur ein Viertel der vorangehenden beträgt. Eine Reduzierung der Entfernungen der synoptischen Stationen unter 100 km würde eine gewaltige Zunahme des Datenmaterials und dessen Verarbeitung ergeben, so daß der voraussichtliche Kenntnisgewinn hinsichtlich des Luftdruckfeldes in keinem zu rechtfertigenden Verhältnis zu dem anfallenden Arbeitsaufwand stände.

2.1.2. Entropie-Entfernungsfunktion und Strukturfunktion

Zur Charakterisierung meteorologischer Felder eignet sich sowohl die Entropie-Entfernungsfunktion als auch die Strukturfunktion. Unter der Strukturfunktion eines Feldes beispielsweise für das meteorologische Element f versteht man bei Isotropie die von der Distanz d abhängige Größe

$$b(d) = \overline{(f_i - f_j)^2}, \tag{2.8}$$

wobei f_i den Wert des meteorologischen Elementes am Ort $\boldsymbol{r}_i$ und f_j den Wert am Ort $\boldsymbol{r}_j$ bezeichnet und beide Orte die skalare Entfernung d haben. Der Querstrich über der rechten Gleichungsseite bedeutet die Bildung des Erwartungswertes des Ausdruckes (zur Definition der Strukturfunktion siehe z.B. Gandin [36]). Ist das Feld homogen und isotrop, was im Falle des Luftdruckfeldes angenommen werden kann, dann ist die Strukturfunktion invariant gegenüber Ortsverschiebungen und Drehungen, d.h., sie hängt nur von dem Betrag des vektoriellen Abstandes der beiden Meßpunkte ab.

Da die Entropie einer normalverteilten Zufallsgröße X nach Gleichung (1.96) gleich

$$H(X) = \ln\left(\sqrt{2\pi e}\,\sigma\right) \tag{2.9}$$

ist, kann aus dieser Gleichung bei Kenntnis des Entropiewertes des Ereignissystems die Standardabweichung berechnet werden. Bezeichnen wir diese nach (2.9) berechnete Größe mit σ_H, dann gilt für eine Normalverteilung $\sigma_H = \sigma$, wobei σ die Standardabweichung sei, die sich durch direkte Bestimmung aus der Verteilung der Wahrscheinlichkeitsvariablen ergibt. Unterscheidet sich die Verteilung von einer Normalverteilung, dann wird $\sigma_H \neq \sigma$ sein. Aus dem erwähnten Datenmaterial wurden nun für 14 verschiedene Entfernungen die Quotienten σ_H/σ berechnet, und es ergab sich, daß diese um den Wert 1,121 schwanken, wobei die Abweichungen nicht mehr als 10% betragen. Der Quotient σ_H/σ kann also als eine von der Entfernung unabhängige Konstante betrachtet werden. Damit läßt sich die Standardabweichung σ aus dem Entropiewert berechnen.

Ist das meteorologische Element f in Gleichung (2.8) der Luftdruck p und bezeichnen wir die Luftdruckdifferenzen (2.7) als die Realisierungen der Zufallsgröße X, die selbst von der Entfernung d der Stationen abhängt, dann lautet die Strukturfunktion

$$b(d) = \overline{X^2}. \tag{2.10}$$

Die Standardabweichung dieser Zufallsvariablen hängt ebenfalls von d ab, und es gilt

$$\sigma^2(d) = \overline{(X - \overline{X})^2} = \overline{X^2} - \overline{X}^2 \tag{2.11}$$

oder mit Gleichung (2.10)

$$\sigma^2(d) = b(d) - \overline{X}^2. \tag{2.12}$$

Ist der Erwartungswert $\overline{X}$ der Zufallsvariablen X gleich Null, dann wird die Strukturfunktion gleich der Standardabweichung, d.h., $b(d) = \sigma^2(d)$, anderenfalls ergibt sich $b(d) = \sigma^2(d) + \overline{X}^2$.

Aus der Gleichung (2.9) wurde mit Hilfe der Entropie-Entfernungsfunktion (Abb. 10) die Größe $\sigma_H(d)$ berechnet und aus $\sigma_H/\sigma = 1{,}121$ sowie Verwendung der Gleichung (2.12) die Strukturfunktion. In Abb. 12 sind die so berechneten Werte

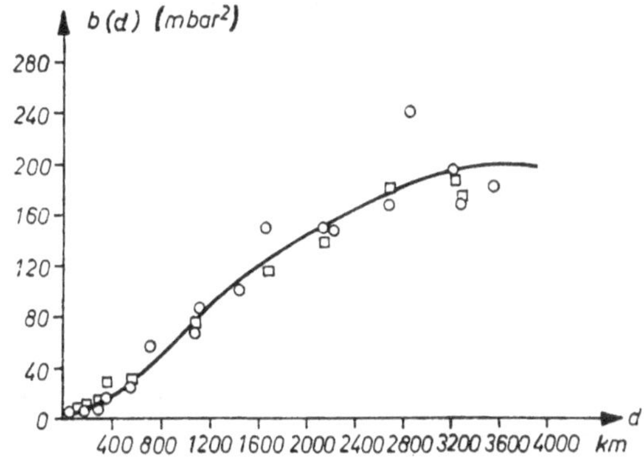

Abb. 12. Strukturfunktion des Luftdruckfeldes

der Strukturfunktion mit einem Kreis gekennzeichnet. Die in dieser Abbildung durch Quadrate markierten Werte sind die direkt nach der Gleichung (2.10) ermittelten Strukturfunktionswerte. Die gute Übereinstimmung beider Wertekollektive rechtfertigt die Gleichwertigkeit beider Berechnungsmethoden.

Das „Sättigungsstadium" in Abb. 12 beginnt bei etwa 3000 km. Sowohl die Kurvenform als auch die einzelnen Werte stimmen gut mit denen überein, die Gandin und Bagrova [35] bei der Untersuchung der statistischen Struktur des Geopotentialfeldes im 500-mbar-Niveau erhielten.

Insgesamt kann festgestellt werden:

a) Die Entropie-Entfernungsfunktion ist auch für große Entfernungen zur Untersuchung der statistischen Struktur meteorologischer Felder geeignet.

b) Bei Kenntnis der Entropie-Entfernungsfunktion können Aussagen hinsichtlich der rationellen Dichte des Stationsnetzes gemacht werden.

c) Aus der Entropie-Entfernungsfunktion kann für das Luftdruckfeld indirekt dessen Strukturfunktion bestimmt werden.

2.1.3. Rationelle Meßnetzdichte und Informationsindex

Die Untersuchung der rationellen Dichte eines Stationsnetzes kann auch mit Hilfe der aus den Beobachtungen an je zwei Stationen gewonnenen Information $I(X, Y)$ (siehe die Gleichung (1.112)) oder besser mit Hilfe des Informationsindexes $q(Y|X)$ bzw. $q(X|Y)$ (siehe die Gleichungen (1.115) und (1.116)) vorgenommen werden. In Anwendung dieser Methode wurde anhand der im vorangehenden Abschnitt beschriebenen Temperaturwerte der statistische Aufbau des Temperaturfeldes in Ungarn studiert (siehe Czelnai u.a. [24], [25], Rákóczi [76]).

Von den genannten Stationen der Abb. 5 wurden dazu 12 Paare ausgewählt und für diese die Werte des Informationsindexes $q(Y|X)$ bestimmt. In Tab. 5 sind die sich ergebenden Werte zusammengestellt. Daraus ist zu ersehen, daß mit wachsendem Stationsabstand die stochastische Bindung zwischen den Temperaturwerten an den verschiedenen Beobachtungsorten schnell abnimmt, wobei diese Abnahme allerdings nicht linear mit der Entfernung erfolgt. Zur besseren Veranschaulichung dieses Verhaltens sind die $q(Y|X)$-Werte in der Abb. 13 graphisch dargestellt. Die geringe Streuung der durch Kreise gekennzeichneten empirischen Werte deutet auf die Möglichkeit einer Beschreibung der Abhängigkeit des Informationsindexes von der Entfernung d durch eine funktionelle Beziehung hin. Als Ansatz wurde

$$q(d) = A\,d^{-B} + C \tag{2.13}$$

gewählt, wobei die Konstanten A, B und C aus den q-Werten der Tab. 5 nach der Methode der kleinsten Abweichungsquadrate bestimmt wurden. Es ergab sich

$$q(d) = 1{,}55\,d^{-2/3} + 0{,}38. \tag{2.14}$$

Tabelle 5

Stationspaar	d (km)	$q(d)$
Budapest-Lörinc-Ferihegy	4	0,72
Székkutas-Orosháza	15	0,59
Békéscsaba-Orosháza	34	0,65
Békéscsaba-Székkutas	46	0,56
Mosonmagyaróvár-Szombathely	86	0,50
Szekszárd-Szeged	110	0,46
Budapest-Lörinc-Szombathely	178	0,49
Budapest-Lörinc-Debrecen	187	0,43
Nagykanizsa-Szeged	240	0,42
Mosonmagyaróvár-Debrecen	319	0,39
Mosonmagyaróvár-Nyíregyháza	322	0,40
Szombathely-Debrecen	364	0,41

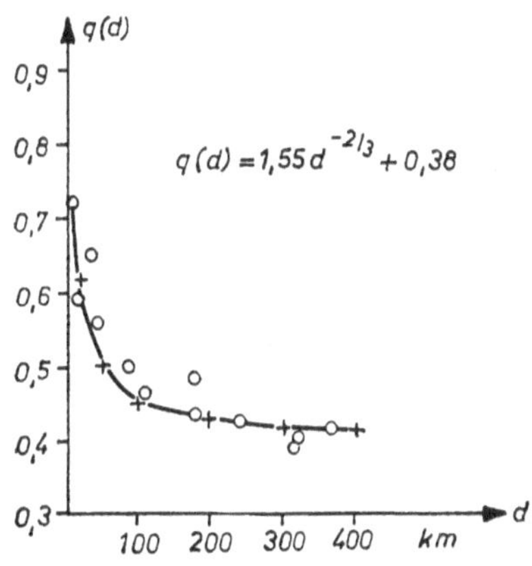

Abb. 13. Informationsindex in Abhängigkeit von der Entfernung

Die nach dieser Gleichung berechneten q-Werte sind durch Kreuze im Kurvenverlauf markiert. Gleichung (2.14) besagt, daß die Abhängigkeit des Informationsindexes von der Entfernung für das Temperaturfeld einem Potenzgesetz mit dem Exponenten 2/3 genügt. Dieses Verhalten stimmt sehr gut mit dem aus der Literatur bekannten „2/3-Potenzgesetz“ überein, das Kolmogorov [51] theoretisch hergeleitet hat, wobei er lokalisotrope Turbulenz im Feld der meteorologischen Elemente voraussetzte.

Die gefundene Gleichung für die Abnahme der stochastischen Bindung mit zunehmender Entfernung ist innerhalb des untersuchten Gebietes charakteristisch für den statistischen Aufbau des Temperaturfeldes. Für ein bestimmtes Meßstationspaar läßt sich der Wert dieser stochastischen Bindung bei vorgegebener Entfernung sofort angeben. Die Größe $q(d)$ kann zur rationellen Planung des Stationsnetzes benutzt werden, da sich die Festlegung der günstigsten Stationsanzahl auch hierbei wiederum auf eine einfache geometrische Aufgabe reduziert. Aus Abb. 13 kann aber auch direkt abgelesen werden, daß die rationelle Dichte der Stationen zwischen 30 und 50 km liegen muß, da für diese Entfernungen die Größe $q(d)$ noch genügend groß ist. Eine Anordnung von Stationen in Entfernungen kleiner als 30 km würde zu einer so großen Zunahme der Anzahl der Stationen pro untersuchtes Territorium führen, die mit dem damit verbundenen nur geringen Ansteigen des Wertes für $q(d)$ nicht zu vereinbaren wäre. Die derzeitige Stationsdichte auf dem ungarischen Territorium entspricht den aus der Abb. 13 abgeleiteten Forderungen. Diese Ergebnisse stimmen auch mit denen überein, die sich aus der Entropie-Entfernungsfunktion ergeben, und sie bestätigen die Ergebnisse, die die Interpolationsfehlermethode erbrachte (siehe CZELNAI u.a. [23]).

2.2. Beschreibung der Analogie von Datenfeldern mit Hilfe der Begriffe der Informationstheorie

Zur Erfassung der Gesetzmäßigkeiten bei der Herausbildung und der Entwicklungstendenzen großräumiger meteorologischer Prozesse, die in komplizierter Weise von vielen Faktoren abhängen, ist es notwendig, das umfangreiche Beobachtungsmaterial nach gewissen Ordnungsprinzipien oder Parametern günstig zusammenzufassen und zu klassifizieren. Dadurch gelangt man zu dem Begriff der analogen Wetterlagen, deren Untersuchung für die Meteorologie große Bedeutung besitzt, ähnlich wie die Modellversuche in der Physik oder in den technischen Wissenschaften. Es wird dabei angenommen, daß bei gleichen oder ähnlichen Ausgangsvoraussetzungen auch ähnliche Entwicklungen der Wetterprozesse erfolgen.

Die Feststellung der Analogie zweier meteorologischer Felder oder Wetterlagen setzt einerseits das Vorhandensein eines objektiven Klassifizierungsprinzips voraus, andererseits muß die Analogie durch möglichst wenig Parameter charakterisierbar sein. Auf die Vielzahl der in der Meteorologie benutzten Einteilungsprinzipien, die teilweise recht subjektiv sind, soll hier nicht eingegangen werden. Eine der objektiven Klassifikationen der Wetterlagen basiert auf der Darstellung der meteorologischen Felder durch orthogonale Polynome (siehe CEHAK [19]). Dabei genügt zur hinreichenden Charakterisierung des Feldes bereits eine geringe Anzahl von Orthogonalpolynomen, womit das Feld letztlich durch nur wenige Parameter gekennzeichnet werden kann. Es sind dann diejenigen Lagen oder Felder analog, die aus den gleichen Komponenten der Orthogonalpolynome zusammengesetzt sind bzw. die durch gleiche Parameter charakterisiert werden.

Eine andere Möglichkeit der Beurteilung der Analogie von Feldern besteht in der Auswertung der Korrelationsmatrix (Bagrov [9]) bzw. in der Gegenüberstellung der Werte für den Informationsgehalt der beiden zu vergleichenden Felder (Bagrov [10]).

Kann das eine Feld durch einen n-dimensionalen Zufallsvektor $\boldsymbol{X}$, das andere durch einen m-dimensionalen Zufallsvektor $\boldsymbol{Y}$ gekennzeichnet werden und ist $\boldsymbol{Z}$ der $(n + m)$-dimensionale Zufallsvektor $(X_1, X_2, \ldots, X_n;\ Y_1, Y_2, \ldots, Y_m) = (Z_1, Z_2, \ldots, Z_{n+m})$, dann wird die wechselseitige Information der beiden Zufallsvektoren $\boldsymbol{X}$ und $\boldsymbol{Y}$ nach Gleichung (1.127) des Abschnittes 1.4 gleich

$$I(\boldsymbol{X}, \boldsymbol{Y}) = \frac{1}{2} \ln \frac{|\boldsymbol{A}_{xx}| \cdot |\boldsymbol{A}_{yy}|}{|\boldsymbol{D}_{zz}|},$$

wobei die Determinante $|\boldsymbol{D}_{zz}|$ nach Obuchov [63] noch wie folgt zerlegt werden kann

$$|\boldsymbol{D}_{zz}| = \begin{vmatrix} \boldsymbol{A}_{xx} & \boldsymbol{C}_{xy} \\ \boldsymbol{C}_{yx} & \boldsymbol{A}_{yy} \end{vmatrix} = |\boldsymbol{A}_{xx}| \cdot |\boldsymbol{A}_{yy} - \boldsymbol{C}_{yx}\boldsymbol{A}_{xx}^{-1}\boldsymbol{C}_{xy}|. \tag{2.15}$$

Die Berechnung der inversen Matrix $\boldsymbol{A}_{xx}^{-1}$ ist dabei mitunter rationeller als die direkte Berechnung der Determinante $(n + m)$-ter Ordnung.

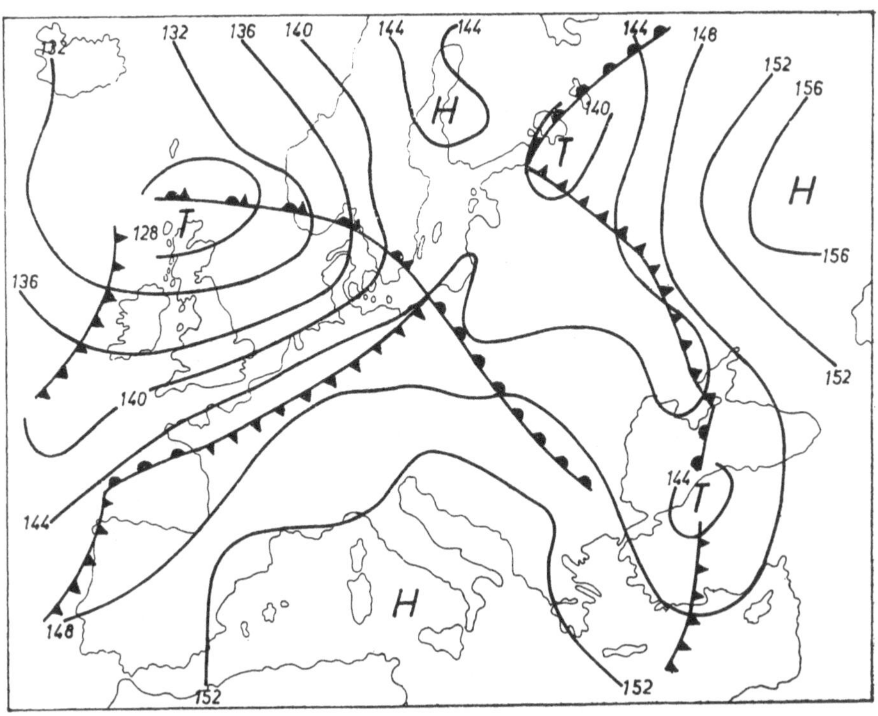

Abb. 14. Absolute Topographie der 850-mbar-Fläche vom 25. 4. 1969 12 Uhr GMT

Als Beispiel für die Analogieuntersuchung zweier Felder soll die wechselseitige Information $I(X, Y)$ für die am 25. und 26. April 1969 um 12 Uhr GMT beobachteten Felder der absoluten Topographie 850 mbar (siehe die Abb. 14 und 15) berechnet werden. Die beiden Tage sind dabei zufällig ausgewählt. Das Untersuchungsgebiet liegt zwischen den geographischen Breiten $\varphi = 60°$ Nord und 35° Nord und den geographischen Längen $\lambda = 20°$ West und 40° Ost. In diesem Gebiet wurden zunächst bei einer Gitterentfernung von 2,5° die jeweiligen Geopotentialwerte aus den Karten der absoluten Topographie 850 mbar abgelesen und dann die Geopotentialdifferenzen zwischen den Gitterpunkten entlang der Breiten- und Längenkreise gebildet. Die Geopotentialdifferenzen sind dabei den Windgeschwindigkeitskomponenten in Ost-West- bzw. Nord-Süd-Richtung proportional. Bezeichnet man die Geopotentialunterschiede vom 25. April 1969 entlang der Breitenkreise mit X_1 und die entlang der Meridiane mit X_2 sowie die entsprechenden Größen vom 26. April 1969 mit Y_1 und Y_2, dann sind zunächst folgende Matrizen anzugeben:

$$A_{xx} = \begin{pmatrix} \overline{X_1X_1} - \overline{X}_1^2 & \overline{X_1X_2} - \overline{X}_1\overline{X}_2 \\ \overline{X_2X_1} - \overline{X}_2\overline{X}_1 & \overline{X_2X_2} - \overline{X}_2^2 \end{pmatrix}, \tag{2.16}$$

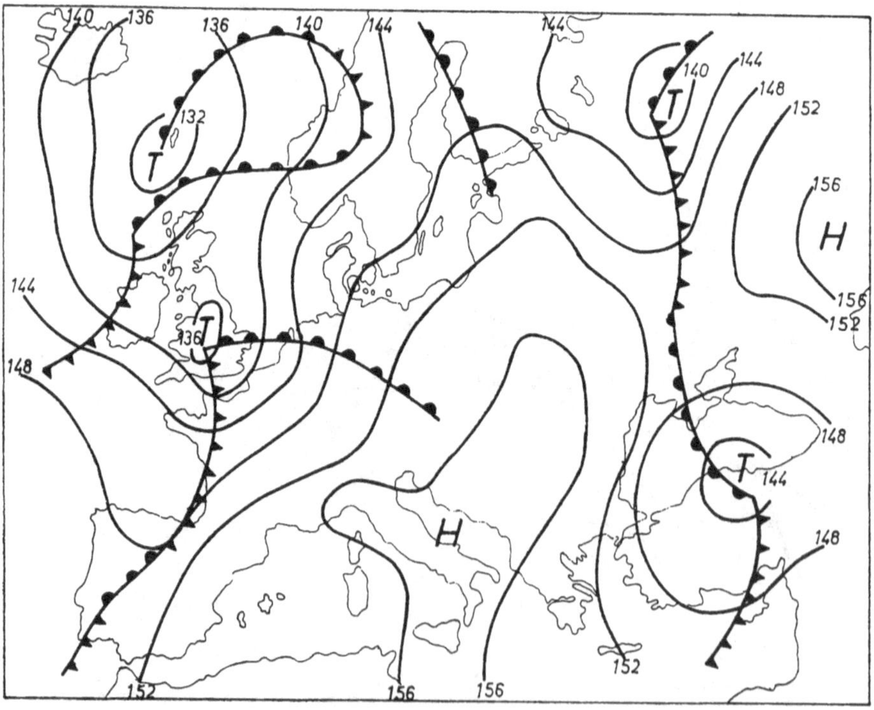

Abb. 15. Absolute Topographie der 850-mbar-Fläche vom 26. 4. 1969 12 Uhr GMT

$$A_{yy} = \begin{pmatrix} \overline{Y_1 Y_1} - \overline{Y}_1^2 & \overline{Y_1 Y_2} - \overline{Y}_1 \overline{Y}_2 \\ \overline{Y_2 Y_1} - \overline{Y}_2 \overline{Y}_1 & \overline{Y_2 Y_2} - \overline{Y}_2^2 \end{pmatrix}, \tag{2.17}$$

$$C_{xy} = \begin{pmatrix} \overline{X_1 Y_1} - \overline{X}_1 \overline{Y}_1 & \overline{X_1 Y_2} - \overline{X}_1 \overline{Y}_2 \\ \overline{X_2 Y_1} - \overline{X}_2 \overline{Y}_1 & \overline{X_2 Y_2} - \overline{X}_2 \overline{Y}_2 \end{pmatrix}. \tag{2.18}$$

Dabei bedeutet der Querstrich die Bildung des Mittelwertes über die Realisierungen in den jeweiligen Gitterpunkten, deren Gesamtanzahl in dem angeführten Beispiel 240 betrug. In der Tab. 6 sind die sich ergebenden Mittelwerte zusammengestellt. Damit ergeben sich für die Matrizen (2.16) bis (2.18) die numerischen Werte

$$A_{xx} = \begin{pmatrix} 168{,}13 & 154{,}15 \\ 154{,}15 & 245{,}05 \end{pmatrix}, \tag{2.19}$$

$$A_{yy} = \begin{pmatrix} 291{,}93 & 81{,}58 \\ 81{,}58 & 341{,}24 \end{pmatrix}, \tag{2.20}$$

$$C_{xy} = \begin{pmatrix} 78{,}60 & 82{,}82 \\ 68{,}57 & 74{,}34 \end{pmatrix}. \tag{2.21}$$

Tabelle 6

$\overline{x}_1$	= 3,1450 gpm	$\overline{x_1 x_2}$	= 106,5002 gpm^2
$\overline{x}_2$	= −15,1507 gpm	$\overline{y_1 y_2}$	= 76,4941 gpm^2
$\overline{y}_1$	= 0,4368 gpm	$\overline{x_1 y_1}$	= 79,9760 gpm^2
$\overline{y}_2$	= −11,8730 gpm	$\overline{x_1 y_2}$	= 46,1053 gpm^2
$\overline{x_1 x_1}$	= 178,0184 gpm^2	$\overline{x_2 y_1}$	= 61,9632 gpm^2
$\overline{x_2 x_2}$	= 474,5936 gpm^2	$\overline{x_2 y_2}$	= 251,1933 gpm^2
$\overline{y_1 y_1}$	= 292,1194 gpm^2		
$\overline{y_2 y_2}$	= 477,4973 gpm^2		

Zur Bestimmung der wechselseitigen Information $I(X, Y)$ als Maß für die Analogie der beiden Felder sind die Determinanten $|A_{xx}|$ und $|A_{yy}|$ sowie die reziproke Matrix A_{xx}^{-1} zu berechnen. Man erhält schließlich

$$|A_{xx}| = 17{,}438 \cdot 10^3 \text{ gpm}^4, \qquad |A_{yy}| = 92{,}961 \cdot 10^3 \text{ gpm}^4,$$

$$|D_{zz}| = 1298{,}481 \cdot 10^6 \text{ gpm}^8, \qquad |A_{xx}| \cdot |A_{yy}| = 1651{,}054 \cdot 10^6 \text{ gpm}^8$$

und damit insgesamt

$$I(X, Y) = \frac{1}{2} \ln 1{,}248421 = 0{,}111.$$

Die Bedeutung dieses Zahlenwertes für die wechselseitige Information ist nicht gleich ersichtlich. Bedenkt man, daß bei stochastischer Unabhängigkeit der Zufallsvektoren $\boldsymbol{X}$ und $\boldsymbol{Y}$ deren Kovarianzmatrix $\boldsymbol{C}_{xy}$ Null wird und damit nach Gleichung (2.15) die Determinante der Matrix $\boldsymbol{D}_{zz}$ gleich dem Produkt der Determinanten der Matrizen $\boldsymbol{A}_{xx}$ und $\boldsymbol{A}_{yy}$ ist, dann wird in diesem Falle die wechselseitige Information auch gleich Null.

Dies ist der kleinste Wert für $I(\boldsymbol{X}, \boldsymbol{Y})$. Die Erfahrung lehrt nun (siehe BAGROV [10], VASJUKOV u.a. [111]), daß ab einem Informationswert von 0,20 die Analogie recht gut ist. In unserem Beispiel deutet der gefundene Wert für die Information auf eine nur mäßige Analogie hin, die beiden Felder weisen demnach gewisse innere Verbindungen auf.

Dieses Verfahren der Analogieprüfung kann in der täglichen meteorologischen Praxis schnell auf EDV-Anlagen ausgeführt werden. Damit erlangt man nicht nur ein objektives Klassifizierungssystem der Wetterlagen, sondern kann die Analogielagen auch als wichtige Hilfen bei der numerischen Wettervorhersage nutzen. Insbesondere kann mit der Analogiemethode beurteilt werden, welches von den zur Verfügung stehenden Prognoseverfahren die besten Vorhersageergebnisse liefert. Dazu wird die täglich beobachtete Wetterlage mit der nach dem jeweilig benutzten Verfahren prognostizierten verglichen.

2.3. Anwendung der Informationstheorie bei Prognoseproblemen

2.3.1. Überprüfung der Vorhersagen für die täglichen Temperaturextreme

Die Anwendungsmöglichkeiten informationstheoretischer Begriffe bei Vorhersageproblemen sollen hier zuerst beim Prüfen von Vorhersagen der Temperaturextremwerte mit Hilfe verschiedener Vorhersagegleichungen aufgezeigt werden. Diese Prüfmethode läßt sich nicht nur bei der Gütebeurteilung der Formeln für die Vorausberechnung der Tagestemperaturmaxima und -minima vorteilhaft anwenden, sondern kann allgemein beim Vergleich von vorherberechneten Werten mit den beobachteten Werten eingesetzt werden.

Folgende Formeln für die Vorhersage der Tagestemperatur-Extremwerte (in °C) sollen überprüft werden:

$$T_M = \frac{h - 500}{2} + \frac{1}{10}\,\frac{h - 500}{2}. \tag{2.22}$$

In dieser von SCHERHAG [85] angegebenen Formel für die Berechnung der zu erwartenden Tagesmaximaltemperatur bedeutet h die relative Topographie 500/1000 mbar in geopotentiellen Dekametern, die beim Frühaufstieg einer Radiosonde gemessen wurde. Die Schreibweise dieser Formel erscheint etwas eigenartig, da sie sich in elementarer Weise vereinfachen läßt. Sie wurde hier entsprechend der Formulierung von SCHERHAG geschrieben: man erhält den Wert der Maximaltemperatur, „wenn die durch den Frühaufstieg gegebene relative Topographie 500/1000 mbar – nach Abzug von 500 – durch 2 geteilt und dieser Betrag dann um 10% erhöht wird“. Die Gleichung gilt nur für die Monate April bis August.

Nach RÁKÓCZI [74] kann das Temperaturmaximum an heiteren Tagen nach der Formel

$$T_M = 4{,}96\,h - 234{,}81 \tag{2.23}$$

berechnet werden, wobei h die relative Topographie 500/1000 mbar in Hektometern ist. Diese Formel ist zu modifizieren, wenn verschiedene Trübheitsstufen vorliegen. RÁKÓCZI [75] fand für diesen Fall die von zwei Parametern abhängigen Vorherberechnungsformeln für das Temperaturmaximum

$$\left.\begin{aligned} T_{M_I} &= 4{,}573\,h_I + 0{,}105\,x_I - 240{,}87 \quad (N < 3{,}5)\,,\\ T_{M_{II}} &= 4{,}521\,h_{II} + 0{,}096\,x_{II} - 237{,}26 \quad (N = 3{,}5\text{–}6{,}5)\,,\\ T_{M_{III}} &= 4{,}030\,h_{III} + 0{,}130\,x_{III} - 213{,}08 \quad (N > 6{,}5)\,. \end{aligned}\right\} \tag{2.24}$$

Darin bedeuten h_I, h_{II}, h_{III} die relativen Topographien 500/1000 mbar in Hektometern und x_I, x_{II}, x_{III} die Globalstrahlung in Joule/cm^2. Die Trübheitsstufen N werden in Zehntel angegeben.

Für die Berechnung des Temperaturminimums kann nach REUTER [81] die Formel

$$T_m = f(v)\,R\,\sqrt{t} \tag{2.25}$$

benutzt werden, wobei $f(v)$ einen von der Windgeschwindigkeit abhängigen Parameter, R die effektive Ausstrahlung und t die Zeitdauer der nächtlichen Ausstrahlung kennzeichnet.

RÁKÓCZI [75] hat für die Vorhersage des Temperaturminimums aus Budapester Datenmaterial die empirischen Formeln

$$T_{m_1} = 17{,}4\,H - 229{,}78 \tag{2.26}$$

und

$$T_{m_2} = 4{,}54\,h - 252{,}02 \tag{2.27}$$

hergeleitet, wobei H die relative Topographie 850/1000 mbar und h die relative Topographie 500/1000 mbar in Hektometern bedeutet.

Zur Überprüfung der acht Formeln (2.22) bis (2.27) für die Temperaturextremwert-Vorhersage wurden anhand des Datenmaterials der Jahre 1956 und 1957 der Station Budapest-Lörinc Prognosen berechnet. Die vorhergesagten Temperaturextremwerte wurden dann mit den beobachteten Werten verglichen. Als Maß für die Brauchbarkeit der Formeln sind in Tab. 7 die jeweiligen empirischen Korrelationskoeffizienten r und die Informationsindizes $q(Y|X)$ angegeben. In der oberen Reihe dieser Tabelle

Tabelle 7

	$(2.22)_1$	$(2.22)_2$	$(2.22)_3$	(2.23)	$(2.24)_1$	$(2.24)_2$	$(2.24)_3$	(2.25)	(2.26)	(2.27)
	$<3,5$	3,5–6,5	$>6,5$		$<3,5$	3,5–6,5	$>6,5$			
n	206	135	189	206	206	135	189	210	206	206
$H(X)$	3,975	3,852	3,787	3,749	4,012	4,055	3,813	4,180	3,834	3,693
$H(Y)$	4,124	3,960	4,000	4,089	4,088	4,039	4,003	3,949	3,904	3,977
$H(X, Y)$	6,127	6,102	6,319	5,892	5,892	5,834	6,192	5,912	5,661	5,865
$H(Y\|X)$	2,156	2,249	2,536	2,142	1,817	1,778	2,379	1,732	1,827	2,173
$q(Y\|X)$	0,478	0,432	0,367	0,476	0,547	0,559	0,406	0,562	0,532	0,454
r	0,912	0,859	0,814	0,860	0,961	0,936	0,884	0,966	0,885	0,878
$\varepsilon \cdot 10^2$	0,787	1,51	1,66	1,21	0,363	0,717	1,07	0,310	1,01	1,08

Tabelle 8

	I	II	III	IV	V	VI	VII	VIII	IX	X
r	(2.25)	$(2.24)_1$	$(2.24)_2$	$(2.22)_1$	(2.26)	$(2.24)_3$	(2.27)	(2.23)	$(2.22)_2$	$(2.22)_3$
$q(Y\|X)$	(2.25)	$(2.24)_2$	$(2.24)_1$	(2.26)	$(2.22)_1$	(2.23)	(2.27)	$(2.22)_1$	$(2.24)_3$	$(2.22)_3$

bedeutet die Ziffernfolge die Formel, für die der Vergleich durchgeführt wurde, n ist die Anzahl der jeweils prognostizierten Werte. $H(X)$ bedeutet die Entropie des vorhergesagten Wertes, $H(Y)$ die des eingetroffenen Wertes. Letztere charakterisiert als Maß der Unbestimmtheit der Wahrscheinlichkeitsverteilung des Elementes den Schwierigkeitsgrad der Vorhersage. In der letzten Zeile der Tabelle ist der Fehler des Korrelationskoeffizienten eingetragen. Da dieser Fehler ε stets um ein bis zwei Größenordnungen kleiner als r ist, ist der Korrelationskoeffizient in allen Fällen signifikant von Null verschieden.

Vergleicht man in der Tab. 7 die Werte für die Größen $q(Y|X)$ und r, dann findet man, daß zu großen Korrelationskoeffizienten auch große Werte für die Informationsindizes gehören. Der Zusammenhang zwischen den vorhergesagten und den tatsächlich eingetroffenen Werten ist sehr eng. Eine gewisse Ausnahme bildet dabei der Wert für $q(Y|X)$, der zu der Formel $(2.24)_2$ für mittlere Trübungsverhältnisse gehört. Der Wert des Korrelationskoeffizienten an fast heiteren Tagen ist größer als an Tagen mit mittlerer Trübheit, der Informationsindex verhält sich in diesem Falle umgekehrt, wobei die Größenzunahme allerdings klein ist. Dieses Verhalten läßt sich nicht mit Hilfe des Fehlers des Korrelationskoeffizienten erklären. Betrachtet man jedoch die in diese beiden Tabellenspalten fallenden Werte für $H(Y)$, dann zeigt sich, daß der Grad der Vorhersagbarkeit der Temperaturmaxima für Tage mit mittlerer Trübheit etwas besser ist als der für fast heitere Tage. Dieses Ergebnis erscheint nur im ersten Augenblick etwas paradox. Bedenkt man, daß die Überprüfung der Brauchbarkeit der Vorhersageformeln anhand von Datenmaterial über das ganze Jahr erfolgte, dann sind in Zeitabschnitten mit heiteren Tagen größere Schwankungen der Extremwerte zu erwarten als in Zeitabschnitten mit trübem Wetter.

Gibt man anhand der beiden Größen q und r den Prognoseformeln eine Rangfolge bezüglich ihrer Brauchbarkeit für die tägliche Temperaturextremwert-Vorhersage, dann erhält man die in Tab. 8 angegebene Anordnung. Der von REUTER vorgeschlagenen Vorhersageformel (2.25) ist danach der Vorzug zu geben, d.h., die mit ihr gemachten Vorhersagen haben die größte Eintreffwahrscheinlichkeit. Das ist verständlich, da diese Formel theoretisch am meisten fundiert ist. Außerdem weist sie durch die Funktion $f(v)$ eine Ortsabhängigkeit auf.

Zur Vorhersage der Temperaturmaxima sind die Formeln (2.24) die geeignetsten. Sie sind als Verbesserungen der Formel (2.23) aufzufassen. Die Formel von SCHERHAG (2.22) ist für die Vorhersage der Tagesmaxima der Temperatur speziell an ungarischen Stationen weniger zu empfehlen, obwohl sie an heiteren Tagen gleichrangig mit der Formel (2.23) ist.

Insgesamt kann festgestellt werden, daß auf Grund der Werte der beiden Prüfgrößen q und r alle angeführten Prognoseformeln mit Erfolg anwendbar sind und den Ansprüchen der meteorologischen Praxis genügen.

Die prognostische Arbeit zielt darauf ab, entweder eine Aussage über den wahrscheinlichsten Wert des vorherzusagenden Elements zu geben (z.B. Angabe der zu erwartenden Temperaturextremwerte) oder eine Alternativaussage bezüglich der zu prognostizierenden Erscheinung (z.B. Angaben über das Eintreten oder Ausbleiben von Niederschlag) zu treffen. Dabei sind neben den objektiven auch subjektive Faktoren von Bedeutung, d.h., persönliche Einschätzungen der Wetterlage können das Prognoseergebnis mitprägen. Es muß im allgemeinen angenommen werden, daß zwei Prognostiker trotz gleicher Vorbereitung psychisch bedingt zu Prognoseergebnissen oder Prognoseformulierungen gelangen, die voneinander geringe Abweichungen aufweisen.

Im folgenden sollen die Vorhersagen der Maximaltemperatur, die von zwei Personen A und B auf Grund ihrer synoptischen Erfahrungen in den Jahren 1965 und 1966 für Ungarn gegeben wurden, gegenübergestellt werden. Da für den vorhergesagten Maximaltemperaturwert ein Vertrauensintervall angegeben wird, wurde der mittlere Wert dieses Intervalls als prognostizierter Wert angenommen und dieser mit dem tatsächlich beobachteten maximalen Temperaturwert verglichen. In den beiden Jahren gab der Prognostiker A 149, B 179 Prognosen. Als Maß für das Zutreffen der Prognosen wurde wieder der Informationsindex $q(Y|X)$ und der Korrelationskoeffizient r gewählt. In Tab. 9 sind die sich ergebenden Werte für q und r zusammengestellt. Aus dieser Tabelle ist zu entnehmen, daß die anhand der synoptischen Erfahrungen gegebenen Prognosen für die Maximaltemperaturwerte die Wahrscheinlichkeit des Eintreffens der Vorhersagen nach den Formeln von SCHERHAG $(2.22)_1$ und RÁKÓCZI (2.23) für heitere Tage übersteigen. Die Eintreffwahrscheinlichkeit beider Prognosegruppen ist aber geringer als die nach Formel $(2.24)_1$. Geht man vom Korrelationskoeffizienten als Maß für das Eintreffen der Prognose aus, dann hat von den beiden Personen A und B die Person B die zu erwartende Maximaltemperatur erfolgreicher prognostiziert. Die Unbestimmtheit $H(Y)$ der beobachteten Maximaltemperatur ist für B kleiner, damit ist er gegenüber A in einer besseren Ausgangslage gewesen. Betrachtet man die beiden Informationsindizes der Tab. 9, dann haben die beiden Prognostiker A und B völlig gleichwertige Vorhersagen geliefert.

Tabelle 9

	$H(X)$	$H(Y)$	$H(X,Y)$	$H(Y\|X)$	$q(Y\|X)$	r	ε
A	3,402	3,555	5,110	1,708	0,520	0,78	$2{,}18 \cdot 10^{-3}$
B	3,501	3,533	5,215	1,714	0,515	0,96	$3{,}50 \cdot 10^{-4}$

2.3.2. Verifikation von Prognosen mit Hilfe von Kontingenztafeln

Neben der Überprüfung von Prognosen anhand von Vorausberechnungsformeln sind u.a. auch Alternativaussagen zu beurteilen. Solche prognostischen Alternativangaben können z.B. sein, daß während eines bestimmten Zeitabschnittes Niederschlag zu erwarten ist oder nicht, daß Gewitter auftreten werden oder nicht, und dergleichen mehr, wobei zunächst keine quantitativen Angaben eingehen. Dabei ist der „Schwierigkeitsgrad" der bejahenden bzw. verneinenden Aussage natürlich von der jeweiligen Wetterlage abhängig. Die Ausgänge des vorausgesagten und des tatsächlich eingetroffenen Ereignisses können zusammenfassend in einer Vierfeldertafel veranschaulicht werden, siehe Tab. 10. In dieser Tabelle gibt N_{11} die Anzahl der Fälle an, bei denen das Eintreffen des Ereignisses (z.B. Niederschlag) vorausgesagt wurde und es

Tabelle 10

		Ereignis (Merkmal X) eingetroffen ja	nein	
prognostiziertes Ereignis (Merkmal Y) eingetroffen	ja	N_{11}	N_{12}	$N_{1\cdot}$
	nein	N_{21}	N_{22}	$N_{2\cdot}$
		$N_{\cdot 1}$	$N_{\cdot 2}$	N

auch eingetroffen ist. Entsprechend ist N_{22} die Anzahl der vorausgesagten Fälle für das Ausbleiben des Ereignisses, das dann auch wirklich ausblieb. N_{12} bedeutet schließlich die Zahl der Fälle für das vorausgesagte Eintreffen, in denen das Ereignis aber nicht eintraf, und N_{21} die Anzahl der Fälle, in denen das Ereignis eintraf, obwohl sein Ausbleiben prognostiziert wurde. N ist die Gesamtanzahl der vorgenommenen Prognosen. Die Randhäufigkeit $N_{1\cdot}$ gibt die Anzahl der gesamten bejahenden, $N_{2\cdot}$ die Anzahl der gesamten verneinenden Prognosen an. $N_{\cdot 1}$ und $N_{\cdot 2}$ sind die Gesamtanzahlen der tatsächlich eingetroffenen bzw. der nicht eingetroffenen Ereignisse, unabhängig davon, was vorausgesagt wurde.

Bei Kenntnis der absoluten Häufigkeiten N_{ij} und der Randhäufigkeiten $N_{i\cdot}$ und $N_{\cdot j}$ (für $i, j = 1, 2$) kann mit Hilfe des Informationsindexes $q(Y|X)$ die Güte der Prognose quantitativ eingeschätzt werden. Auch der tetrachorische Korrelationskoeffizient (siehe dazu TAUBENHEIM [101]) kann zur Überprüfung herangezogen werden.

Umfaßt der Wertebereich des Merkmals X anstelle von nur zwei Klassen („ja" und „nein") insgesamt m und das Merkmal Y n Klassen, dann liegt anstelle der Vierfeldertafel eine Kontingenztafel mit n Zeilen und m Spalten vor (siehe Tab. 11). Der

Informationsindex $q(Y|X)$ wird in diesem Falle (siehe dazu Abschnitt 1.3)

$$q(Y\,|\,X) = \frac{\sum_{i=1}^{n}\sum_{j=1}^{m} N_{ij}\ln N_{ij} - \sum_{i=1}^{n} N_{i\cdot}\ln N_{i\cdot} - \sum_{j=1}^{m} N_{\cdot j}\ln N_{\cdot j} + N\ln N}{N\ln N - \sum_{i=1}^{n} N_{i\cdot}\ln N_{i\cdot}}. \tag{2.28}$$

Tabelle 11

		Merkmal X (Prediktor) $x_j \rightarrow$ 1 2 … j … m	
Merkmal Y (Prediktand)	y_i ↓ 1	$N_{11}\ N_{12} \cdots \quad \cdots N_{1m}$	$N_{1\cdot}$
	2	$N_{21}\ N_{22} \cdots \quad \cdots N_{2m}$	$N_{2\cdot}$
	⋮		⋮
	i	- - - - - - - N_{ij} - - - - -	$N_{i\cdot}$
	⋮		⋮
	n	$N_{n1}\ N_{n2} \cdots \quad \cdots N_{nm}$	$N_{n\cdot}$
		$N_{\cdot 1}\ N_{\cdot 2} \cdots \quad N_{\cdot j} \cdots N_{\cdot m}$	N

Mit diesem Informationsindex, auch Entropieverhältnis genannt, können die Vorhersagen mit den aktuellen Ereignissen verglichen und beurteilt werden (siehe z.B. HOLLOWAY und WOODBURY [43], WAHL [113], VAN DER BIJL [109]). Das Merkmal Y ist dabei das vorherzusagende Element (Prediktand), X das wirklich eingetroffene Ereignis (Prediktor).

Bei der Prognoseüberprüfung anhand einer Vierfeldertafel oder Kontingenztabelle waren die Prognosen als gegeben angenommen. Man kann die Kontingenztafeln auch benutzen, um geeignete Vorhersageelemente auszuwählen. In der meteorologischen Praxis ist man bemüht, die Unsicherheit, die bei der Vorhersage eines bestimmten meteorologischen Elements besteht, dadurch zu verringern, daß man ein anderes Element, das zur Zeit der Prognoseaufstellung bereits bekannt ist, als Vorhersageelement (Prediktor) heranzieht. Bei Benutzung des Prediktors muß die Unsicherheit der Vorhersage verringert werden, wenn der Prediktor sinnvoll sein soll. Dabei kann zur Auswahl der „besten Prediktoren" der Informationsindex herangezogen werden.

Als Prediktoren können z.B. die bereits bekannten Ausgänge des jeweilig untersuchten meteorologischen Elements in der zurückliegenden Zeit fungieren. Dazu sei als Anwendungsbeispiel die statistische Prognose der Monatsmitteltemperaturen angeführt. Ausgehend von den monatlichen Mitteltemperaturen in Budapest in den Jahren 1780 bis 1960 soll geklärt werden, ob der Wert der Monatsmitteltemperatur im k-ten Monat ($k = 1, 2, \ldots, 12$) des Jahres vom Wert der Monatsmitteltemperatur im vorausgehenden (k-1)-ten, (k-2)-ten, ... oder (k-11)-ten Monat abhängt. Mit anderen Worten, es soll geprüft werden, ob das Eintreffen eines bestimmten Wertes der Monatsmitteltemperatur einen stochastischen Zusammenhang mit den Mitteltemperaturen der vorausgehenden Monate aufweist, um diese Zusammenhänge gegebenenfalls für prognostische Zwecke zu nutzen.

Die Monatsmitteltemperatur im k-ten Monat sei das Merkmal oder die Zufallsgröße Y (Prediktand), die Monatsmitteltemperaturen in den vorausgehenden Monaten das Merkmal X (Prediktor), wobei weiter als 11 Monate zurückliegende Mitteltemperaturen nicht mehr in Betracht gezogen werden. Verwendet man zur Prüfung des stochastischen Zusammenhangs die Informationsgröße $I(X, Y)$, dann kann wegen der Symmetrie der Information in den Zufallsgrößen X und Y deren Bezeichnung auch vertauscht werden. Bei der Auswertung der 181 Jahre umfassenden Temperaturreihe kann jeder der 12 Monate des Jahres mit 11 vorangehenden Monaten kombiniert werden, d.h., es sind insgesamt $12 \cdot 11 = 132$ Kontingenztafeln aufzustellen und daraus 132 Informationsgrößen zu berechnen. Die Ergebnisse sind in der Tab. 14 zusammengestellt. In die einzelnen Kontingenztabellen gehen entsprechend der Anzahl der Jahre $N = 180$ Realisierungen (Stichproben) ein. Damit die empirischen relativen Häufigkeiten in den einzelnen Klassen der Randverteilungen genügend groß werden bei dem gegebenen Stichprobenumfang (angestrebt wurde der Wert 1/3 für die relativen Häufigkeiten in den Randverteilungsklassen), wurde das Dreisigma-Intervall ($\mu \pm 3\,\sigma$) für die Verteilungsdichten der Zufallsgrößen (Monatsmitteltemperaturen in den einzelnen Monaten) in 40 gleiche Teile unterteilt, und die in diese Teilintervalle fallenden Häufigkeitswerte wurden solange aufsummiert, von der unteren bzw. oberen Klasse beginnend, bis sich der Wert 0,333 ergab. Dadurch entstanden letztlich drei Klassen, wobei die erhaltenen Klassengrenzen der mittleren Klasse, die für die einzelnen Monate des Jahres unterschiedlich ausfallen, aus der Tab. 12 zu ersehen sind. Tab. 13 zeigt als Musterbeispiel die Kontingenztabelle für die Kombination der Januarmitteltemperaturen mit den vorangehenden Dezembermitteltemperaturen. In

Tabelle 12 Temperaturintervalle in °C für die einzelnen Monate des Jahres

I	−2,07– 0,46	VII	21,74–22,85
II	−0,08– 2,30	VIII	20,66–22,00
III	4,70– 7,07	IX	16,26–17,69
IV	11,12–12,54	X	10,81–12,11
V	16,24–18,17	XI	4,47– 6,12
VI	19,60–21,17	XII	0,22– 2,21

der Tab. 14 sind in den Spalten die Informationswerte für die Monate des Jahres angeführt. Die arabischen Ziffern der ersten Tabellenspalte geben die Zahl des vorangehenden Monats an. Die größten Informationswerte sind in dieser Tabelle durch halbfetten Druck, die mit zweitgrößter Information durch halbfetten kursiven Druck und die mit drittgrößter Information durch kursiven Druck hervorgehoben.

Zur richtigen Einschätzung der Zahlenwerte für die Informationsgröße sei bemerkt, daß bei einer 3×3-Kontingenztabelle im Extremfalle alle Wahrscheinlichkeiten innerhalb der Tabelle die Werte $p_{ij} = \frac{1}{9}$ und alle Randwahrscheinlichkeiten die Werte $p_{i\cdot} = \frac{1}{3}$ und $p_{\cdot j} = \frac{1}{3}$ haben können für $i, j = 1, 2, 3$. In diesem Falle gilt

Tabelle 13

		Monatsmitteltemperaturen Dezember Merkmal X (Prediktor) <0,22	0,22–2,21	>2,21	
Monatsmitteltemperatur Januar Merkmal Y (Prediktand)	>0,46	N_{11}	N_{12}	N_{13}	$N_{1\cdot} \approx N/3$
	−2,07–0,46	N_{21}	N_{22}	N_{23}	$N_{2\cdot} \approx N/3$
	< −2,07	N_{31}	N_{32}	N_{33}	$N_{3\cdot} \approx N/3$
		$N_{\cdot 1} \approx N/3$	$N_{\cdot 2} \approx N/3$	$N_{\cdot 3} \approx N/3$	N

Tabelle 14 $I(X, Y) \cdot 10^4$

	I	II	III	IV	V	VI	VII	VIII	IX	X	XI	XII
1.	**448**	***464***	**791**	71	177	*289*	**375**	**697**	109	240	221	***286***
2.	96	107	287	17	59	***627***	173	158	*282*	*259*	241	140
3.	174	181	*336*	289	61	181	*353*	*202*	***313***	54	146	227
4.	118	253	80	*333*	187	15	169	74	124	140	**525**	73
5.	***417***	78	100	174	*320*	**636**	3	50	51	81	***357***	**461**
6.	*361*	153	71	106	219	86	68	95	230	***349***	62	44
7.	36	**481**	127	120	49	161	264	137	220	65	47	77
8.	21	29	253	**383**	202	258	74	95	228	**431**	235	*282*
9.	350	73	56	167	**348**	60	40	86	69	222	143	102
10.	75	*309*	308	***372***	***321***	175	300	***290***	**326**	247	*308*	23
11.	252	289	***611***	26	113	90	***355***	83	180	14	36	100

$p_{ij} = p_{i\cdot} p_{\cdot j}$, d.h., die Zufallsgrößen X und Y sind stochastisch unabhängig, und es wird $I(X, Y) = 0$. Ist dagegen $p_{ii} = \frac{1}{3}$ für $i = 1, 2, 3$ und $p_{ij} = 0$ für $i \neq j$, dann bedeutet dies, daß die beiden Zufallsgrößen X und Y funktionell voneinander abhängen und die Informationsgröße ihren Maximalwert $I_{max}(X, Y) = \log_2 3 = 1{,}5850$ bit annimmt.

Die Informationswerte der Tab. 14 sind wesentlich kleiner als der Maximalwert I_{max}, d.h., die Mitteltemperaturen der einzelnen Monate weisen eine nur geringe stochastische Bindung zu den Mitteltemperaturen der vorangehenden Monate auf. Darüber hinaus zeigt die Tabelle, daß der größte Informationswert in den einzelnen Spalten nicht immer in der ersten Zeile zu finden ist, d.h., die stochastische Bindung zwischen benachbarten Monaten ist nicht notwendig am stärksten. Die Zeitreihe der Monatsmitteltemperaturen kann somit nicht als Realisierung eines einfachen MARKOW-Prozesses (siehe z.B. LAHRES [53]) angesehen werden.

Berechnet man für die aus den 3×3-Kontingenztabellen folgenden empirischen Informationswerte $I(X, Y)$ den Erwartungswert nach Gleichung (1.140), dann ergibt sich mit $n = m = 3$ sowie $N = 180$ der Wert $\mathbf{E}(I(X, Y)) = 0{,}0111$. Für den Freiheitsgrad $f = 4$ folgt die 5%-Sicherheitsgrenze der χ^2-Verteilung zu $\chi^2_{0,05}(f = 4) = 9{,}49$, d.h., die obere Signifikanzgrenze für die empirischen Informationswerte wird $I_{0,05} = \chi^2_{0,05}(f = 4)/360 = 264 \cdot 10^{-4}$. In der Tab. 14 sind also in jedem Monat des Jahres die beiden größten empirischen Informationswerte statistisch signifikant von Null verschieden.

2.4. Anwendung informationstheoretischer Größen in der Klimatologie

2.4.1. Die statistische Entropie als Charakteristik von Temperaturreihen und -feldern

In der Meteorologie ist man bemüht, die in langen Beobachtungsreihen enthaltene statistisch-klimatologische Information möglichst umfassend auszuschöpfen. Dazu ist die Auswertung solcher Zeitreihen mit modernen mathematisch-statistischen Methoden zur Gewinnung von Maßzahlen, die die klimatologischen Verhältnisse an dem betreffenden Beobachtungsort bzw. in dem Untersuchungsgebiet objektiv charakterisieren, notwendig. Auch die Berechnung informationstheoretischer Kenngrößen kann zu vertieften Einblicken in die statistische Struktur klimatologischer Wertereihen beitragen.

Zu diesem Zweck untersuchte RÁKÓCZI [78] anhand der Budapester Temperaturreihe die Abhängigkeit der statistischen Entropiewerte von der Länge der Zeitreihe sowie die jahreszeitlichen Unterschiede der Entropiewerte. Als Untersuchungsmaterial diente die 50jährige Reihe der Tagesmitteltemperaturen in Budapest von 1901 bis

Tabelle 15

	I		IV		VII		X		Jahr	
	$H(X)$	$H_\sigma(X)$	$H(X)$	$H_\sigma(X)$	$H(X)$	$H_\sigma(X)$	$H(X)$	$H_\sigma(X)$	$H(X)$	$H_\sigma(X)$
1901–1905	4,24	4,37	3,66	3,80	3,60	3,67	3,64	3,90	4,54	5,17
1931–1935	3,54	3,99	3,93	4,04	3,50	3,55	4,05	4,13	4,76	5,23
1901–1910	3,81	4,23	3,71	3,84	3,58	3,65	3,80	4,01	4,03	5,15
1931–1940	3,31	4,18	3,27	3,85	3,29	3,64	3,91	3,85	4,04	5,22
1901–1920	4,14	4,20	4,23	3,98	3,67	3,67	4,02	3,99	4,00	5,13
1931–1950	4,30	4,32	4,07	4,07	3,58	3,77	4,02	4,04	4,12	5,23
1901–1930	3,75	4,20	4,04	3,98	3,67	3,70	3,57	3,96	5,00	5,15
1921–1950	4,30	4,25	4,10	4,04	3,77	3,72	4,04	3,98	5,06	5,12
1901–1940	4,13	4,20	3,78	4,02	3,63	3,69	3,94	3,99	5,14	5,16
1911–1950	4,11	4,25	4,26	4,05	3,68	3,76	3,96	4,01	5,21	5,19
1901–1950	4,33	4,25	3,94	3,93	3,75	3,62	4,04	3,97	4,77	5,18

1950. Aus dieser Reihe wurden je zwei Teilreihen von 5, 10, 20, 30 und 40 Jahren ausgewählt, wobei sich die beiden 30- und 40jährigen Teilreihen um 10 bzw. 30 Jahre überdecken. Zur Erfassung der jahreszeitlichen Änderungen der Entropiewerte wurden diese für die Monate berechnet, die in der Mitte der drei Monate umfassenden meteorologischen Jahreszeiten liegen. Neben den aus den jeweiligen empirischen Häufigkeitsverteilungen bestimmten Entropiewerten $H(X)$ wurden die Streuungen berechnet und daraus bei Annahme von Normalverteiltheit der Temperaturwerte nach Gleichung (1.50) die Entropiewerte $H_\sigma(X)$. Die Ergebnisse der Berechnungen sind in der Tab. 15 zusammengestellt.

Aus dieser Tabelle ist folgendes zu entnehmen:

a) Die Entropiewerte $H_\sigma(X)$ sind in Dreiviertel aller Fälle größer als die aus den empirischen Häufigkeiten berechneten Entropiewerte $H(X)$. Das weist darauf hin, daß die Tagesmitteltemperaturen im allgemeinen keine Normalverteilung befolgen. Eine Abweichung von der Normalverteilung ergibt bei festem Mittelwert und fester Streuung einen kleineren Entropiewert (siehe dazu die Bemerkungen zur maximalen Entropie in Abschnitt 1.2).

b) Hinsichtlich der jahreszeitlichen Unterschiede geht aus der Tabelle hervor, daß, von einigen Ausnahmen abgesehen, vorwiegend die Übergangsjahreszeiten höhere Entropiewerte aufweisen, d.h., daß in diesen Zeitabschnitten des Jahres die größten Unbestimmtheiten der Tagesmitteltemperaturwerte in Budapest zu erwarten sind.

c) Die Entropiewerte für die Temperaturverteilungen in den ausgewählten Teilreihen zeigen, daß mit wachsendem Datenumfang die Unbestimmtheit zunimmt. Umfangreicheres Datenmaterial liefert selbstverständlich mehr Information, d.h., die Informationsentropie muß anwachsen.

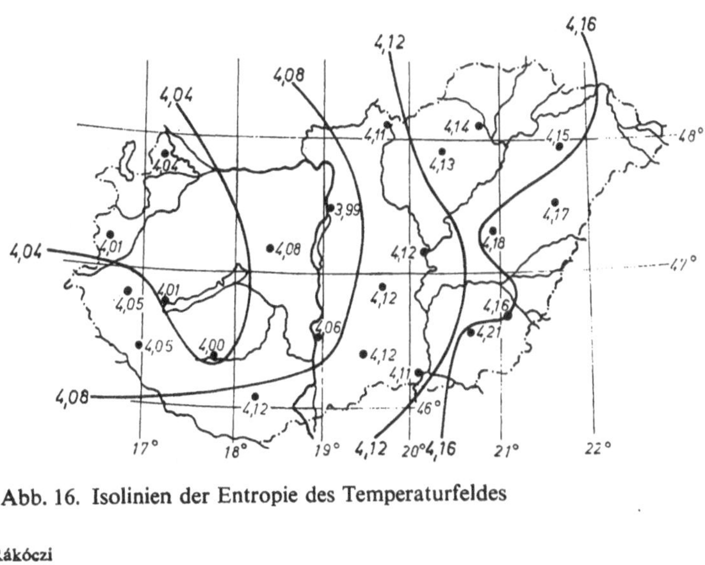

Abb. 16. Isolinien der Entropie des Temperaturfeldes

Neben den zeitlichen Unterschieden der Entropie in den in Tab. 15 angegebenen Zeitabschnitten zwischen 1901 und 1950 wurden auch die räumlichen Änderungen der Entropie der Temperaturverteilungen bestimmt. Als Datenmaterial dienten hierfür die Tagesmitteltemperaturen an 22 ungarischen Stationen in den Jahren 1950 bis 1954. Die Stationen wurden dabei so ausgewählt, daß eine ungefähr gleichmäßige Verteilung über das ungarische Territorium gegeben ist (siehe die Abb. 16). Jede Station repräsentiert dabei eine Fläche von rund 4300 km². Für die einzelnen Stationen sind die Entropiewerte in die Abbildung eingetragen, Orte mit denselben Entropiewerten sind durch Isolinien verbunden. Es ist zu erkennen, daß

a) in der westlichen Hälfte des Landes die Unsicherheit der Temperaturverteilungen am kleinsten ist,

Tabelle 16 Häufigkeit des horizontalen Windvektors (kartesische Koordinaten) in Stunden

↑ v_y (m/s)	21	20	19	18	17	16	15	14	13	12	11	10	9	8	7	6	5	4	N 3
−10																			
−9											1						2	2	
−8												1						1	3
−7														1	1	2	7	16	9
−6								2			2		3	5	5	15	15	14	27
−5							2			3	2	7	10	2	23	18	55	53	81
−4								3	1	11	7	9	35	31	91	60	148	200	136
−3					2	4	4	3	8		33	32	74	55	99	199	281	223	468
−2				1	3	7				18	43	76	109	251	155	439	353	505	583
−1							4	1	14	30	64	94	143	229	542	783	795	715	1131
W 0	1				2	2	6	10	8	32	68	93	156	230	345	406	1549	1529	1553
1							8	3	5	12	42	58	111	172	517	667	917	944	1525
2			1			3				13	39	51	116	382	278	727	624	890	1015
3					1		4	4	11		37	54	106	119	190	352	716	638	1225
4								6	2	13	3	28	47	67	259	163	493	824	485
5					1	3	1			8	5	11	29	18	115	98	224	363	535
6								1	1		2	2	14	14	46	100	93	122	238
7									1		1	4	8	7	27	28	66	107	35
8													4	10	7	8	10	16	24
9												1	9	4	3	5	2	8	9
10														4				1	
11																		1	1
	1		1	1	9	19	29	33	51	140	349	521	974	1601	2703	4070	6350	7172	9083
																			S

b) die Unsicherheit in West-Ost-Richtung ansteigt und ihr Maximum in den südöstlichen Landesteilen erreicht,

c) der Unterschied zwischen den kleinsten und größten Entropiewerten etwa 5% beträgt.

Letztere Feststellung bedeutet, daß in Ungarn die Unsicherheiten in der flächenmäßigen Verteilung der Entropiewerte im allgemeinen nicht größer sind als die Unsicherheiten, die an einer Station in unterschiedlich langen Zeitabschnitten zu beobachten sind. Aus den Werteangaben der Tab. 15 und der Abb. 16 geht hervor, daß zur Erfassung der flächenmäßigen Entropieunterschiede gleichlange Datenreihen gleicher Zeitabschnitte an den einzelnen Stationen benutzt werden müssen, da durch unterschiedlich lange Reihen Unterschiede in der flächenmäßigen Verteilung vorgetäuscht werden können.

für Potsdam 1951–1960

2	1	0	−1	−2	−3	−4	−5	−6	−7	−8	−9	−10	−11	−12	v_x(m/s) →	
	1			1											2	
															5	
9	6	7	2	7	1										37	
6	27	17	22	9	8	2	1								128	
46	38	47	50	24	12	9	1	2							317	
67	93	213	105	65	47	21	20	2							889	
174	136	360	176	133	86	102	35	12	5						1951	
371	546	750	660	351	406	144	121	33	11		6				4884	
1090	914	769	956	951	539	307	179	146	30	36	12	2			8474	
1026	1209	694	797	615	859	668	518	343	177	41	31	8	2		11533	
1074	903	175	609	732	1117	1601	1816	430	205	70	29	12	2	1	14766	E
1067	712	443	607	873	1320	1171	1086	629	261	71	16	2	3		13242	
1055	561	442	481	888	840	781	565	309	39	57	17	5	5		10185	
699	730	668	623	408	706	427	329	71	17	3	5	2			8145	
705	640	736	504	363	268	352	84	6	11	1					6060	
441	626	874	361	215	168	60	25	8	2						4191	
368	331	208	206	144	22	10	1	1							1924	
58	100	107	61	37	11	8	3								669	
34	15	34	16	19	4	2									203	
2	4	4	3	2	1										57	
	1	2													8	
															2	
8292	7593	6550	6239	5837	6415	5665	4784	1992	758	279	116	32	12	1	87672	

2.4.2. Die statistische Entropie des horizontalen Windfeldes

Die Beschreibung zweidimensionaler Häufigkeitstabellen mit Hilfe der Informationsentropie kann auch bei der Charakterisierung des horizontalen Windvektorfeldes nutzbringend angewendet werden. Es lassen sich Angaben über die Windbeständigkeit sowie über den stochastischen Zusammenhang der beiden Windvektorkomponenten machen.

Grundmaterial für solche Untersuchungen waren die Stundenmittelwerte der West-Ost-Komponente v_x und der Nord-Süd-Komponente v_y des horizontalen Windvektors in Potsdam für die Jahre 1951 bis 1960 (siehe Olberg [67]). Eine ergänzende Untersuchung für die Jahre 1961 bis 1970 stammt von Malitz [60].

Die sich aus den Werten der zehn Jahre 1951–1960 ergebende zweidimensionale Häufigkeitsverteilung zeigt Tab. 16. Eine graphische Veranschaulichung der diskreten Häufigkeitsverteilung gibt Abb. 17.

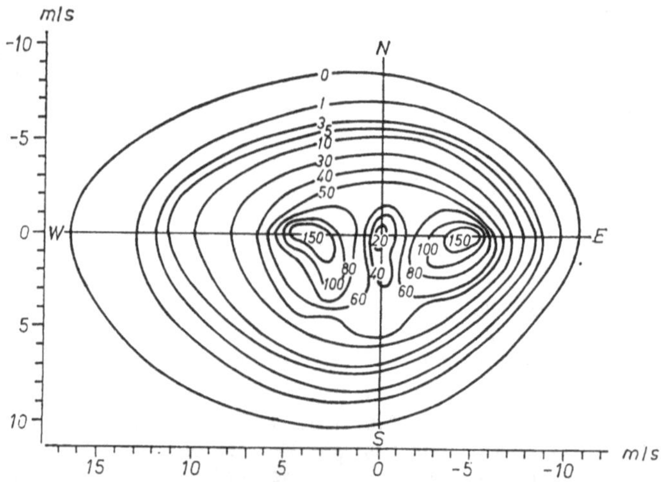

Abb. 17. Graphische Darstellung der Häufigkeiten der Windvektoren nach Tab. 16 in der Einheit 1:10

Zur Erfassung jahreszeitlicher Unterschiede im Verhalten des Windvektors wurden für die einzelnen Monate des Jahres hier nicht angeführte Häufigkeitstabellen zusammengestellt. Die Entropiewerte $H(X, Y)$ dieser 12 Häufigkeitstabellen wurden nach Gleichung (1.69) berechnet und mit diesen für die einzelnen Monate des Jahres der dimensionslose Ausdruck

$$B = 1 - H_{\text{rel}} = 1 - \frac{H(X, Y)}{H_{\max}(X, Y)}, \tag{2.29}$$

der ein Maß für die Windbeständigkeit darstellt.

Diesen mit Hilfe der relativen Entropie H_{rel} definierten Ausdruck (2.29) bezeichnet man in der Nachrichtentechnik bei Kodierungsproblemen als Weitschweifigkeit oder Redundanz des Kodes. Die Redundanz ist dabei ein Maß für die Anzahl der bei der Nachrichtenübertragung überflüssigen Symbole (siehe z.B. Fey [31]).

$H_{max}(X, Y)$ ist nach Gleichung (1.61) der größte Entropiewert des zweidimensionalen Ereignisfeldes, der erreicht wird, wenn alle Ereignisfelder der Häufigkeitstabelle gleich besetzt sind. Die Windbeständigkeit B variiert zwischen den Extremwerten Null bei einer Gleichverteilung und Eins für den Fall, daß nur eine Klasse der Häufigkeitstabelle besetzt ist, d.h., wenn der Windvektor konstant ist.

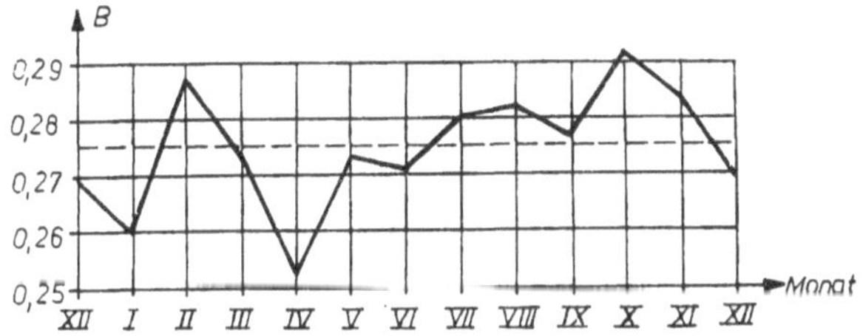

Abb. 18. Monatliche Windbeständigkeit in Potsdam im Mittel der Jahre 1951 bis 1960

In Abb. 18 sind die Windbeständigkeitswerte über die Monate des Jahres aufgetragen. Auffallend im jährlichen Gang für B sind die beiden Minima im Januar und April und die beiden Maxima im Februar und Oktober, wobei das Aprilminimum das wechselhafte „Aprilwetter“ kennzeichnet und das Oktobermaximum auf die meteorologische Beständigkeit des Herbstes im mitteleuropäischen Gebiet hinweist. Die meteorologische Deutung der Extreme im Januar und Februar gelingt bei Heranziehung der Großwetterlagen Europas (siehe Hess und Brezowsky [42]) in dem untersuchten Zeitabschnitt von 1951 bis 1960. Der niedrige Wert der Windbeständigkeit im Januar (und auch der des Dezembers) läßt sich durch das Vorherrschen von West-, Südwest- und Nordwest-Wetterlagen in diesem Jahrzehnt im Monat Januar erklären, die mit unbeständigem Wetter und mit lebhaften, wechselnden Winden verbunden sind. Ende Januar erfolgt die Umstellung der Witterung auf den Hochwinter, der im Februar mit Hochdrucklagen über Mitteleuropa, den Britischen Inseln und Fennoskandien seinen Höhepunkt erreicht. Diese Großwetterlagen bringen in dieser Jahreszeit beständiges, oft sehr kaltes Wetter mit Strahlungsfrösten. Die Windbeständigkeit zeichnet sich dabei durch das Februarmaximum aus. Im Oktober überwiegen wie im Februar dieses Jahrzehnts die Hochdrucklagen über Mitteleuropa, den Britischen Inseln und Fennoskandien. Diese Wetterlagen haben in dieser Jahreszeit ruhiges, meist heiteres und tagsüber warmes Wetter zur Folge, das unter dem Namen „Altweibersommer“ bekannt ist.

Bei der weiteren statistischen Auswertung der empirischen Häufigkeitstabelle 16 des Windvektors ist die Herleitung einer Aussage über die stochastische Abhängigkeit der beiden Windvektorkomponenten v_x und v_y von besonderer Wichtigkeit. Zunächst ergaben sich aus der Tabelle für die Mittelwerte und die Streuungsquadrate folgende Zahlenwerte

$$\bar{v}_x = 0{,}97 \text{ m/s} \qquad \text{und} \qquad \bar{v}_y = 0{,}72 \text{ m/s}$$

sowie

$$s_x^2 = 15{,}48 \text{ m}^2/\text{s}^2,\ s_y^2 = 6{,}48 \text{ m}^2/\text{s}^2,\ s_{xy}^2 = -0{,}21 \text{ m}^2/\text{s}^2.$$

Die signifikant von Null verschiedenen Mittelwerte der Windvektorkomponenten zeigen wegen $\tan\varphi = v_y/v_x = 0{,}7697$ und damit $\varphi = 37{,}6°$ bzw. $217{,}6°$ an, daß im zehnjährigen Mittel (1951–1960) in Potsdam WSW- bis SW-Winde zu erwarten sind. Die entsprechenden Werte für das Jahrzehnt 1961 bis 1970 ergeben sich zu

$$\bar{v}_x = 1{,}02 \text{ m/s} \qquad \text{und} \qquad \bar{v}_y = 0{,}84 \text{ m/s},$$

$$s_x^2 = 15{,}25 \text{ m}^2/\text{s}^2,\ s_y^2 = 7{,}10 \text{ m}^2/\text{s}^2 \quad \text{und} \quad s_{xy}^2 = -0{,}25 \text{ m}^2/\text{s}^2,$$

woraus sich die mittlere Windrichtung $\varphi = 39{,}5°$ bzw. $219{,}5°$ ergibt.

Formal läßt sich aus den Streuungswerten der empirische Korrelationskoeffizient berechnen. Für beide Jahrzehnte erhält man dafür den Wert $r = s_{xy}^2/s_x s_y = -0{,}02$, woraus auf die stochastische Unabhängigkeit der West-Ost- und Nord-Süd-Komponente des Windvektors zu schließen wäre. Mit dem Korrelationskoeffizienten r können jedoch nur lineare Beziehungen zwischen zwei Zufallsgrößen nachgewiesen werden. Bei nichtlinearen stochastischen Zusammenhängen ist die Schlußkraft dieses Korrelationskoeffizienten stark eingeschränkt. Wie Abb. 17 zeigt, kann der Zusammenhang zwischen der West-Ost- und der Nord-Süd-Komponente des horizontalen Windvektors in Potsdam durch keine lineare, auch nicht durch eine monotone Beziehung ausgedrückt werden. Die empirische Häufigkeitsverteilung ist vielmehr in großen Zügen ringförmig mit aufgesetzten Gipfeln auf der West-Ost-Achse, d.h., der stochastische Zusammenhang zwischen den beiden Windvektorkomponenten könnte eher durch eine geschlossene Kurve wiedergegeben werden (siehe dazu auch LUCKE [57], MALITZ [60]). Für die Erfassung dieses topologischen Typus des stochastischen Zusammenhanges eignen sich weder der Stichprobenkorrelationskoeffizient noch andere Korrelationsmaße, wie tetrachorischer Korrelationskoeffizient oder PEARSON-KOLMOGOROVsche Korrelationsverhältnisse (siehe z.B. RÉNYI [80], SMIRNOW und DUNIN-BARKOWSKI [92], TAUBENHEIM [101]).

Für diese spezielle Form einer zweidimensionalen Häufigkeitsverteilung können zur Klärung des stochastischen Zusammenhangs der beiden Zufallsgrößen die Entropieverhältnisse (1.115), (1.116) bzw. modifiziert die Entropieverhältnisse (1.117), (1.118) als Abhängigkeitsmaße benutzt werden. Die dazu benötigten Entropiewerte ergeben sich aus Tab. 16 zu

$$\left.\begin{aligned} H(X,Y) &= 5{,}0172\,\text{nit}, & H(X\mid Y) &= 2{,}6712\,\text{nit},\\ H(X) &= 2{,}7612\,\text{nit}, & H(Y\mid X) &= 2{,}2560\,\text{nit},\\ H(Y) &= 2{,}3460\,\text{nit}, & I(X,Y) &= 0{,}0900\,\text{nit}, \end{aligned}\right\} \tag{2.30}$$

und daraus die Entropieverhältnisse

$$\left.\begin{aligned} q(X\mid Y) &= 0{,}0326, & q^*(X\mid Y) &= 0{,}0435,\\ q(Y\mid X) &= 0{,}0384, & q^*(Y\mid X) &= 0{,}0545. \end{aligned}\right\} \tag{2.31}$$

Die statistische Beurteilung dieser Zahlenwerte für die Abhängigkeitsmaße läßt sich exakt nicht vornehmen, da deren Wahrscheinlichkeitsverteilungen nicht bekannt sind. Mit Hilfe des im Abschnitt 1.4.3 beschriebenen Signifikanzprüfungsverfahrens ist aber eine Einschätzung des Wertes für die Information möglich. Tab. 16 stellt eine 34×22-Häufigkeitstabelle mit $n = 34$, $m = 22$ und $N = 87672$ sowie dem Freiheitsgrad $(n - 1)(m - 1) = 693$ für die χ^2-verteilte Informationsgröße dar. In Tab. 16 sind die äußeren Klassen allerdings nur gering besetzt. Nach HOLLOWAY und WOODBURY [43] sollten aber die Besetzungszahlen pro Klasse ungefähr größer als 5 sein. Daher wurden die äußeren Klassen der Tab. 16 zusammengefaßt, so daß Tab. 17 entstand, die nur noch aus $n \cdot m = 21 \times 14 = 294$ Feldern besteht. Es folgt damit der Freiheitsgrad $f = 260$ für die χ^2-Verteilung, und die 5%ige Signifikanzgrenze wird damit $\chi^2_{0,05}(f = 260) = 298{,}852$.

Die zu Tab. 17 gehörenden Entropiewerte sind

$$\left.\begin{aligned} H(X,Y) &= 4{,}9970\,\text{nit}, & H(X\mid Y) &= 2{,}3711\,\text{nit},\\ H(X) &= 2{,}6926\,\text{nit}, & H(Y\mid X) &= 2{,}3044\,\text{nit},\\ H(Y) &= 2{,}6259\,\text{nit}, & I(X,Y) &= 0{,}3215\,\text{nit}, \end{aligned}\right\} \tag{2.32}$$

und die Entropieverhältnisse

$$\left.\begin{aligned} q(X\mid Y) &= 0{,}119, & q^*(X\mid Y) &= 0{,}161,\\ q(Y\mid X) &= 0{,}122, & q^*(Y\mid X) &= 0{,}166. \end{aligned}\right\} \tag{2.33}$$

Nimmt man an, daß die Zufallsgrößen X und Y stochastisch voneinander unabhängig sind, dann ergibt sich der Erwartungswert für die Information der 21×14-Häufigkeitstabelle 17 zu

$$\mathbf{E}(I) = \frac{(n-1)(m-1)}{2N} = 0{,}0015, \tag{2.34}$$

Tabelle 17 Häufigkeitsfeld nach Tab. 16 mit zusammengefaßten äußeren Klassen

	v_y (m/s) ≧12	11	10	9	8	7	6	5	4	3	2 N
≦−6	2	3	1	3	6	6	17	24	33	39	61
−5	5	2	7	10	2	23	18	55	53	81	67
−4	15	7	9	35	31	91	60	148	200	136	174
−3	21	33	32	74	55	99	199	281	223	468	371
−2	29	43	76	109	251	155	439	353	505	583	1090
−1	49	64	94	143	229	542	783	795	715	1131	1026
W 0	61	68	93	156	230	345	406	1549	1529	1553	1074
1	28	42	58	111	172	517	667	917	944	1525	1067
2	17	39	51	116	382..	278	727	624	890	1015	1055
3	20	37	54	106	119	190	352	716	638	1225	699
4	21	3	28	47	67	259	163	493	824	485	705
5	13	5	11	29	18	115	98	224	363	535	441
6	2	2	2	14	14	46	100	93	122	238	368
≧7	1	1	5	21	25	37	41	78	133	69	49
	284	349	521	974	1601	2703	4070	6350	7172	9083	8292 S

und die 5%ige Signifikanzgrenze der Informationsgröße wird

$$I_{0,05} = \frac{\chi^2_{0,05}(f)}{2N} = 0{,}0017\,. \tag{2.35}$$

Der aus Tab. 17 berechnete Informationswert $I(X, Y) = 0{,}3215$ überschreitet diese Signifikanzgrenze, d.h., er ist signifikant von Null verschieden. Damit ist die Annahme der stochastischen Unabhängigkeit von X und Y zu verwerfen, d.h., im beobachteten Windfeld sind die Nord-Süd- und West-Ost-Komponente des horizontalen Windvektors stochastisch voneinander abhängig.

Sind die Meßwertpaare (v_x, v_y) des Windvektors voneinander abhängig, d.h., besitzen die Wertepaare der Meßwertfolge eine Erhaltungsneigung, was bei Stundenmittelwerten angenommen werden muß, dann ist in Gleichung (2.35) der effektive Stichprobenumfang entsprechend der Gleichung (1.145) einzusetzen. Für das Windfeld in Potsdam ergab sich $\varrho_x = 0{,}98$ und $\varrho_y = 0{,}97$ (siehe Olberg [67]), so daß der effektive Stichprobenumfang $N_{\text{eff}} = 2249$ wird. Damit steigt die Signifikanzgrenze für die Information zwar sehr an auf

$$I_{0,05} = \frac{\chi^2_{0,05}(f)}{2N_{\text{eff}}} = 0{,}066\,, \tag{2.36}$$

1	0	−1	−2	−3	−4	−5	−6	−7	≦−8	v_x(m/s)
72	71	74	41	21	11	2	2	0	0	489
93	213	105	65	47	21	20	2	0	0	889
136	360	176	133	86	102	35	12	5	0	1951
546	750	660	351	406	144	121	33	11	6	4884
914	769	956	951	539	307	179	146	30	50	8474
1209	694	797	615	859	668	518	343	177	82	11533
903	175	609	732	1117	1601	1816	430	205	114	14766 E
712	443	607	873	1320	1171	1086	629	261	92	13242
561	442	481	888	840	781	565	309	39	85	10185
730	668	623	408	706	427	329	71	17	10	8145
640	736	504	363	268	352	84	6	11	1	6060
626	874	361	215	168	60	25	8	2	0	4191
331	208	206	144	22	10	1	1	0	0	1924
120	147	80	58	16	10	3	0	0	0	939
7593	6550	6239	5837	6415	5665	4784	1992	758	440	87672

der berechnete Stichprobeninformationswert liegt aber trotzdem noch oberhalb dieser Grenze, womit auch bei Berücksichtigung der Erhaltungsneigung in der Meßwertereihe die Abhängigkeit der Windvektorkomponenten statistisch gesichert nachgewiesen ist.

Am Ende des zweiten Kapitels sei vermerkt, daß die Anwendungsmöglichkeiten informationstheoretischer Begriffe in der Meteorologie selbstverständlich nicht auf die hier angeführten Beispiele beschränkt sind. Auch in anderen Gebieten der Meteorologie, beispielsweise der atmosphärischen Optik oder der Satellitenmeteorologie, ist die Informationstheorie bei der Auswertung von Beobachtungsergebnissen mit Erfolg herangezogen worden.

So untersuchten Kagan und Kondrat'ev [49] die makroskopischen Charakteristika stationärer Strahlungsfelder, die sie als Realisierungen stationärer Zufallsprozesse auffaßten, mit Hilfe der Informationsentropie. Die Beobachtung eines strahlenden Körpers kann dabei als Übertragung von Signalen dargestellt werden, wobei Störungen auftreten können, die ihrerseits Verzerrungen der Signale (bis hin zum Nichterkennen des Körpers) bewirken können. Die Informationsentropie als Maß für die Unbestimmtheit eines Ereignissystems läßt sich hierbei zur Festlegung von Kontrastschwellen (hinsichtlich des Unterschiedes zwischen der Helligkeit des beobachteten Objekts und des Hintergrundes) benutzen, mit deren Hilfe die Qualität eines Strahlungsmeßgerätes eingeschätzt bzw. optimale Empfänger konzipiert werden können.

Sonečkin [94], [95] verwendete die Informationsentropie bei der Analyse von Wolkenbildern, die mit Hilfe verschiedener Aufnahmetechniken von meteorologischen Satelliten, Flugzeugen und vom Erdboden aus fotografiert wurden. Der Vergleich der Aufnahmeergebnisse im sichtbaren und infraroten Bereich sowie die Entschlüsselung der Aufnahmen erfordert die Kenntnis der statistischen Struktur und des Informationsgehaltes der Wolkenfelder (auch hinsichtlich räumlicher und zeitlicher Zusammenhänge) und die Bestimmung des Unsicherheitsgrades der Entschlüsselung, wofür sich die Begriffe und Größen der Informationstheorie gut eignen. Bedenkt man, daß unterschiedliche Wolkentypen oder Wolkenkombinationen bzw. eine unterschiedliche, z.B. von der Tageszeit abhängige Beleuchtung auf den Fernsehbildern ähnliche oder gleiche Lichtfelder für die Wolken ergeben können, dann ist die Erkundung von Möglichkeiten zur Senkung des Unsicherheitsgrades der Entschlüsselung der Aufnahmen von besonderer Bedeutung.

3. Spektraltheorie geophysikalisch-meteorologischer Zeitreihen

3.1. Geophysikalisch-meteorologische Zeitfunktionen als stochastische Prozesse

3.1.1. Beschreibung zufälliger Prozesse

Geophysikalische und meteorologische Registrierungen oder Meßreihen sind kontinuierliche Funktionen der Zeit und/oder des Ortes, wobei die Meßreihen Folgen von Werten darstellen, die in bestimmten (meistens äquidistanten) Abständen an der kontinuierlichen Funktion „abgelesen" („abgetastet") werden.

Experimentelle Messungen, gleichgültig, ob es sich um aufeinanderfolgende Einzelmessungen oder Registrierungen handelt, haben stets zufälligen Charakter, da die Meßergebnisse mehr oder weniger durch nichtkontrollierbare Bedingungen beeinflußt werden. Mit dem Begriff der Zufälligkeit wird darauf hingewiesen, daß in einer Registrierung neben bestimmten physikalisch determinierten Bedingungen und Beziehungen auch zufällige Einflüsse zum Ausdruck kommen.

Vom mathematisch-statistischen Standpunkt sind solche Zeit- und Ortsfunktionen als Realisierungen entsprechender zeitlicher oder räumlicher Zufallsfunktionen aufzufassen, deren Beschreibungsgrundlage die Theorie der Zufallsprozesse ist.

Hängt also eine Zufallsgröße X, deren einzelne Realisierungen wir wieder mit x bezeichnen, von reellen, nichtzufälligen Parametern ab (z.B. von der Zeit t oder von Ortskoordinaten, $\boldsymbol{r}$ sei der Ortsvektor), dann spricht man von einer Zufallsfunktion $X(t)$ oder von einem Zufallsfeld $X(\boldsymbol{r})$. Der allgemeinere Fall der orts- und zeitabhängigen Zufallsfunktion $X(\boldsymbol{r}, t)$ soll hier nicht betrachtet werden. Da es bei der mathematisch-statistischen Beschreibung der Zufallsfunktionen gleichgültig ist, welche physikalische Bedeutung der Parameter t hat, wird im folgenden nur die Bezeichnung zeitliche Zufallsfunktion verwendet.

Eine Zufallsfunktion stellt man sich im allgemeinen modellmäßig als Überlagerung zweier Anteile vor. In Anlehnung an die Nachrichtentheorie spricht man hierbei von der Überlagerung eines Signals durch Rauschen. Während das Signal zeitliche Variationen darstellt, die durch die physikalische Quelle geprägt werden bzw. die Ausdruck der kontrollierbaren Bedingungen bei einem Experiment sind, handelt es sich beim Rauschen um unregelmäßige zeitliche Fluktuationen, die durch nichtkontrollierbare Einflüsse hervorgerufen werden. Von vorrangigem Interesse bei der statistischen Bearbeitung solcher Zeitfunktionen ist die Trennung der genannten beiden Anteile bzw. das Studium der Eigenschaften des Signals und des Rauschens. Die WIENER-KOLMOGOROV-Theorie der Filterung und Extrapolation bildet dabei die theoretische

Basis für die Extraktion des Signals aus dem Signal-Rauschen-Gemisch. Voraussetzung dafür ist wiederum die Kenntnis der Theorie der stochastischen Prozesse.

Unter einem stochastischen Prozeß versteht man also einen Prozeß, der von einem reellen, nichtzufälligen Argument t abhängt und dessen Wert bei jedem Wert von t eine Zufallsgröße darstellt. Hierbei muß jedoch beachtet werden, daß das Argument t in einem gegebenen (endlichen oder unendlichen) Intervall entweder beliebige Werte annehmen kann oder nur bestimmte diskrete (meistens äquidistante) Werte. Im ersten Fall nennt man die Zufallsfunktion $X(t)$ einen stochastischen Prozeß, im zweiten Fall eine Zufallsfolge.

Die Realisierungen des Zufallsprozesses $X(t)$ sind Funktionen der Zeit $x(t)$, die der Zufallsfolge $X(t_1)$, $X(t_2)$, ... sind Wertefolgen $x(t_1)$, $x(t_2)$, ..., die Zeitreihen heißen, wenn der Parameter t die Zeit ist.

Auf die ausführliche Beschreibung der Zufallsprozesse kann hier aus Raumgründen nicht eingegangen werden, es sei dazu auf die umfangreiche Literatur zur Theorie der Zufallsprozesse verwiesen (als kleine Auswahl sei angeführt Jaglom [44], Pugačev [71], Sweschnikow [100], Bendat [14], für geophysikalisch-meteorologische Anwendungen siehe besonders Taubenheim [101]). Wir wollen in diesem Abschnitt nur einige wichtige Begriffe zusammenstellen und uns kurz über dieses Gebiet orientieren.

Zur Beschreibung einer Zufallsfunktion müssen die für einen stochastischen Prozeß charakteristischen Kenngrößen angegeben werden. Dazu gehören die Wahrscheinlichkeitsverteilungen $F_{t_1}(x_1)$ der Zufallsfunktion $X(t_1)$ zu verschiedenen, aber festen Zeitpunkten $t = t_1$. Mit der eindimensionalen Verteilungsfunktion kann dann eine Wahrscheinlichkeitsaussage über die zu erwartenden Realisierungen $x(t_1)$ des stochastischen Prozesses zur Zeit t_1 gemacht werden. Diese Wahrscheinlichkeitsverteilung könnte durch die empirische Verteilung der Zufallsgröße $X(t_1)$, die aus einer Vielzahl von Realisierungen der Zufallsfunktion zum festen Zeitpunkt $t = t_1$ gewonnen werden kann, abgeschätzt werden. Der gesamte stochastische Prozeß wird jedoch mit der Kenntnis dieser eindimensionalen Wahrscheinlichkeitsverteilung noch nicht beherrscht. Erst die Folge der Wahrscheinlichkeitsverteilungen

$$\left.\begin{aligned} F_{t_1}(x_1) &= \mathbf{P}(X(t_1) < x_1) \\ F_{t_1,t_2}(x_1, x_2) &= \mathbf{P}(X(t_1) < x_1, X(t_2) < x_2) \\ &\vdots \\ F_{t_1,\ldots,t_n}(x_1, \ldots, x_n) &= \mathbf{P}(X(t_1) < x_1, \ldots, X(t_n) < x_n) \end{aligned}\right\} \tag{3.1}$$

gestattet eine immer detailliertere Beschreibung des Zufallsprozesses, wobei über alle natürlichen Zahlen $n = 1, 2, 3, \ldots$ und alle möglichen Parameterwerte $t_1, t_2, \ldots, t_n$ aus $-\infty < t < +\infty$ zu variieren ist.

In den Anwendungen ist es im allgemeinen sehr schwierig (wenn überhaupt möglich) und mit einem erheblichen Aufwand verbunden, die Gesamtheit der Wahrscheinlichkeitsverteilungen (3.1) eines stochastischen Prozesses zu untersuchen. Man beschränkt sich daher gewöhnlich auf die Erfassung der statistischen Parameter der Verteilungen. Am besten geeignet dazu sind die Momente der Verteilungen, die zunächst natürlich selbst wieder von den Argumenten $t_1, t_2, \ldots, t_n$ abhängen. Unter den unendlich vielen Momenten sind zur Charakterisierung des Zufallsprozesses die Momente erster und zweiter Ordnung die wichtigsten. Das Moment erster Ordnung, der Erwartungswert von $X(t)$, und das Zentralmoment zweiter Ordnung, die Dispersion der Zufallsfunktion zum Zeitpunkt t, können zu verschiedenen Zeitpunkten unterschiedliche Werte annehmen. Man nennt den Zufallsprozeß in diesem Falle *nichtstationär*.

Einen für die Anwendungen äußerst wichtigen Spezialfall zufälliger Prozesse stellen die *stationären* Zufallsprozesse dar. Bei ihnen ist die Verteilungsfunktion erster Ordnung unabhängig von der Zeit t, diejenige zweiter Ordnung nur von der Zeitdifferenz $|t_2 - t_1| = \tau$ abhängig usw. Allgemein gilt für die Wahrscheinlichkeitsverteilungen eines stationären Zufallsprozesses bei beliebigem Zeitanfangspunkt t_0 .

$$\left.\begin{aligned} F_{t_1}(x_1) &= \mathbf{P}(X(t_1) < x_1) = \mathbf{P}(X(t_1 + t_0) < x_1) = F_{t_1+t_0}(x_1), \\ F_{t_1, t_2}(x_1, x_2) &= \mathbf{P}(X(t_1 + t_0) < x_1, X(t_2 + t_0) < x_2) = F_{t_1+t_0, t_2+t_0}(x_1, x_2) \end{aligned}\right\} \tag{3.2a}$$

usw., d.h., es gilt mit $t_1 = -t_0$

$$\left.\begin{aligned} F_{t_1}(x_1) &= F_0(x_1), \\ F_{t_1, t_2(x_1, x_2)} &= F_{0, t_2-t_1}(x_1, x_2) = F_\tau(x_1, x_2), \quad \text{usw.} \end{aligned}\right\} \tag{3.2b}$$

Daraus folgt, daß der Erwartungswert und die Dispersion eines stationären Zufallsprozesses nicht mehr von der Zeit abhängen, d.h.

$$\mathbf{E}(X(t)) = \mu \qquad \text{und} \qquad \mathbf{D}^2(X(t)) = \sigma^2. \tag{3.3}$$

Eine weitere wichtige Größe eines Zufallsprozesses ist das gemischte Moment zweiter Ordnung, die Autokovarianzfunktion

$$C(t_1, t_2) = \mathbf{E}([X(t_1) - \mathbf{E}(X(t_1))] [X(t_2) - \mathbf{E}(X(t_2))]), \tag{3.4}$$

die für stationäre Zufallsprozesse die Form

$$C(\tau) = \mathbf{E}[(X(t) - \mu) (X(t + \tau) - \mu)] \tag{3.5}$$

annimmt.

Da für $\tau = 0$ der Wert der Autokovarianzfunktion gerade die Dispersion des stationären Zufallsprozesses darstellt, ist mit dem Erwartungswert μ und der Autokovarianzfunktion $C(\tau)$ ein normaler stationärer Zufallsprozeß, auch Gaussscher Zufallsprozeß genannt, vollständig bestimmt.

Auch bei der Beschreibung nichtnormaler stationärer Zufallsprozesse begnügt man sich meistens mit diesen beiden Größen. Die Theorie, die lediglich diejenigen Eigenschaften der Zufallsfunktionen behandelt, die durch ihre Momente erster und zweiter

Ordnung erfaßt werden, heißt Korrelationstheorie der Zufallsfunktionen. Sie ist natürlich nicht die vollständige Theorie der Zufallsfunktionen, jedoch aber der Teil, der für die Anwendungen besonders wichtig ist (siehe z.B. JAGLOM [44], Seite 10/11).

In der Meteorologie und Geophysik haben die stationären und dabei vor allem die GAUSSschen Zufallsprozesse besondere Bedeutung, da viele Meßgrößen in guter Näherung als normalverteilt angesehen werden können und man die Registrierungen $x(t)$ einer Meßgröße in begrenzten Zeitabschnitten als Realisierungen stationärer Zufallsfunktionen auffassen kann. Die Schwierigkeit bei der praktischen Berechnung der charakteristischen Größen des Zufallsprozesses besteht darin, daß im allgemeinen nur *eine* Realisierung vorliegt, während zur Bestimmung des Erwartungswertes und der Autokovarianzfunktion nach Gleichung (3.3) und (3.5) jedoch eine Vielzahl, ein Ensemble von Realisierungen der Zufallsfunktion erforderlich ist. Hier hilft der Begriff der Ergodizität weiter (siehe dazu die angeführten Lehrbücher zur Theorie der Zufallsfunktionen).

Ein Zufallsprozeß heißt ergodisch, wenn die Bildung der Erwartungswerte als Ensemblemittel über alle Realisierungen des stationären Zufallsprozesses zu festen Zeitpunkten durch die Mittelung über die Zeit innerhalb einer Realisierung dieses Prozesses im Intervall $-\infty < t < +\infty$ ersetzt werden kann. Für den Erwartungswert μ des Zufallsprozesses gilt dann

$$\mathbf{E}(X(t)) = \lim_{T\to\infty} \frac{1}{2T} \int_{-T}^{+T} x(t)\,\mathrm{d}t = \mu \tag{3.6}$$

und für die Autokovarianzfunktion

$$\mathbf{E}[(X(t) - \mu)(X(t + \tau) - \mu)] =$$

$$= \lim_{T\to\infty} \frac{1}{2T} \int_{-T}^{+T} (x(t) - \mu)(x(t + \tau) - \mu)\,\mathrm{d}t = C(\tau). \tag{3.7}$$

Die ergodischen Prozesse bilden eine Unterklasse der stationären Zufallsprozesse, die ihrerseits in der umfassenderen Klasse der stochastischen Prozesse enthalten sind. Zur Gültigkeit des Ergodensatzes für stationäre Zufallsfunktionen siehe z.B. JAGLOM [44]. Im folgenden wollen wir die Eigenschaft der Ergodizität als gegeben annehmen und nur mit den entsprechenden Zeitmittelwerten rechnen.

3.1.2. Das Spektrum eines Zufallsprozesses

Die Untersuchung geophysikalischer und meteorologischer Zeitfunktionen als Realisierungen von Zufallsprozessen hat fast immer das Ziel, periodische Anteile (wie z.B. Tages- und Jahresgänge, aber auch kürzere und längere periodische oder quasiperiodische Schwankungen) im zeitlichen Verlauf aufzudecken. Dabei hat sich die Betrachtung zeitlicher Abläufe im Frequenzbereich, die neben derjenigen im Zeitbereich stets möglich ist, als sehr fruchtbar erwiesen. Es kann ja bekanntlich eine Zeitfunktion durch Überlagerung von harmonischen Schwingungen verschiedener Frequenzen dargestellt werden. Diese Darstellung wird um so genauer, je mehr Harmonische dabei erfaßt werden. Die Gesamtheit der Amplituden und Phasen dieser Harmonischen liefert dann die vollständige Information über die jeweils untersuchte Zeitfunktion, d.h., beide Betrachtungsweisen sind einander äquivalent. Damit ist eine Dualität von Zeit- und Frequenzbereich zu verzeichnen, die durch die wechselseitige FOURIER-Transformation des entsprechenden Paares von Zeit- und Frequenzfunktion ausgedrückt wird. Mathematisch formuliert heißt das, daß sich eine im Intervall $-\infty < t < +\infty$ definierte stetige, stückweise glatte und absolut integrierbare Funktion $x(t)$ mit Hilfe ihrer FOURIER-Transformierten (Frequenzfunktion, Spektrum)

$$F(\mathrm{i}\,\omega) = \int_{-\infty}^{\infty} x(t)\,\mathrm{e}^{-\mathrm{i}\omega t}\,\mathrm{d}t \tag{3.8}$$

in der Form

$$x(t) = \frac{1}{2\pi}\int_{-\infty}^{\infty} F(\mathrm{i}\,\omega)\,\mathrm{e}^{\mathrm{i}\omega t}\,\mathrm{d}\omega \tag{3.9}$$

darstellen läßt, wobei $F(\mathrm{i}\omega)$ eine komplexe Funktion der Kreisfrequenz ω ist, die wie die Zeit t eine kontinuierliche Größe ist (zur FOURIER-Transformation siehe z.B. MAGNUS und OBERHETTINGER [58], UNBEHAUEN [107] oder das Tabellenwerk von OBERHETTINGER [62]).

Für die Untersuchung periodischer Vorgänge ist die FOURIER-Analyse ein unentbehrliches Werkzeug des Geophysikers und Meteorologen. Leider ist die Voraussetzung der absoluten Integrierbarkeit, die die Forderung $\lim\limits_{t\to\pm\infty} |x(t)| = 0$ bedingt, für geophysikalisch-meteorologische Zeitfunktionen aber im allgemeinen nicht erfüllt. Man ist daher gezwungen, die Zeitfunktionen künstlich so zu begrenzen, daß sie außerhalb eines vorgegebenen Zeitintervalls Null sind. Das aus der begrenzten Zeitfunktion berechnete Spektrum wird dann allerdings verfälscht und stellt nur eine Schätzung des wahren Spektrums dar. Durch Anwendung unterschiedlicher Begrenzungsfunktionen im Zeitbereich (Zeit-Fenster) kann man diese Verfälschung abschwächen, ganz vermeiden kann man sie dadurch aber nicht.

Die geophysikalisch-meteorologischen Zeitfunktionen genügen im allgemeinen zwar nicht der Forderung der absoluten Integrierbarkeit, wohl aber der Forderung

$$\lim_{T\to\infty} \frac{1}{2T}\int_{-T}^{+T} |x(t)|^2\,\mathrm{d}t < \infty, \tag{3.10}$$

die bedeutet, daß ihre mittlere quadratische Abweichung von Null endlich ist. Solche Funktionen können nach WIENER [115] durch eine verallgemeinerte harmonische Analyse im Frequenzbereich dargestellt werden (siehe dazu auch LEE [54], VAN ISACKER [110]).

Für Funktionen, die die Bedingung (3.10) erfüllen, existiert die Autokovarianzfunktion (3.7). Da die Autokovarianzfunktion eines stationären ergodischen Zufallsprozesses absolut integrierbar ist und $\lim_{\tau \to \infty} C(\tau) = 0$ gilt (mit zunehmender Zeitverschiebung τ nimmt die Autokovarianz um so schneller ab, je geringer die Erhaltungsneigung in der Funktion $x(t)$ ist), läßt sich die FOURIER-Transformation anwenden, und man erhält das FOURIER-Transformationspaar

$$P(\omega) = \int_{-\infty}^{\infty} C(\tau)\, e^{-i\omega\tau}\, d\tau \tag{3.11}$$

und

$$C(\tau) = \frac{1}{2\pi} \int_{-\infty}^{\infty} P(\omega)\, e^{i\omega\tau} d\omega, \tag{3.12}$$

das als WIENER-CHINTSCHIN-Beziehung bekannt ist.

Da die Autokovarianzfunktion eine gerade Funktion der Zeitverschiebung τ ist, wird $P(\omega)$ eine reelle und ebenfalls gerade Funktion der Frequenz ω. $P(\omega)$ ist die spektrale Energiedichte des Zufallsprozesses, kurz auch Energiespektrum oder Leistungsspektrum genannt. Je nach Umstand benutzt man die Autokovarianzfunktion oder das Energiespektrum zur Beschreibung eines stationären Zufallsprozesses, da beide Beschreibungsweisen gleichwertig sind.

Zum Auffinden von periodischen Schwankungen in geophysikalisch-meteorologischen Zeitreihen gibt man der spektralen Betrachtungsweise mehr den Vorzug, um anhand etwaiger hervortretender Frequenzbereiche im Energiespektrum der untersuchten Zeitfunktion Hinweise auf besonders interessierende periodische Schwankungen zu erlangen. Man steht dabei aber im allgemeinen vor dem Problem, das Energiespektrum bzw. die Autokovarianzfunktion des kontinuierlichen Zufallsprozesses aus einer diskreten Realisierung (in äquidistanten Zeitpunkten) abzuschätzen. Dazu kommt außerdem, daß bei der praktischen Berechnung die Autokovarianzfunktion nicht für den gesamten Zeitverschiebungsbereich τ bestimmt werden kann bzw. bis zu τ-Werten, oberhalb denen sie Null ist, so daß auch hier wieder eine zeitliche Begrenzung vorgenommen werden muß und damit die „Fenster-Problematik" auch hierbei auftritt (siehe dazu BLACKMAN und TUKEY [15]).

3.1.3. Zeitliche und spektrale Diskretisierung kontinuierlicher Zufallsprozesse

Eine Korrelations- und Spektralanalyse zur empirischen Ermittlung der Eigenschaften eines Zufallsprozesses anhand experimentellen Beobachtungsmaterials muß bei der praktischen, rechentechnischen Durchführung von einer begrenzten Anzahl diskreter Realisierungswerte der Zufallsfunktion ausgehen. Es steht also weder eine unendliche noch eine kontinuierliche Realisierung zur Verfügung, wie theoretisch zu fordern wäre. Beide Einschränkungen bringen Effekte mit sich, die gewisse Verfälschungen des Spektrums bewirken. Man wird natürlich bestrebt sein, die durch die Zeitbegrenzung und Digitalisierung bedingten Fehler so klein wie möglich zu halten.

Informationstheoretisch ist daher die Frage nach der kleinstmöglichsten Anzahl der Abtastzeitpunkte von großer Bedeutung.

Aus dem Zusammenhang zwischen Autokovarianzfunktion und Energiespektrum ist bekannt, daß je rascher das Spektrum mit zunehmender Frequenz abklingt, d.h., je kleiner die Frequenzbandbreite des Spektrums ist, desto langsamer klingt die Autokovarianzfunktion mit zunehmender Zeitverschiebung ab. In diesem Falle ist die Autokorrelation (Erhaltungsneigung) benachbarter Abtastwerte größer, und daher kann der zeitliche Abstand der äquidistanten Abtastzeitpunkte für eine vorgegebene Wiedergabegenauigkeit auch größer gewählt werden. Die quantitative Beziehung zwischen der Bandbreite $2\,\omega_g$ des Spektrums des Zufallsprozesses und dem zeitlichen Abstand der Abtastung Δt gibt das *Abtasttheorem*, auch Sampling-Theorem oder Stichprobentheorem genannt (siehe dazu z.B. Schwarz [90], Unbehauen [107]).

a) Zeitbegrenzte Realisierungsfunktion

Eine endlich lange Realisierung $x(t)$ eines Zufallsprozesses kann keine vollständige Information über die Eigenschaften des Prozesses liefern. Am besten ist das bei Betrachtung im Frequenzbereich zu erkennen.

Gegeben sei eine zeitbegrenzte Funktion $x(t)$, d.h., es gelte

$$x(t) = 0 \qquad \text{für} \qquad |t| > T. \tag{3.13}$$

Im Intervall $-T \leq t \leq +T$ soll die Funktion $x(t)$ durch eine Fourier-Reihe in der Form

$$x(t) = \sum_{\nu=-\infty}^{\infty} c_\nu \, e^{i\omega_\nu t} \qquad \text{für} \qquad |t| < T \tag{3.14a}$$

mit den Fourier-Koeffizienten

$$c_\nu = \frac{1}{2\,T} \int_{-T}^{+T} x(t)\, e^{-i\omega_\nu t}\, dt = \frac{1}{2\,T} F(i\omega_\nu) \tag{3.14b}$$

und den diskreten Frequenzen $\omega_\nu = \nu \dfrac{\pi}{T}$ darstellbar sein. $F(i\omega)$ bedeutet hierbei die Fourier-Transformierte von $x(t)$.

Mit Hilfe der Rechteckfunktion (Fourier-Fenster)

$$w_0(t;T) = \begin{cases} 1 & \text{für} \quad |t| < T, \\ 1/2 & \text{für} \quad |t| = T, \\ 0 & \text{für} \quad |t| > T \end{cases} \tag{3.15a}$$

kann nun $x(t)$ auf das Intervall $-\infty < t < +\infty$ erweitert werden, indem die Gleichung (3.14a) mit (3.15a) multipliziert wird. Man erhält

$$x(t) = \sum_{\nu=-\infty}^{\infty} c_\nu w_0(t; T)\, e^{i\omega_\nu t} \qquad \text{für} \qquad -\infty < t < +\infty. \tag{3.16}$$

Führt man nun eine FOURIER-Transformation der Funktion $x(t)$ durch, dargestellt in der Form (3.16), dann erhält man bei Beachtung von (3.14b) sowie der FOURIER-Umkehrfunktion von $w_0(t; T)$

$$Q_0(\omega) = 2\frac{\sin \omega T}{\omega} \tag{3.15b}$$

das FOURIER-Spektrum der Funktion $x(t)$ zu

$$F(i\omega) = \sum_{\nu=-\infty}^{\infty} F(i\omega_\nu)\frac{\sin(\omega - \omega_\nu)T}{(\omega - \omega_\nu)T}. \tag{3.17}$$

Aus dieser Gleichung ist zu ersehen, daß das Spektrum $F(i\omega)$ einer nach Gleichung (3.13) zeitbegrenzten Funktion $x(t)$ allein durch seine Werte an den diskreten Frequenzstellen $\omega = \omega_\nu = \frac{\nu\pi}{T}$ für $\nu = 0, \pm 1, \pm 2, \ldots$ bestimmt wird. $\frac{\pi}{T} = \Delta\omega$ bzw. $\Delta f = \frac{1}{2T}$ ist der Frequenzabstand, wobei im Unterschied zur Kreisfrequenz durch die Beziehung $\omega = 2\pi f$ die Frequenz f eingeführt sei. Die zeitliche Begrenzung, d.h., die endliche Länge der Realisierung eines Zufallsprozesses hat somit zur Folge, daß es nicht möglich ist, die Spektralwerte für beliebig kleine Frequenzabstände zu bestimmen. Das *spektrale Auflösungsvermögen* wird durch die zeitliche Begrenzung verringert.

Zur Demonstration der Auswirkung der Zeitbegrenzung sei ein spezielles Beispiel angeführt. Die Zeitfunktion $x(t)$ habe die Form

$$x(t) = \cos \omega_1 t \qquad \text{für} \qquad -\infty < t < +\infty$$

mit der Frequenz $\omega_1 = \pi/T_1$. Die FOURIER-Transformierte dieser Funktion ergibt sich nach Gleichung (3.8) mit Hilfe der δ-Funktion

$$\delta(t) = \frac{1}{2\pi} \lim_{u\to\infty} \int_{-u}^{u} e^{i\omega t}\, d\omega$$

zu

$$F(i\omega) = \pi\left(\delta(\omega_1 - \omega) + \delta(\omega_1 + \omega)\right),$$

d.h., an den Frequenzstellen $\omega = \pm\omega_1$ ist je eine Spektrallinie zu verzeichnen.

Begrenzen wir die Zeitfunktion auf das Intervall $-T_1 \leq t \leq +T_1$ (siehe die Abb. 19), betrachten wir also die Funktion

$$x(t) = \begin{cases} \cos \omega_1 t & \text{für} \quad |t| < T_1, \\ 0 & \text{für} \quad |t| > T_1, \end{cases}$$

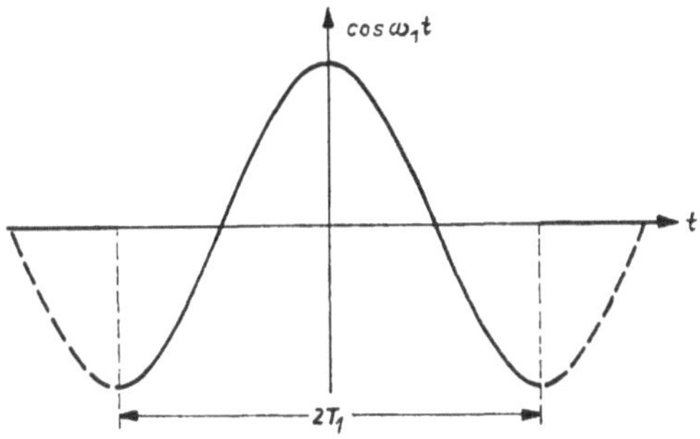

Abb. 19. Zeitbegrenzte Kosinusfunktion

dann folgt nach (3.17) für das FOURIER-Spektrum

$$F(i\omega) = \pi \frac{\sin(\omega - \omega_1)T_1}{(\omega - \omega_1)T_1} + \pi \frac{\sin(\omega + \omega_1)T_1}{(\omega + \omega_1)T_1}.$$

Daraus ist zu ersehen, daß die Spektrallinien durch die Zeitbegrenzung gewissermaßen wie durch einen breiten Spalt, ein spektrales Fenster endlicher Breite, betrachtet werden, was wegen der Glättung zu einer „Verschmierung" der Spektrallinien (Verringerung des spektralen Auflösungsvermögens) führt. In Abb. 20 ist über der posi-

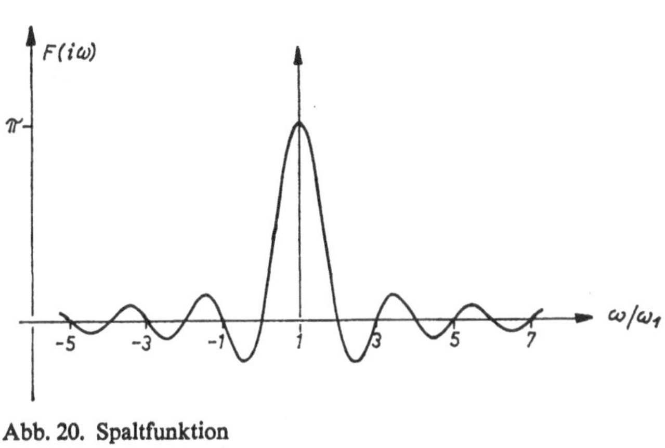

Abb. 20. Spaltfunktion

tiven Frequenzabszisse an der Stelle $\omega/\omega_1 = 1$ die Spektrallinie eingezeichnet, dazu das durch die sogenannte Spaltfunktion $\frac{\sin \omega T}{\omega T}$ „geglättete" FOURIER-Spektrum der begrenzten Zeitfunktion.

b) Frequenzbandbegrenzte Realisierungsfunktion

Betrachten wir nun eine Funktion $x(t)$, die eine bandbegrenzte FOURIER-Integraltransformation besitzt, d.h., für die

$$F(\mathrm{i}\omega) = 0 \qquad \text{für} \qquad |\omega| > \omega_g \tag{3.18}$$

gilt. Es sei vorausgesetzt, daß $F(i\omega)$ im Intervall $-\omega_g \leq \omega \leq \omega_g$ durch eine FOURIER-Reihe der Form

$$F(\mathrm{i}\omega) = \sum_{\mu=-\infty}^{\infty} c_\mu \, \mathrm{e}^{-\mathrm{i}t_\mu\omega} \qquad \text{für} \qquad |\omega| < \omega_g \tag{3.19a}$$

dargestellt werden kann mit den Entwicklungskoeffizienten

$$c_\mu = \frac{1}{2\,\omega_g} \int_{-\omega_g}^{+\omega_g} F(\mathrm{i}\omega)\, \mathrm{e}^{\mathrm{i}t_\mu\omega}\, \mathrm{d}\omega = \frac{\pi}{\omega_g} x(t_\mu) \tag{3.19b}$$

und den diskreten Zeiten $t_\mu = \mu \frac{\pi}{\omega_g}$. $x(t)$ bedeutet jetzt die dem Spektrum $F(\mathrm{i}\omega)$ zugeordnete Zeitfunktion. Mit Hilfe einer der Gleichung (3.15a) entsprechenden Rechteckfensterfunktion $w_0(\omega; \omega_g)$ im Frequenzbereich läßt sich die Gültigkeit der Gleichung (3.19a) für $F(\mathrm{i}\omega)$ auf den gesamten Frequenzbereich $-\infty < \omega < \infty$ ausdehnen, d.h., es gilt

$$F(\mathrm{i}\omega) = \sum_{\mu=-\infty}^{\infty} c_\mu w_0(\omega; \omega_g)\, \mathrm{e}^{-\mathrm{i}t_\mu\omega} \qquad \text{für} \qquad -\infty < \omega < \infty. \tag{3.20}$$

Die FOURIER-Transformierte dieser Funktion berechnet man bei entsprechender Beachtung von (3.19b) und der zu $w_0(\omega; \omega_g)$ gehörenden FOURIER-Transformierten. Man erhält sie auch durch Substitution von $F(\mathrm{i}\omega)$ der Form (3.19a) in das FOURIER-Integral (3.9). Danach wird

$$\begin{aligned} x(t) &= \frac{1}{2\pi} \int_{-\omega_g}^{+\omega_g} \sum_{\mu=-\infty}^{\infty} c_\mu \, \mathrm{e}^{-\mathrm{i}\omega(t_\mu - t)}\, \mathrm{d}\omega \\ &= \sum_{\mu=-\infty}^{\infty} c_\mu \frac{1}{2\pi} \int_{-\omega_g}^{+\omega_g} \mathrm{e}^{-\mathrm{i}\omega(t_\mu - t)}\, \mathrm{d}\omega \\ &= \sum_{\mu=-\infty}^{\infty} c_\mu \frac{\sin \omega_g(t_\mu - t)}{\pi(t_\mu - t)}, \end{aligned}$$

da

$$\frac{1}{2\pi} \int_{-\omega_g}^{+\omega_g} e^{-i\omega t} \, d\omega = \frac{\sin \omega_g t}{\pi t}$$

ist. Beachtet man die Gleichung (3.19b) für die Koeffizienten c_μ, dann resultiert für $x(t)$ die Gleichung

$$x(t) = \sum_{\mu=-\infty}^{\infty} x(t_\mu) \frac{\sin \omega_g(t_\mu - t)}{\omega_g(t_\mu - t)}. \tag{3.21}$$

Diese Darstellung einer frequenzbandbegrenzten Zeitfunktion $x(t)$ durch ihre Werte an den diskreten (äquidistanten) Zeitpunkten $t = t_\mu = \mu \frac{\pi}{\omega_g} = \frac{\mu}{2 f_g}$ für $\mu = 0, \pm 1, \pm 2, \ldots$ ist das Gegenstück zur Gleichung (3.17), mit deren Hilfe das Spektrum einer zeitbegrenzten Funktion entsprechend durch die Werte an den diskreten Frequenzstellen $f = f_\nu = \frac{\nu}{2T}$ für $\nu = 0, \pm 1, \pm 2, \ldots$ dargestellt wird.

Die Berechnung der kontinuierlichen Zeitfunktion $x(t)$ aus ihren diskreten Werten $x(t_\mu)$ nach Gleichung (3.21) stellt eine Interpolation dar, bei der die als Interpolationsfunktionen auftretenden sogenannten Spaltfunktionen für $t = t_\mu$ jeweils den Wert Eins und für $t - t_\mu = m$ (ganze Zahl ungleich Null) den Wert Null annehmen.

c) Das Abtasttheorem

Die Gleichung

$$c_\mu = \frac{\pi}{\omega_g} x(t_\mu) \qquad \text{für} \qquad \mu = 0, \pm 1, \pm 2, \ldots \tag{3.22}$$

besagt, daß die FOURIER-Koeffizienten c_μ bei Kenntnis der in äquidistanten Abständen $\frac{\pi}{\omega_g} = \Delta t$ abgegriffenen Werte einer frequenzbandbegrenzten Funktion $x(t)$ vollständig bestimmt sind. Damit wird nach Gleichung (3.19a) das Spektrum $F(i\omega)$ einer frequenzbandbegrenzten Funktion allein durch die äquidistant abgetasteten Ordinaten $x_\mu \equiv x(t_\mu) = x(\mu \Delta t)$ für $\mu = 0, \pm 1, \pm 2, \ldots$ bestimmt. Das ist der Inhalt des bedeutungsvollen Abtasttheorems (H. NYQUIST 1928, T. A. KOTELNIKOW 1933, C. E. SHANNON 1949).

Je breiter die Frequenzbandbegrenzung ist, desto kleiner muß also der Zeitabstand Δt der Abtastung gewählt werden, damit der Informationsgehalt über den Zufallsprozeß vollständig ausgeschöpft wird.

Setzt man einen äquidistanten Abstand Δt_B an, der kleiner als der aus dem Abtasttheorem folgende $\Delta t_{max} = \pi/\omega_g$ ist, dann gewinnt man keine zusätzliche Information über den frequenzbandbegrenzten Prozeß, denn dem Δt_B entspricht ein ω_B, das größer als die vorgegebene Bandbegrenzung ω_g ist und im Frequenzintervall $\omega_B - \omega_g$ sind nach Voraussetzung keine Spektralanteile enthalten. Das bedeutet beim Vorliegen einer Beobachtungsreihe mit $\Delta t_B = \Delta t_{max}/m$ (m positive ganze Zahl größer als Eins), daß ohne Verlust an Information nur jeder m-te Wert bei der weiteren Verarbeitung berücksichtigt zu werden braucht.

Ist der Abtastabstand $\Delta t_B = \pi/\omega_B$ einer Beobachtungsreihe dagegen größer als der Abtastabstand $\Delta t_{max} = \pi/\omega_g$, so daß $\omega_B < \omega_g$ wird, dann kann die im Frequenzintervall $\omega_g - \omega_B$ enthaltene Information über das Spektrum nicht ausgeschöpft werden.

Im allgemeinen hat man bei einem beobachteten Zufallsprozeß von vornherein keine Hinweise auf eine bestimmte Frequenzbegrenzung. Liegen in diesem Falle nur diskrete Realisierungswerte vor, obwohl keine Frequenzbandbegrenzung der Form (3.18) besteht, dann kann über das Spektrum $F(i\omega)$ des Prozesses für Frequenzen $|\omega| > \omega_g = \pi/\Delta t$ keine Aussage gemacht werden. Die Frequenzen ω und $2\,m\,\omega_g \pm \omega$ sind nicht mehr unterscheidbar (m ganze Zahl ungleich Null). Das ist aus der Gleichung (3.19a) zu ersehen, wenn man in diese $t_\mu = \mu\pi/\omega_g$ substituiert und $F(i\omega)$ für Frequenzen $\omega' = 2\,m\,\omega_g \pm \omega$ berechnen will. Es ergibt sich wegen

$$\exp\,(i\mu\pi(2\,m\omega_g \pm \omega)/\omega_g) = \exp\,(\pm\, i\mu\pi\omega/\omega_g)$$

die Beziehung $F(i(2\,m\omega_g \pm \omega)) = F(\pm i\omega)$, d.h., die Spektralwerte für die Frequenzen $\omega' = 2\,m\omega_g \pm \omega$ gehen in die Spektralwerte des Frequenzbereiches $|\omega| < \omega_g$ mit ein, sie sind nicht mehr auflösbar. Die höchste auflösbare Frequenz bei Vorgabe des Abtastabstandes Δt ist $\omega = \omega_g = \pi/\Delta t$ bzw. $f_{Ny} = \dfrac{1}{2\,\Delta t}$ die NYQUIST-Frequenz (auch Faltungsfrequenz genannt). Den dadurch zustande kommenden Effekt, daß höherfrequente Harmonische von niederfrequenten nicht zu unterscheiden sind und damit niederfrequente Schwingungen vortäuschen können, nennt man *Aliasing*-Effekt (Frequenzfaltung). (Siehe dazu die Abb. 21.)

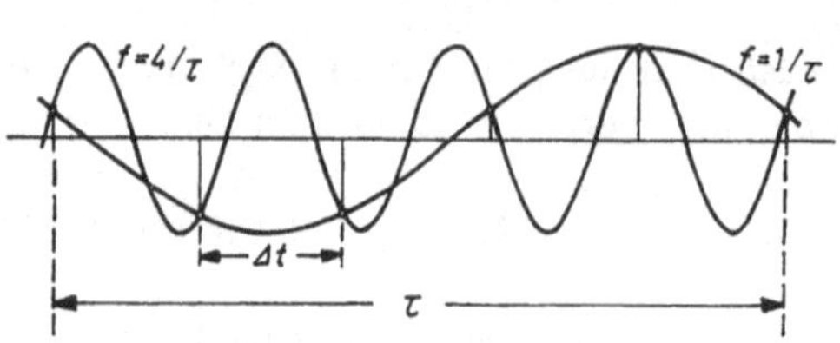

Abb. 21. Beispiel für den Aliasing-Effekt

Man kann diesen Effekt vermeiden, indem man durch eine Tiefpaß-Filterung eine künstliche Frequenzbandbegrenzung erzwingt, so daß alle Frequenzen oberhalb einer gewissen Grenze weitestgehend unterdrückt sind.

Eine gleichzeitige Frequenzband- und Beobachtungszeitbegrenzung hat sowohl eine Digitalisierung der Zeit- als auch der Frequenzvariablen zur Folge.

Im folgenden sollen solche Zeitreihen untersucht werden. Die Abschätzung der Eigenschaften von stationären Zufallsprozessen durch endlich lange Reihen äquidistanter Beobachtungswerte wird dabei durch das Abtasttheorem gerechtfertigt.

3.1.4. Empirische Energiespektren

Für die Schätzung der spektralen Energiedichte einer stationären, ergodischen Zufallsfunktion aus einer diskreten Realisierung gibt es verschiedene Berechnungsverfahren. Die bisher am häufigsten benutzte Methode basiert auf dem Verfahren von Blackman und Tukey [15]. Durch diskrete Fourier-Transformation der empirischen Autokovarianzkoeffizienten

$$\hat{C}(k\,\Delta t) \equiv \hat{C}_k = \frac{1}{N-k-1} \sum_{j=1}^{N-k} (x_j - \bar{x})(x_{j+k} - \bar{x}) \tag{3.23}$$

($k = 0, 1, 2, \ldots, M$) der zu analysierenden Zeitreihe $x_1, x_2, \ldots, x_N$ vom Umfang N mit dem Mittelwert

$$\bar{x} = \frac{1}{N} \sum_{j=1}^{N} x_j$$

werden nach dieser Methode die Schätzwerte der spektralen Energiedichte in der Form

$$\hat{S}(j\,\Delta f) \equiv \hat{S}_j = \Delta t \left(\hat{C}_0 + 2 \sum_{k=1}^{M-1} \hat{C}_k \cos \frac{\pi k j}{M} + (-1)^M \hat{C}_M \right) \tag{3.24}$$

erhalten, wobei durch $\Delta f = \dfrac{1}{2\,M\,\Delta t}$ die Frequenzauflösung festgelegt ist. Da die maximal zulässige Verschiebung M bei der Berechnung der Autokovarianzkoeffizienten (3.23) kleiner oder gleich $N/10$ sein sollte, ist bei kleinen Stichprobenumfängen die Frequenzauflösung bei dieser Schätzung des Energiespektrums nicht besonders gut. Weitere mit dieser Schätzmethode verbundene Probleme auch hinsichtlich verschiedener Fenster sowohl im Zeit- als auch im Frequenzbereich findet man ausführlich bei Blackman und Tukey [15] oder z.B. auch bei Taubenheim [101] behandelt.

Neben diesem Schätzverfahren für die spektrale Energiedichte wurde bereits 1898 von A. Schuster [89] die Periodogrammanalyse als Methode zur Auffindung versteckter Periodizitäten in Zeitreihen entwickelt (siehe dazu auch Stumpff [99]). Das Periodogramm erhält man, wenn über der Frequenzachse die Erwartungswerte der Amplitudenquadrate einer harmonischen Analyse der betreffenden Zeitreihe aufgetragen werden. Sind

$$c_\nu = \frac{1}{N} \sum_{j=1}^{N} x_j \, \mathrm{e}^{-\mathrm{i}2\pi\nu j/N} \tag{3.25}$$

für $\nu = 0, 1, 2, \ldots, N-1$ die komplexen Entwicklungskoeffizienten der harmonischen Analyse einer N Werte umfassenden Zeitreihe $x_1, x_2, \ldots, x_N$, dann können die c_ν als Realisierungen der entsprechenden komplexen Zufallsgröße C_ν aufgefaßt werden. Das Periodogramm ist definiert als Erwartungswert des Quadrats dieser Zufallsgröße, d.h., $\mathbf{E}|C_\nu|^2 = \mathbf{E}(C_\nu C_{-\nu})$. Für diesen Erwartungswert erhält man bei einem stationären GAUSSschen Zufallsprozeß

$$\mathbf{E}|C_\nu|^2 = \frac{\sigma^2}{N} \sum_{j=-N+1}^{N-1} \left(1 - \frac{|j|}{N}\right) K(j\Delta t) \cos \frac{2\pi\, \nu j}{N}, \tag{3.26}$$

wobei zur Vermeidung von Verwechselungen mit den komplexen FOURIER-Koeffizienten c_ν anstelle der Autokovarianzkoeffizienten $C(j\Delta t)$ die normierten Autokorrelationskoeffizienten $K(j\Delta t) = C(j\Delta t)/C(0) = C(j\Delta t)/\sigma^2$ eingeführt wurden. Zur Herleitung der Gleichung (3.26) siehe z.B. RICE [83], STUMPFF [98], OLBERG [64].

Da die Autokorrelationskoeffizienten von vornherein im allgemeinen nicht bekannt sind, erfolgt die empirische Berechnung des Erwartungswertes $\mathbf{E}|C_\nu|^2$ entweder durch Mittelung der jeweiligen Amplitudenquadrate mehrerer Stichprobenreihen oder (wenn nur eine Zeitreihe vorliegt) durch Glättung der Amplitudenquadrate im Frequenzbereich, um stabile Schätzungen des Spektrums zu erhalten. Im allgemeinen wird das letztere Vorgehen gewählt, d.h., man bildet das geglättete Periodogramm beispielsweise in der Form

$$\left.\begin{aligned}
\hat{S}(0) &\equiv \hat{S}_0 = \frac{N}{m} \sum_{\nu=0}^{m-1} c_\nu c_{-\nu}, \\
\hat{S}\left(\mu \frac{m}{N\Delta t}\right) &\equiv \hat{S}_\mu = \frac{N}{m} \sum_{\nu=\mu m}^{(\mu+1)m-1} c_\nu c_{-\nu} \qquad \text{für} \qquad \nu = 1, 2, \ldots, q-1, \\
\hat{S}\left(q \frac{m}{N\Delta t}\right) &\equiv \hat{S}_q = \frac{N}{[N/2] - qm + 1} \sum_{\nu=qm}^{[N/2]} c_\nu c_{-\nu},
\end{aligned}\right\} \tag{3.27}$$

wobei über m Werte in nichtüberlappenden Frequenzintervallen gemittelt wird. $[N/2]$ ist der ganzzahlige Anteil von $N/2$. Mit N wurde multipliziert, um aus Gleichung (3.26) den der Gleichung (3.24) entsprechenden Schätzwert der spektralen Energiedichte zu erhalten.

Die höchste auflösbare Frequenz bei der harmonischen Analyse ist wieder die NYQUIST-Frequenz $f_{\mathrm{Ny}} = 1/2\,\Delta t$. Es können aber entsprechend den Ausführungen im Abschnitt 3.1.3c insgesamt $[N/2]$ Harmonische bestimmt werden. Für die komplexen FOURIER-Entwicklungskoeffizienten gilt die Beziehung $c_{N-\nu} = c_{-\nu}$. Der Frequenzabstand der einzelnen Periodogrammwerte beträgt $\Delta f = 1/N\Delta t$ bzw. $\Delta f = m/N\Delta t$ beim geglätteten Periodogramm. Er ist also im allgemeinen kleiner als bei der Schätzung nach Gleichung (3.24). Außerdem zeigt die Gleichung (3.26), daß die

Periodogrammschätzwerte wegen der im Zeitbereich enthaltenen Dreiecksgewichtsfunktion

$$w_1(t; T) = \begin{cases} 1 - \dfrac{|t|}{T} & \text{für} \quad |t| \leq T, \\ 0 & \text{für} \quad |t| > T, \end{cases} \tag{3.28a}$$

auch BARTLETT-Fenster genannt, wobei $T = N\Delta t$ ist, im Frequenzbereich mit dem dazugehörigen Spektralfenster

$$Q_1(f) = T\left(\frac{\sin \pi f T}{\pi f T}\right)^2 \tag{3.28b}$$

geglättet sind.

Das Spektralfenster der über m Werte geglätteten Periodogrammwerte erhält man durch Mittelung der m einzelnen, an den diskreten Frequenzstellen $f_\nu = \nu/N\Delta t$ im Abstand $\Delta f = 1/N\Delta t$ gelegenen Periodogramm-Spektralfenster (3.28b). In Abb. 22 ist das so zusammengesetzte Spektralfenster für die geglättete Periodogrammschätzung für den Fall $m = 11$ dargestellt. Dazu ist das HAMMING-Fenster

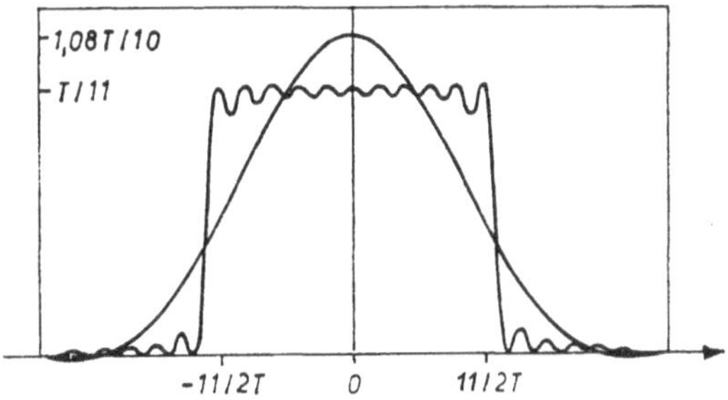

Abb. 22. Spektralfenster für die Periodogrammschätzung

$$Q_3(f) = 0{,}54\, Q_0(f) + 0{,}23\left(Q_0\left(f + \frac{1}{2\tau}\right) + Q_0\left(f - \frac{1}{2\tau}\right)\right) \tag{3.29}$$

für eine Spektralschätzung nach Gleichung (3.24) eingezeichnet. $Q_0(f)$ ist dabei das Spektralfenster (3.15b), und es wurde $\tau = T/10$ angenommen.

Aus Abb. 22 ist zu entnehmen, daß das Periodogramm gegenüber der Spektralschätzung durch diskrete FOURIER-Transformation der Autokovarianzkoeffizienten den Vorteil hat, daß es keine negativen Werte ergibt, die Glättung benachbarter Spektralwerte über ein fast rechteckiges Fenster mit scharfen Grenzfrequenzen erfolgt und die Nebenzipfel sehr schnell abklingen. Wegen des hohen Rechenaufwandes bei der

Periodogrammanalyse ist diese Methode der Spektralschätzung jedoch nicht so sehr in den Vordergrund getreten. Durch die Einführung des Algorithmus der schnellen FOURIER-Transformation (SFT) von COOLEY und TUKEY [22] hat sie aber wieder an Bedeutung gewonnen (siehe z.B. JONES [47]).

Bei der Berechnung der Autokorrelationskoeffizienten wird angenommen, daß die Daten außerhalb des Beobachtungsintervalls und auch die Autokorrelationskoeffizienten für Zeitverschiebungen größer M Null sind, bei der harmonischen Analyse erscheinen die Daten außerhalb des Beobachtungsintervalls periodisch fortgesetzt mit einer Grundperiode, die gleich dem Datenumfang ist. Durch Anwendung der Fensterfunktionen sowohl bei der Periodogrammanalyse als auch bei der Methode nach BLACKMAN und TUKEY zur Schätzung der spektralen Energiedichte werden diese unrealistischen Annahmen über die Fortsetzung der Zeitreihe außerhalb des Beobachtungsintervalls abgeschwächt, gewisse Verfälschungen des wahren Spektrums bleiben aber dennoch bestehen. Dabei ist weiter zu beachten, daß die Fenster nicht von den zu bearbeitenden Daten bzw. vom wahren Spektrum abhängen. Es können daher mitunter falsche Schlußfolgerungen aus den geschätzten Spektraldichtewerten gezogen werden, die z.B. durch die Nebenzipfel der Spektralfenster bedingt sein können. Der Einfluß der Fensterfunktion wird insbesondere dann problematisch, wenn der Datenumfang klein und damit eine schlechte Frequenzauflösung bedingt ist.

Eine hochauflösende Methode der Spektralschätzung ist die in den letzten zwei Jahrzehnten entwickelte Maximum-Entropie-Spektralanalyse. Diese Methode ist deshalb sehr vorteilhaft anwendbar, weil sie auch dann noch eine stabile Schätzung des Energiespektrums erlaubt, wenn der verfügbare Datenumfang klein ist.

3.2. Das Maximum-Entropie-Spektrum

3.2.1. Entropiedichte und ME-Spektrum

Bei der klassischen Methode der Schätzung des Energiespektrums eines stationären Zufallsprozesses, der in Form einer Zeitreihe in äquidistanten Zeitpunkten realisiert vorliege, werden die Autokovarianzkoeffizienten, wie bereits vermerkt, mit einer Fensterfunktion multipliziert und dann einer diskreten FOURIER-Transformation unterworfen. Durch die Anwendung der verschiedenen Fenster im Zeitbereich werden die Autokovarianzkoeffizienten außerhalb des maximal möglichen Verschiebungsintervalls gleich Null gesetzt. Diese willkürliche Annahme bezüglich der fehlenden numerischen Werte für die Autokovarianzkoeffizienten ist für die Durchführung der diskreten FOURIER-Transformation und zur Sicherung der statistischen Stabilität erforderlich. Dabei wird durch die zeitliche Begrenzung gleichzeitig das spektrale Auflösungsvermögen reduziert.

Zur Vermeidung dieser und ähnlicher Unzulänglichkeiten bei diesem Spektralschätzverfahren wurde eine auf dem Maximum-Entropie-Prinzip beruhende Schätzmethode für das Energiespektrum geschaffen (siehe dazu Burg [18], Claerbout [21], Lacoss [52], Smylie u.a. [93], Ulrych und Bishop [105], um nur einige aus der sehr umfangreichen Literatur zu diesem Verfahren zu nennen), die sich in den letzten Jahren zu einem unentbehrlichen Hilfsmittel des Geowissenschaftlers bei der modernen statistischen Auswertung von Meßreihen entwickelt hat. Die Grundidee dieser Methode besteht in der Extrapolation der unbekannten Autokovarianzkoeffizienten außerhalb des Verschiebungsintervalls in der Weise, daß die Entropiedichte des zugrundeliegenden Zufallsprozesses maximiert wird (siehe dazu Abschnitt 1.4.2).

Entsprechend dem Anliegen des Buches soll hier bei der Darstellung der Analysemethode der informationstheoretische Aspekt im Vordergrund stehen. Die gleichwertige Betrachtung der Problematik aus der Sicht der autoregressiven Prozeßmodellierung oder der Ein-Schritt-Extrapolationsfilterung wird daran angeschlossen.

Die Entropiedichte

$$h(X) = \lim_{n\to\infty} \frac{H_n(X)}{n}, \tag{3.30}$$

wobei $H_n(X) = H(X_1, X_2, \ldots, X_n)$ die differentielle Entropie der n aufeinanderfolgenden äquidistanten Abtastwerte eines stationären Zufallsprozesses darstellt (vergleiche Abschnitt 1.3), ist bei einem Gaussschen Zufallsprozeß mit der Autokovarianzmatrix $\boldsymbol{M}_n$ durch die Gleichung

$$\begin{aligned} h(X) &= \lim_{n\to\infty} \frac{1}{n} \ln \sqrt{(2\pi e)^n \, |\boldsymbol{M}_n|} \\ &= \lim_{n\to\infty} \frac{1}{2} \ln |\boldsymbol{M}_n|^{1/n} + \ln \sqrt{2\pi e} \end{aligned} \tag{3.31}$$

verbunden.

Nach einem Theorem über die asymptotische Verteilung der Eigenwerte der Autokovarianzmatrix (siehe Smylie u.a. [93]) ergibt sich ein direkter Zusammenhang zwischen der Entropiedichte und der Spektraldichte $S(f)$ des Gaussschen Zufallsprozesses (die der Funktion $P(\omega)$ im Abschnitt 3.1.2 entspricht) in der Form

$$h = \frac{1}{4 f_{\mathrm{Ny}}} \int_{-f_{\mathrm{Ny}}}^{+f_{\mathrm{Ny}}} \ln S(f) \, \mathrm{d}f + \frac{1}{2} \ln 2 f_{\mathrm{Ny}}, \tag{3.32}$$

wobei $f_{\mathrm{Ny}} = 1/(2\,\Delta t)$ wieder die Nyquist-Frequenz und Δt der äquidistante Zeitabstand ist.

Die Schätzung der Spektraldichte nach dem Wiener-Chintschin-Theorem erfolgt durch FOURIER-Transformation aus den Autokovarianzkoeffizienten $\hat{C}(k\,\Delta t)$ in der Form

$$\hat{S}(f) = \Delta t \sum_{k=-\infty}^{\infty} \hat{C}(k\,\Delta t)\, z^{-k}, \tag{3.33}$$

wobei zur Vereinfachung der Schreibweise $z = \exp(\mathrm{i}\,2\pi f \Delta t)$ eingeführt wurde. Die FOURIER-Transformierte der Autokovarianzkoeffizienten ist hierbei auf den Einheitskreis der Z-Transformierten abgebildet (zur Z-Transformation siehe z.B. DOETSCH [27], VÍCH [112]). Da bei der praktischen Durchrechnung auf Grund der zeitlichen Begrenzung der diskreten Realisierung $(x_1, x_2, \ldots, x_n)$ des Zufallsprozesses nur eine begrenzte Anzahl $(|k| \leq m < n)$ der Autokovarianzkoeffizienten zur Verfügung steht, werden die in der vorangehenden Gleichung fehlenden Autokovarianzkoeffizienten Null gesetzt.

Die Maximum-Entropie-Spektraldichteschätzung aus einer zeitlich begrenzten, diskreten Realisierung des Zufallsprozesses geht von der Vorstellung aus, daß diejenige Schätzung $\hat{S}(f)$ für $S(f)$ von allen denkbaren, durch gedachte Verlängerung des Beobachtungsintervalls bzw. durch Extrapolation der Autokovarianzkoeffizienten für $m < k \leq M$ die günstigste ist, für die die Entropiedichte (als Maß für den Grad der Unbestimmtheit der Realisierung außerhalb des Beobachtungsintervalls) ihr Maximum annimmt, wobei gleichzeitig die aus Gleichung (3.33) nach dem WIENER-CHINTSCHIN Theorem

$$\hat{C}(k\,\Delta t) = \int_{-f_{\mathrm{Ny}}}^{+f_{\mathrm{Ny}}} \hat{S}(f)\, z^k \,\mathrm{d}f \tag{3.34}$$

folgenden $2M + 1$ Nebenbedingungen

$$\int_{-f_{\mathrm{Ny}}}^{+f_{\mathrm{Ny}}} (\Delta t \hat{C}(k\,\Delta t) - \hat{S}(f) z^k)\,\mathrm{d}f = 0 \qquad \text{für} \qquad |k| \leq M \tag{3.35}$$

erfüllt werden müssen. $\hat{C}(k\,\Delta t)$ sind die Schätzwerte für die Autokovarianzkoeffizienten.

Mit Hilfe LAGRANGEscher Multiplikatoren λ_k gelangt man zu dem Variationsproblem

$$\delta \left\{ h + \sum_{k=-M}^{M} \lambda_k \int_{-f_{\mathrm{Ny}}}^{+f_{\mathrm{Ny}}} (\Delta t \hat{C}(k\,\Delta t) - \hat{S}(f) z^k)\,\mathrm{d}f \right\} = 0$$

bzw. durch Substitution der Gleichung (3.32) für h und kurze Umformung zu

$$\delta \int_{-f_{\mathrm{Ny}}}^{+f_{\mathrm{Ny}}} \left\{ \ln \hat{S}(f) + \sum_{k=-M}^{M} \lambda_k (\Delta t \hat{C}(k\,\Delta t) - \hat{S}(f) z^k) \right\} \mathrm{d}f = 0,$$

dessen Lösung zunächst

$$\frac{1}{\hat{S}(f)} = \sum_{k=-M}^{M} \lambda_k z^k$$

lautet. Da die Spektraldichte eine reelle, nichtnegative und gerade Funktion der Frequenz ist, kann die vorangehende Gleichung mit Hilfe der reellen Koeffizienten P_{M+1} und a_{kM} ($k = 1, 2, \ldots, M$, $a_{0M} = 1$) in der Form

$$\frac{1}{\hat{S}(f)} = \frac{A(z)\, A^*(z)}{\Delta t\, P_{M+1}} \tag{3.36}$$

geschrieben werden, wobei

$$A(z) = \sum_{k=0}^{M} a_{kM}\, z^k = 1 + \sum_{k=1}^{M} a_{kM}\, z^k \tag{3.37}$$

die Z-Transformierte der Koeffizientenfolge a_{kM} und $A^*(z)$ die zu $A(z)$ konjugiert komplexe Funktion ist. $A(z)$ ist eine in der oberen Hälfte der komplexen Ebene analytische Funktion (siehe zu der hier gegebenen Herleitung EDWARD und FITELSON [28], ULRYCH und CLAYTON [106], CHEN und STEGEN [20]).

Die Gleichung (3.36) ist die Maximum-Entropie-Schätzung der Spektraldichte. Man schreibt das ME-Spektrum in der Form

$$\hat{S}(f) = S_{\mathrm{ME}}(f) = \frac{\Delta t\, P_{M+1}}{\left|1 + \sum_{k=1}^{M} a_{kM} z^k\right|^2}. \tag{3.38}$$

Zur Berechnung des ME-Spektrums müssen nun die Koeffizienten a_{kM} bestimmt werden.

Betrachtet man die Gleichungen (3.33) und (3.36) bzw. (3.38), wobei in (3.33) der Summationsindex auf $\pm M$ zu beschränken ist, dann müssen zwischen den Koeffizienten a_{kM} und den Autokovarianzkoeffizienten $\hat{C}(k\,\Delta t) = \hat{C}_k$ Beziehungen bestehen. Multiplikation der reziproken Gleichung (3.36) mit $A^*(z) z^l$ und Integration über f von $-f_{\mathrm{Ny}}$ bis $+f_{\mathrm{Ny}}$ ergibt auf der linken Gleichungsseite

$$\int_{-f_{\mathrm{Ny}}}^{+f_{\mathrm{Ny}}} \hat{S}(f)\, A^*(z) z^l\, \mathrm{d}f = \sum_{k=0}^{M} a_{kM} \int_{-f_{\mathrm{Ny}}}^{+f_{\mathrm{Ny}}} \hat{S}(f) z^{l-k}\, \mathrm{d}f = \sum_{k=0}^{M} a_{kM}\, \hat{C}_{|k-l|}.$$

Die rechte Gleichungsseite lautet mit $\mathrm{d}z = 2\pi\, iz\,\Delta t\, \mathrm{d}f$

$$P_{M+1}\,\Delta t \int_{-f_{\mathrm{Ny}}}^{+f_{\mathrm{Ny}}} \frac{z^l}{A(z)}\, \mathrm{d}f = \frac{P_{M+1}}{2\pi\, \mathrm{i}} \oint \frac{\mathrm{d}z}{z^{1-l} A(z)} = P_{M+1}\, \delta_{0,l}$$

mit dem KRONECKER-Symbol $\delta_{0,l} = 1$ für $l = 0$ und Null für $l \neq 0$, wobei die geschlossene Integrationskurve in der komplexen Ebene in Abb. 23 skizziert ist. Bei der Berechnung des Integrals beachtet man, daß $A(z)$ in dem angegebenen Integrationsgebiet analytisch ist. Mit Hilfe des CAUCHYschen Integralsatzes folgt dann der angegebene Wert des Integrals. Insgesamt erhält man damit die Beziehungen

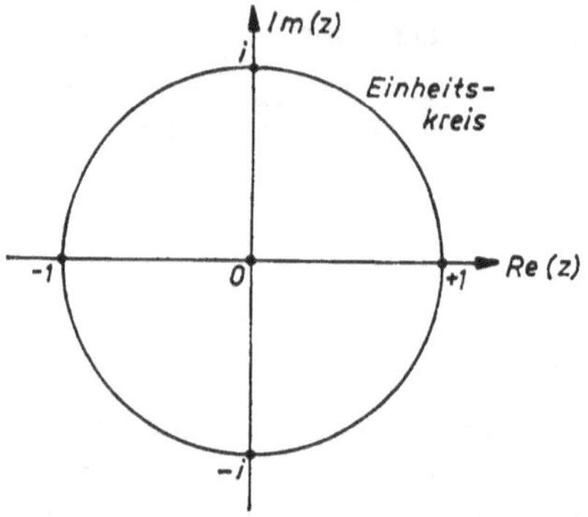

Abb. 23. Integrationskurve in der komplexen Ebene

$$\sum_{k=0}^{M} a_{kM} \hat{C}_{|k-l|} = P_{M+1}\, \delta_{0,l} \qquad \text{für} \qquad l = 0, 1, 2, \ldots, M,$$

d.h. mit $a_{0M} = 1$ das Gleichungssystem

$$\begin{aligned} &\hat{C}_0 + \sum_{k=1}^{M} a_{kM} \hat{C}_k = P_{M+1}, \\ &\hat{C}_l + \sum_{k=1}^{M} a_{kM} \hat{C}_{|k-l|} = 0 \qquad \text{für} \qquad l = 1, 2, \ldots, M \end{aligned} \tag{3.39}$$

bzw. in Matrixform

$$\begin{pmatrix} \hat{C}_0 & \hat{C}_1 & & \hat{C}_M \\ \hat{C}_1 & \hat{C}_0 & \cdots & \hat{C}_{M-1} \\ \vdots & & & \vdots \\ \hat{C}_M & \hat{C}_{M-1} & & \hat{C}_0 \end{pmatrix} \begin{pmatrix} 1 \\ a_{1M} \\ \vdots \\ a_{MM} \end{pmatrix} = \begin{pmatrix} P_{M+1} \\ 0 \\ \vdots \\ 0 \end{pmatrix}. \tag{3.40}$$

Bei fest vorgegebenem M sind das $M + 1$ lineare Gleichungen zur Bestimmung der $M + 1$ Unbekannten P_{M+1} und $a_{1M}, a_{2M}, \ldots, a_{MM}$, wenn die Autokovarianzkoeffizienten $\hat{C}_k$ für $k = 0, 1, 2, \ldots, M$ bekannt sind bzw. nach den herkömmlichen Schätzmethoden berechnet vorliegen.

Die M inhomogenen, linearen Gleichungen

$$-\sum_{k=1}^{M} a_{kM}\,\hat{C}_{|k-l|} = \hat{C}_l \qquad \text{für} \qquad l = 1, 2, \ldots, M \tag{3.41}$$

für die Koeffizienten a_{kM} sind als YULE-WALKER-Gleichungssystem bekannt. Eine rekursive Lösung dieses in Matrixform geschriebenen Gleichungssystems

$$\begin{pmatrix} \hat{C}_0 & \hat{C}_1 & & \hat{C}_{M-1} \\ \hat{C}_1 & \hat{C}_0 & \cdots & \hat{C}_{M-2} \\ \vdots & & & \vdots \\ \hat{C}_{M-1} & \hat{C}_{M-2} & \cdots & \hat{C}_0 \end{pmatrix} \begin{pmatrix} a_{1M} \\ a_{2M} \\ \vdots \\ a_{MM} \end{pmatrix} = - \begin{pmatrix} \hat{C}_1 \\ \hat{C}_2 \\ \vdots \\ \hat{C}_M \end{pmatrix} \tag{3.42}$$

ist mit Hilfe der Berechnungsmethode von LEVINSON [55] (siehe auch WIENER [116]) möglich. Man berechnet dabei in der Koeffizientendreiecksmatrix

$$\begin{pmatrix} a_{11} & & & & \\ a_{12} & a_{22} & & \mathbf{0} & \\ a_{13} & a_{23} & a_{33} & & \\ \vdots & & & \ddots & \\ a_{1M} & a_{2M} & a_{3M} & \cdots & a_{MM} \end{pmatrix} \tag{3.43}$$

mit a_{11} beginnend sukzessive nur die Koeffizienten der Hauptdiagonalen aus dem Gleichungssystem (3.41) bzw. (3.42), wobei die für die Nichtdiagonalelemente der Matrix (3.43) geltende Rekursionsformel

$$a_{kM} = a_{k,M-1} + a_{MM} a_{M-k,M-1} \qquad \text{für} \qquad k = 1, 2, \ldots, M-1 \tag{3.44}$$

genutzt werden muß (siehe dazu ULRYCH [103], CHEN und STEGEN [20], ANDERSEN [4], ULRYCH und BISHOP [105], ULRYCH und CLAYTON [106]).

Für die Schätzungen $\hat{a}_{kM}$ der Koeffizienten a_{kM} folgt beispielsweise aus (3.41) für

$$M = 1{:}\ -\hat{a}_{11} = \frac{\hat{C}_1}{\hat{C}_0},$$

aus (3.44) und (3.41) für $l = M$ und

$$M = 2{:}\ \hat{a}_{12} = \hat{a}_{11} + \hat{a}_{22}\hat{a}_{11} \qquad \text{und} \qquad \hat{a}_{12}\hat{C}_1 + \hat{a}_{22}\hat{C}_0 = -\hat{C}_2,$$

d.h.

$$-\hat{a}_{22} = \frac{\hat{C}_2 + \hat{a}_{11}\hat{C}_1}{\hat{C}_0 + \hat{a}_{11}\hat{C}_1},$$

$$M = 3{:}\ \hat{a}_{13} = \hat{a}_{12} + \hat{a}_{33}\hat{a}_{22} \qquad \text{und} \qquad \hat{a}_{23} = \hat{a}_{22} + \hat{a}_{33}\hat{a}_{12}$$

sowie

$$\hat{a}_{13}\hat{C}_2 + \hat{a}_{23}\hat{C}_1 + \hat{a}_{33}\hat{C}_0 = -\hat{C}_3,$$

d.h.

$$-\hat{a}_{33} = \frac{\hat{C}_3 + \hat{a}_{12}\hat{C}_2 + \hat{a}_{22}\hat{C}_1}{\hat{C}_0 + \hat{a}_{12}\hat{C}_1 + \hat{a}_{22}\hat{C}_2}$$

usw. Eine FORTRAN-Subroutine dieses Algorithmus findet man bei Ulrych und Bishop [105].

Neben dem auf der Lösung der Yule-Walker-Gleichungen beruhenden Algorithmus zur Schätzung der Koeffizienten a_{kM} bei bekannten Autokovarianzkoeffizienten $\hat{C}_k$ für $k = 0, 1, 2, \ldots, M$ gibt es den nach Burg benannten Algorithmus, bei dem die Kenntnis bzw. vorherige Schätzung der Werte der Autokovarianzkoeffizienten nicht vorausgesetzt werden muß. Hierbei wird der Zugang zum Maximum-Entropie-Spektrum über die Übertragungsfunktion eines numerischen Filters ausgenutzt.

Die nachfolgenden Ausführungen sollen zu dem im übernächsten Abschnitt näher behandelten Burgschen Algorithmus zur Berechnung der Koeffizienten a_{kM} überleiten. Außerdem soll im Folgenden kurz gezeigt werden, daß die Spektraldichteschätzung nach der Maximum-Entropie-Methode übereinstimmt mit der sich durch eine autoregressive Prozeßmodellierung ergebenden. Bei einem stationären Zufallsprozeß führt die Entropiemaximierung einerseits und die autoregressive Modellierung andererseits zur gleichen Schätzung der Spektraldichte des Prozesses.

3.2.2. Autoregressive Spektralschätzung und ME-Spektrum

Die autoregressive (AR-) Prozeß- oder Zeitreihenmodellierung wird im allgemeinen mit dem Ziel einer Extrapolation vorgenommen. Andererseits besteht zwischen der AR-Darstellung einer Zeitreihe und der ME-Spektraldichteschätzung ein unmittelbarer Zusammenhang, der die Berechnung der darin enthaltenen Koeffizienten a_{kM} erlaubt.

Das AR-Modell ist ein Spezialfall einer allgemeineren Zeitreihenmodellierung, die durch das Dekompositions-Theorem stationärer Zufallsprozesse von Wold [119], [120] gegeben ist. Danach kann ein stationärer Zufallsprozeß (dessen Erwartungswert Null sei) zerlegt werden in

$$X_t = U_t + D_t, \tag{3.45}$$

wobei die Anteile U_t und D_t stationär und miteinander nicht korreliert sind. D_t ist der deterministische Anteil, z.B. in Form von Überlagerungen harmonischer Funktionen mit diskretem Linienspektrum. Der „nichtdeterministische" Prozeßanteil U_t

hat ein kontinuierliches Spektrum und ist darstellbar in der Form

$$U_t = \sum_{k=0}^{\infty} \beta_k N_{t-k} \tag{3.46}$$

mit $\beta_0 = 1$, wobei N_t den stochastischen Elementarprozeß („weißes Rauschen“) bedeutet, und es gilt $\mathbf{E}(N_t) = 0$, $\mathbf{E}(N_t^2) = \sigma^2$ und $\mathbf{E}(N_t N_k) = 0$ für $k \neq t$.

Für die praktische Nutzung bei der Zeitreihenmodellierung ist die Darstellung (3.46) für U_t als unendlich übergreifende Mittelung eines weißen Rauschens, ein sogenanntes MA-Modell (von engl. *m*oving *a*verage), nicht besonders geeignet. In vielen Fällen kann zunächst der deterministische Anteil, falls er vorhanden ist, bestimmt und eliminiert werden. Für die verbleibende nichtdeterministische Komponente ist die Approximation durch ein endliches ARMA-Modell (Kombination aus autoregressiver Prozeßmodellierung und übergreifender Mittelung) der Form

$$X_t = \sum_{k=1}^{p} \alpha_k X_{t-k} + N_t - \sum_{j=1}^{q} \beta_j N_{t-j} \tag{3.47}$$

zur weiteren statistischen Behandlung vorteilhaft (siehe Box und Jenkins [16], Ulrych und Clayton [106]).

Eine weitere Vereinfachung besteht darin, daß die Koeffizienten β_j des MA-Modellanteils zu Null angenommen werden, d.h., daß nur mit einem AR-Modell gerechnet wird. Für eine gegebene Zeitreihe x_k $(k = 1, 2, \ldots, n)$ kann das der Gleichung (3.47) entsprechende AR-Modell dann

$$x_k - \sum_{j=1}^{p} \alpha_j x_{k-j} = n_k \tag{3.48}$$

geschrieben werden. Die linke Gleichungsseite stellt dabei eine Filterung der Wertereihe mit den Filterkoeffizienten $(1, -\alpha_1, -\alpha_2, \ldots, -\alpha_p)$ dar, die die Ausgangsreihe in eine Zufallszahlenreihe n_k umwandelt. Andererseits zeigt die Darstellung (3.48), daß die x_k-Werte jeweils aus den p vorangehenden Werten der Reihe berechnet (extrapoliert) werden, wobei ein Extrapolationsfehler n_k auftritt.

Bei der Anpassung des AR-Modells an eine gegebene Zeitreihe ist die Anzahl p der Autoregressionsparameter α (Ordnung der Autoregression) von besonderer Bedeutung, worauf später eingegangen wird. Wir wollen hier $p = M$ setzen und zunächst die Übereinstimmung zwischen der Spektraldichteschätzung nach der ME-Methode und der AR-Modellierung aufzeigen.

Nach Gleichung (3.48) können die Koeffizienten $\alpha_1, \alpha_2, \ldots, \alpha_M$ als Koeffizienten eines M Werte umfassenden Extrapolationsfilteroperators interpretiert werden, während $1, -\alpha_1, -\alpha_2, \ldots, -\alpha_M$ die Koeffizienten des entsprechenden Extrapolationsfehler-Filters (engl. prediction-error-filter) sind. Im Frequenzbereich wird dieser spezielle datenadaptive Filter durch seine Frequenzdurchlaßcharakteristik repräsentiert, die durch diskrete FOURIER-Transformation aus der Filterkoeffizientenfolge zu

$$D(f) = 1 - \sum_{k=1}^{M} \alpha_k \, e^{i2\pi fk\Delta t} = 1 - \sum_{k=1}^{M} \alpha_k z^k \tag{3.49}$$

folgt. Eine Filterung im Zeitbereich bedeutet im Frequenzbereich eine Veränderung des Energiedichtespektrums. Das Energiespektrum der gefilterten Zeitreihe ergibt sich durch Multiplikation des Energiespektrums $S_{AR}(f)$ der Ausgangsreihe mit dem Absolutbetrag der Durchlaßcharakteristik zum Quadrat (siehe z.B. BLACKMAN und TUKEY [15]).

Betrachtet man die spektrale Formulierung der Gleichung (3.48), dann ergibt sich bei Beachtung, daß das Energiespektrum der Zufallszahlenreihe (weißes Rauschen) der rechten Gleichungsseite einen konstanten (frequenzunabhängigen) Wert hat,

$$|D(f)|^2 \, S_{AR}(f) = \text{const}$$

oder nach $S_{AR}(f)$ aufgelöst mit (3.49), wobei durch die Bezeichnung $\alpha_k = \alpha_{kM}$ die Ordnung der Autoregression besonders vermerkt werde,

$$S_{AR}(f) = \frac{\text{const}}{\left|1 - \sum_{k=1}^{M} \alpha_{kM} \, z^k\right|^2}. \tag{3.50}$$

Ein Vergleich dieser Gleichung mit der Gleichung (3.38) zeigt die Übereinstimmung von ME- und AR-Schätzung des Energiedichtespektrums.

Die Herleitung des ME-Spektrums aus einer autoregressiven Prozeßmodellierung erlaubt die Schätzung der AR-Koeffizienten (bzw. gleichbedeutend der Prediction-error-Filterkoeffizienten) ohne vorherige Schätzung der Autokovarianzkoeffizienten. Bei dieser von BURG entwickelten Methode wird die Lösung des Gleichungssystems (3.40) durch eine Zusatzbedingung erreicht. Diese Zusatzbedingung besteht in der Forderung, die Filterkoeffizienten so zu bestimmen, daß der mittlere quadratische Extrapolationsfehler ein Minimum wird.

3.2.3. Der Burgsche Algorithmus zur Bestimmung der Autoregressionskoeffizienten

Die Herleitung des BURGschen Algorithmus soll hier etwas ausführlicher dargestellt werden, um den mit der Maximum-Entropie-Methode nicht vertrauten Leser mit diesem Berechnungsverfahren detaillierter bekannt zu machen.

Liegt eine n Werte umfassende Zeitreihe $x_1, x_2, \ldots, x_n$ vor, dann ist der Einzelfehler beim „Vorwärts"-Durchlauf (Vorwärts-Prediktions-Filterung, Vorwärts-Prediction-error-Filteroperator) des M-Punkte-Extrapolationsfilters $(\alpha_{1M}, \alpha_{2M}, \ldots, \alpha_{MM})$ über die Ausgangsreihe nach Gleichung (3.48) gleich

$$e_{f,k} = x_k - \sum_{j=1}^{M} \alpha_{jM}\, x_{k-j} \qquad \text{für} \qquad k = M+1, M+2, \ldots, n$$

oder

$$e_{f,k+M} = x_{k+M} - \sum_{j=1}^{M} \alpha_{jM}\, x_{k+M-j} \qquad \text{für} \qquad k = 1, 2, \ldots, n - M. \quad (3.51)$$

Der „Rückwärts"-Durchlauf dieses Extrapolationsfilters ergibt den Einzelfehler

$$e_{b,k} = x_k - \sum_{j=1}^{M} \alpha_{jM}\, x_{k+j} \qquad \text{für} \qquad k = 1, 2, \ldots, n - M. \quad (3.52)$$

Die Filterkoeffizienten beim Vorwärts- und Rückwärtsdurchlauf einer reellwertigen Zeitreihe sind einander gleich und erscheinen nur in umgekehrter Reihenfolge.

Als Extrapolationsfehler insgesamt wird das arithmetische Mittel aus dem Erwartungswert des quadratischen Einzelfehlers der Vorwärts- und Rückwärts-Extrapolationsfilterung angesetzt, d.h.

$$Q_M = \frac{1}{2}\, \mathbf{E}\{(e_{f,k+M})^2 + (e_{b,k})^2\}. \quad (3.53)$$

In Abhängigkeit von den Koeffizienten α_{jM} ist Q_M zu minimieren. Da der mathematische Erwartungswert für Q_M jedoch nicht bekannt ist, muß dieser abgeschätzt werden durch den empirischen mittleren quadratischen Extrapolationsfehler

$$\hat{Q}_M = \frac{1}{2}\, \frac{1}{n-M} \sum_{k=1}^{n-M} \left\{ (x_{k+M} - \sum_{j=1}^{M} \hat{\alpha}_{jM}\, x_{k+M-j})^2 + (x_k - \sum_{j=1}^{M} \hat{\alpha}_{jM}\, x_{k+j})^2 \right\}. \quad (3.54)$$

Die Schätzwerte $\hat{\alpha}_{jM}$ für die Koeffizienten α_{jM} sollen aus den Ausgangsdaten so bestimmt werden, daß dieser Fehler (3.54) ein Minimum wird.

Für $M = 1$ ist nur ein Koeffizient $\hat{\alpha}_{11}$ zu berechnen aus der Gleichung

$$\frac{\partial \hat{Q}_1}{\partial \hat{\alpha}_{11}} = \frac{1}{n-1} \sum_{k=1}^{n-1} \{(x_{k+1} - \hat{\alpha}_{11} x_k)\, x_k + (x_k - \hat{\alpha}_{11} x_{k+1}) x_{k+1}\} = 0,$$

woraus

$$\hat{\alpha}_{11} = 2\, \frac{\sum_{k=1}^{n-1} x_{k+1} x_k}{\sum_{k=1}^{n-1} (x_k^2 + x_{k+1}^2)} \quad (3.55)$$

folgt. Wegen

$$\frac{\partial^2 \hat{Q}_1}{\partial \hat{\alpha}_{11}^2} = \frac{1}{n-1} \sum_{k=1}^{n-1} (x_k^2 + x_{k+1}^2) > 0$$

ist der Extremwert von $\hat{Q}_1$ für den durch (3.55) gegebenen Wert $\hat{\alpha}_{11}$ ein Minimum.

Für $M = 2$ ergeben sich aus der Minimumsforderung zwei lineare Gleichungen zur Bestimmung der Koeffizienten $\hat{\alpha}_{12}$ und $\hat{\alpha}_{22}$ usw., d.h., die Berechnung der $\hat{\alpha}_{kM}$ läuft nach diesem Vorgehen auf die Lösung von linearen Gleichungssystemen hinaus. Benutzt man jedoch die Rekursionsgleichung (3.44), die für die $\hat{\alpha}_{kM}$ lautet

$$\hat{\alpha}_{kM} = \hat{\alpha}_{k,M-1} - \hat{\alpha}_{MM}\,\hat{\alpha}_{M-k,M-1} \qquad \text{für} \qquad k = 1, 2, \ldots, M-1, \tag{3.56}$$

dann kann die Gleichung (3.54) für $\hat{Q}_M$ umgeschrieben werden. Zunächst wird

$$\hat{Q}_M = \frac{1}{2}\,\frac{1}{n-M} \sum_{k=1}^{n-M} \left\{ \left(x_{k+M} - \sum_{j=1}^{M-1} \hat{\alpha}_{jM}\, x_{k+M-j} - \hat{\alpha}_{MM}\, x_k\right)^2 \right.$$

$$\left. + \left(x_k - \sum_{j=1}^{M-1} \hat{\alpha}_{jM}\, x_{k+j} - \hat{\alpha}_{MM}\, x_{k+M}\right)^2 \right\}.$$

Substituiert man in diese Gleichung für die Koeffizienten $\hat{\alpha}_{jM}$ den Ausdruck (3.56) und faßt geeignet zusammen, dann folgt

$$\hat{Q}_M = \frac{1}{2}\,\frac{1}{n-M} \sum_{k=1}^{n-M} \left\{ \left(\left(x_{k+M} - \sum_{j=1}^{M-1} \hat{\alpha}_{j,M-1}\, x_{k+M-j}\right) \right. \right.$$

$$\left. - \hat{\alpha}_{MM}\left(x_k - \sum_{j=1}^{M-1} \hat{\alpha}_{M-j,M-1}\, x_{k+M-j}\right)\right)^2$$

$$+ \left(\left(x_k - \sum_{j=1}^{M-1} \hat{\alpha}_{j,M-1}\, x_{k+j}\right) \right.$$

$$\left.\left. - \hat{\alpha}_{MM}\left(x_{k+M} - \sum_{j=1}^{M-1} \hat{\alpha}_{M-j,M-1}\, x_{k+j}\right)\right)^2 \right\}.$$

Mit den von $\hat{\alpha}_{MM}$ unabhängigen Größen

$$\left.\begin{aligned} y_{kM} &= x_k - \sum_{j=1}^{M-1} \hat{\alpha}_{j,M-1}\, x_{k+j} = x_k - \sum_{j=1}^{M-1} \hat{\alpha}_{M-j,M-1}\, x_{k+M-j}, \\ y'_{kM} &= x_{k+M} - \sum_{j=1}^{M-1} \hat{\alpha}_{j,M-1}\, x_{k+M-j} = x_{k+M} - \sum_{j=1}^{M-1} \hat{\alpha}_{M-j,M-1}\, x_{k+j}, \end{aligned}\right\} \tag{3.57}$$

wobei die Anfangsbedingungen $y_{k1} = x_k$ und $y'_{k1} = x_{k+1}$ gelten, ergibt sich schließlich für $\hat{Q}_M$ die Darstellung

$$\hat{Q}_M(\hat{\alpha}_{MM}) = \frac{1}{2}\,\frac{1}{n-M}\sum_{k=1}^{n-M}\left((y'_{kM} - \hat{\alpha}_{MM}y_{kM})^2 + (y_{kM} - \hat{\alpha}_{MM}y'_{kM})^2\right). \tag{3.58}$$

Die Extremwertforderung

$$\frac{\partial \hat{Q}_M(\hat{\alpha}_{MM})}{\partial \hat{\alpha}_{MM}} = 0$$

ergibt dann für die Schätzwerte $\hat{\alpha}_{MM}$ der Koeffizienten α_{MM} die Gleichung

$$\hat{\alpha}_{MM} = 2\,\frac{\sum\limits_{k=1}^{n-M} y_{kM}y'_{kM}}{\sum\limits_{k=1}^{n-M} (y_{kM}^2 + y'^2_{kM})}. \tag{3.59}$$

Auch hier zeigt sich, daß wegen

$$\frac{\partial^2 \hat{Q}_M(\hat{\alpha}_{MM})}{\partial \hat{\alpha}_{MM}^2} = \frac{1}{n-M}\sum_{k=1}^{n-M}(y_{kM}^2 + y'^2_{kM}) > 0$$

der sich ergebende Extremwert ein Minimum ist (siehe dazu z.B. ANDERSEN [4]).

Es wird speziell für

$$M = 1: \quad \hat{\alpha}_{11} = 2\,\frac{\sum\limits_{k=1}^{n-1} x_k x_{k+1}}{\sum\limits_{k=1}^{n-1} (x_k^2 + x_{k+1}^2)};$$

$$M = 2: \quad \hat{\alpha}_{22} = 2\,\frac{\sum\limits_{k=1}^{n-2} (x_k - \hat{\alpha}_{11}x_{k+1})(x_{k+2} - \hat{\alpha}_{11}x_{k+1})}{\sum\limits_{k=1}^{n-2} \left((x_k - \hat{\alpha}_{11}x_{k+1})^2 + (x_{k+2} - \hat{\alpha}_{11}x_{k+1})^2\right)}$$

und $\quad \hat{\alpha}_{12} = \hat{\alpha}_{11} - \hat{\alpha}_{22}\hat{\alpha}_{11};$

$M = 3: \quad \hat{\alpha}_{33}$

$$= 2\,\frac{\sum\limits_{k=1}^{n-3} (x_k - \hat{\alpha}_{12}x_{k+1} - \hat{\alpha}_{22}x_{k+2})(x_{k+3} - \hat{\alpha}_{12}x_{k+2} - \hat{\alpha}_{22}x_{k+1})}{\sum\limits_{k=1}^{n-3} \left((x_k - \hat{\alpha}_{12}x_{k+1} - \hat{\alpha}_{22}x_{k+2})^2 + (x_{k+3} - \hat{\alpha}_{12}x_{k+2} - \hat{\alpha}_{22}x_{k+1})^2\right)}$$

sowie $\quad \hat{\alpha}_{13} = \hat{\alpha}_{12} - \hat{\alpha}_{33}\hat{\alpha}_{22} \quad$ und $\quad \hat{\alpha}_{23} = \hat{\alpha}_{22} - \hat{\alpha}_{33}\hat{\alpha}_{12};$

usw.

Mit $\hat{\alpha}_{11}$ beginnend können damit bei vorgegebenem M alle erforderlichen Koeffizienten $\hat{\alpha}_{kM}$ rekursiv direkt aus den Ausgangsdaten berechnet werden.

Andererseits lassen sich bei bekannten $\hat{\alpha}_{kM}$-Werten mit Hilfe der Gleichungen (3.41) auch die Autokovarianzkoeffizienten bestimmen. Es wird

$$\left.\begin{aligned} \hat{C}_0 &= \frac{1}{n}\sum_{k=1}^{n} x_k^2 \quad \text{und} \\ \hat{C}_M &= \sum_{k=1}^{M} \hat{\alpha}_{kM}\hat{C}_{M-k} \quad \text{für} \quad M = 1, 2, 3, \ldots, \end{aligned}\right\} \tag{3.60}$$

d.h.:

$$\hat{C}_1 = \hat{\alpha}_{11}\,\hat{C}_0,$$
$$\hat{C}_2 = \hat{\alpha}_{12}\,\hat{C}_1 + \hat{\alpha}_{22}\,\hat{C}_0,$$
$$\hat{C}_3 = \hat{\alpha}_{13}\,\hat{C}_2 + \hat{\alpha}_{23}\,\hat{C}_1 + \hat{\alpha}_{33}\,\hat{C}_0,$$

usw.

Den Faktor $\hat{P}_{M+1}$ des ME-Spektrums berechnet man sukzessive aus Gleichung (3.39). Es ergibt sich

$$\left.\begin{aligned} P_1 &= \hat{C}_0, \\ \hat{P}_2 &= \hat{C}_0 - \hat{\alpha}_{11}\,\hat{C}_1, \\ \hat{P}_3 &= \hat{C}_0 - \hat{\alpha}_{12}\,\hat{C}_1 - \hat{\alpha}_{22}\,\hat{C}_2, \\ \hat{P}_4 &= \hat{C}_0 - \hat{\alpha}_{13}\,\hat{C}_1 - \hat{\alpha}_{23}\,\hat{C}_2 - \hat{\alpha}_{33}\,\hat{C}_3, \end{aligned}\right\} \tag{3.61}$$

usw.

Unter Ausnutzung der Rekursionsgleichung (3.56) für die $\hat{\alpha}_{kM}$ kann der Faktor $\hat{P}_{M+1}$ auch rekursiv berechnet werden. Es gilt nach Gleichung (3.39)

$$\hat{P}_M = \hat{C}_0 - \sum_{k=1}^{M-1} \hat{\alpha}_{k,M-1}\hat{C}_k$$

und

$$\begin{aligned} \hat{P}_{M+1} &= \hat{C}_0 - \sum_{k=1}^{M} \hat{\alpha}_{kM}\,\hat{C}_k = \hat{C}_0 - \sum_{k=1}^{M-1} \hat{\alpha}_{kM}\,\hat{C}_k - \hat{\alpha}_{MM}\,\hat{C}_M \\ &= \hat{C}_0 - \sum_{k=1}^{M-1} (\hat{\alpha}_{k,M-1} - \hat{\alpha}_{MM}\,\hat{\alpha}_{M-k,M-1})\,\hat{C}_k - \hat{\alpha}_{MM}\,\hat{C}_M \\ &= \hat{P}_M - \hat{\alpha}_{MM}\left(\hat{C}_M - \sum_{k=1}^{M-1} \hat{\alpha}_{M-k,M-1}\,\hat{C}_k\right). \end{aligned}$$

Andererseits folgt aus der unteren Gleichung (3.39)

$$\hat{C}_M = \sum_{k=1}^{M} \hat{\alpha}_{kM} \hat{C}_{M-k} = \sum_{k=1}^{M-1} \hat{\alpha}_{kM} \hat{C}_{M-k} + \hat{\alpha}_{MM} \hat{C}_0$$

und weiter mit Gleichung (3.56)

$$\hat{C}_M = \sum_{k=1}^{M-1} \hat{\alpha}_{k,M-1} \hat{C}_{M-k} + \hat{\alpha}_{MM} \left(\hat{C}_0 - \sum_{k=1}^{M-1} \hat{\alpha}_{M-k,M-1} \hat{C}_{M-k} \right)$$

oder

$$\hat{C}_M - \sum_{k=1}^{M-1} \hat{\alpha}_{M-k,M-1} \hat{C}_k = \hat{\alpha}_{MM} \left(\hat{C}_0 - \sum_{k=1}^{M-1} \hat{\alpha}_{k,M-1} \hat{C}_k \right) = \hat{\alpha}_{MM} \hat{P}_M .$$

Substitution dieses Ausdruckes in die obige Gleichung für $\hat{P}_{M+1}$ liefert die Rekursionsformel

$$\hat{P}_{M+1} = \hat{P}_M (1 - \hat{\alpha}_{MM}^2) \qquad \text{mit} \qquad \hat{P}_1 = \hat{C}_0 = \frac{1}{n} \sum_{k=1}^{n} x_k^2 . \tag{3.62}$$

Für die numerische Berechnung der Koeffizienten $\hat{\alpha}_{11}, \hat{\alpha}_{22}, \ldots, \hat{\alpha}_{MM}$ ist es zweckmäßig, die Größen y_{kM} und y'_{kM} etwas umzuformen und aus Rekursionsgleichungen zu bestimmen (siehe ANDERSEN [5]). Anstelle der Größen (3.57) führen wir die Größen

$$\left. \begin{aligned} b1_{kM} &= x_{k+M} - \sum_{j=1}^{M} \hat{\alpha}_{jM} x_{k+M-j} = y'_{k-1,M-1} \\ &\text{und} \\ b2_{kM} &= x_k - \sum_{j=1}^{M} \hat{\alpha}_{jM} x_{k+j} = y_{k,M+1} \\ &\text{mit} \\ b1_{k0} &= b2_{k0} = x_k \end{aligned} \right\} \tag{3.63}$$

ein. Berücksichtigung der Rekursionsgleichung (3.56) für die Koeffizienten $\hat{\alpha}_{kM}$ gestattet für die Größen $b1_{kM}$ und $b2_{kM}$ die Herleitung von Rekursionsformeln. Es wird

$$\begin{aligned} b1_{kM} &= x_{k+M} - \sum_{j=1}^{M-1} (\hat{\alpha}_{j,M-1} - \hat{\alpha}_{MM} \hat{\alpha}_{M-j,M-1}) x_{k+M-j} - \hat{\alpha}_{MM} x_k \\ &= x_{k+M} - \sum_{j=1}^{M-1} \hat{\alpha}_{j,M-1} x_{k+M-j} - \hat{\alpha}_{MM} \left(x_k - \sum_{j=1}^{M-1} \hat{\alpha}_{M-j,M-1} x_{k+M-j} \right). \end{aligned}$$

Wegen

$$x_{k+M} - \sum_{j=1}^{M-1} \hat{\alpha}_{j,M-1} x_{k+M-j} = b1_{k+1,M-1}$$

und

$$x_k - \sum_{j=1}^{M-1} \hat{\alpha}_{M-j,M-1}\, x_{k+M-j} = x_k - \sum_{j=1}^{M-1} \hat{\alpha}_{j,M-1}\, x_{k+j} = b2_{k,M-1}$$

folgt für $b1_{kM}$ die Rekursionsgleichung

$$b1_{kM} = b1_{k+1,M-1} - \hat{\alpha}_{MM}\, b2_{k,M-1}. \tag{3.64}$$

Analoge Umrechnung ergibt für $b2_{kM}$ die Rekursionsformel

$$b2_{kM} = b2_{k,M-1} - \hat{\alpha}_{MM}\, b1_{k+1,M-1}. \tag{3.65}$$

Die Gleichung (3.59) für die Koeffizienten $\hat{\alpha}_{MM}$ lautet mit diesen neuen Größen

$$\hat{\alpha}_{MM} = 2\,\frac{\sum\limits_{k=1}^{n-M} b1_{k+1,M-1}\, b2_{k,M-1}}{\sum\limits_{k=1}^{n-M} (b1^2_{k+1,M-1} + b2^2_{k,M-1})}. \tag{3.66}$$

Auch für den Divisor dieser Gleichung läßt sich eine Rekursionsformel angeben, die für die numerischen Rechnungen sehr günstig ist (siehe Andersen [5]).

Zunächst folgt aus der Gleichung (3.66) für den Divisor dieser Gleichung

$$\operatorname{div}(M) = \sum_{k=1}^{n-M} (b1^2_{k+1,M-1} + b2^2_{k,M-1}) \tag{3.67}$$

die Beziehung

$$\hat{\alpha}_{MM} \operatorname{div}(M) = 2 \sum_{k=1}^{n-M} b1_{k+1,M-1}\, b2_{k,M-1}$$

bzw.

$$\hat{\alpha}_{M-1,M-1} \operatorname{div}(M-1) = 2 \sum_{k=1}^{n-(M-1)} b1_{k+1,M-2}\, b2_{k,M-2}. \tag{3.68}$$

Umformung der rechten Gleichungsseite von (3.67) ergibt

$$\begin{aligned} \operatorname{div}(M) &= \sum_{k=0}^{n-M} b1^2_{k+1,M-1} - b1^2_{1,M-1} + \sum_{k=1}^{n-M+1} b2^2_{k,M-1} - b2^2_{n-M+1,M-1} \\ &= \sum_{k=1}^{n-(M-1)} (b1^2_{k,M-1} + b2^2_{k,M-1}) - b1^2_{1,M-1} - b2^2_{n-M+1,M-1}. \end{aligned}$$

Setzt man in den Klammerausdruck die Quadrate der Beziehungen (3.64) und (3.65) ein, dann erhält man

$$\operatorname{div}(M) = \sum_{k=1}^{n-(M-1)} \left((b1^2_{k+1,M-2} + b2^2_{k,M-2})(1 + \hat{\alpha}^2_{M-1,M-1}) - 4\hat{\alpha}_{M-1,M-1}\, b1_{k+1,M-2}\, b2_{k,M-2}\right) - b1^2_{1,M-1} - b2^2_{n-M+1,M-1}.$$

Beachtet man die Gleichung (3.68) und faßt zusammen, dann folgt für den Divisor die Rekursionsgleichung

$$\left.\begin{array}{l} \operatorname{div}(M) = (1 - \hat{\alpha}^2_{M-1,M-1}) \operatorname{div}(M-1) - b1^2_{1,M-1} - b2^2_{n-M+1,M-1} \\ \text{für } M = 2, 3, \ldots \text{ und die Anfangsbedingung} \\ \operatorname{div}(1) = \sum_{k=1}^{n-1} (x^2_{k+1} + x^2_k). \end{array}\right\} \qquad (3.69)$$

Damit sind in der Bestimmungsgleichung (3.66) für die Koeffizienten $\hat{\alpha}_{MM}$ sowohl die beiden Faktoren $b1$ und $b2$ in der Summe im Zähler als auch der gesamte Nennerausdruck rekursiv berechenbar.

Eine übersichtsmäßige Zusammenstellung der zur Maximum-Entropie-Spektralanalyse benötigten Gleichungen und Beziehungen zeigt das Blockbild der Abb. 24. In dem Flußdiagramm der Abb. 25 sind zur numerischen Berechnung von $\hat{\alpha}_{MM}$ und $\hat{P}_{M+1}$ dementsprechend diese Gleichungen eingearbeitet. Daneben treten in diesem Flußdiagramm noch Beziehungen zur Bestimmung ME-extrapolierter Autokovarianzkoeffizienten und des sogenannten Final-Prediction-Errors zur Festlegung der Ordnung M der Autoregression auf. Die zum Flußdiagramm gehörende FORTRAN-Subroutine zeigt die in Tab. 18 angeführte Liste der MEANDU-Subroutine. In Tab. 19 ist die Subroutine zur Berechnung des ME-Spektrums mit Hilfe der bereits berechneten Koeffizienten $\hat{\alpha}_{MM}$ zusammengestellt.

3.2.4. ME-Extrapolation der Autokovarianzkoeffizienten

Ausgehend von dem Gleichungssystem (3.60) können bei vorheriger Bestimmung der Koeffizienten $\hat{\alpha}_{kM}$ ($k = 1, 2, \ldots, M$) die Schätzwerte der Autokovarianzkoeffizienten $\hat{C}_k$ für $k = 1, 2, 3, \ldots, M$ berechnet werden. Es ist mit Hilfe der ME-Methode jedoch auch möglich, Autokovarianzkoeffizienten für k-Werte größer als M zu berechnen.

Im Abschnitt 1.4.2 lernten wir in Gleichung (1.137) die ME-Extrapolation der Autokovarianzkoeffizienten bereits kennen. Die Berechnung der Autokovarianzkoeffizienten erfolgt in der Subroutine MEANDU (Tab. 18) zunächst entsprechend der Gleichung (3.60), d.h., für fest vorgegebenes M werden die Autokovarianzkoeffizienten

Ausgangsreihe
$x(j\Delta t) = x_j$
$j = 1, 2, \ldots, n$

→

ME-Analyse, datenadaptive Filterung

$$-\sum_{k=0}^{M} \alpha_{kM}\, x_{j-k} = x_{jF}$$

mit $\alpha_{0M} = -1$

→

Zufallszahlenreihe
$x_{jF} = n_j$ mit $\mathbf{E}(N_j) = 0$ und
$\mathbf{E}(N_j N_{j-k}) = \delta_{0,k}\, P_{M+1}$

↓

Rekursive Berechnung der Autoregressionskoeffizienten α_{kM} nach BURG-ANDERSEN mit $M = 1$ beginnend aus

$$\alpha_{MM} = 2\,\frac{\sum_{k=1}^{n-M} b1_{k+1\ M-1}\, b2_{k\ M-1}}{\operatorname{div}(M)}$$

mit

$$\operatorname{div}(M) = \sum_{k=1}^{n-M} \left(b1^2_{k+1\ M-1} + b2^2_{k\ M-1}\right).$$

Es gelten die Rekursionsgleichungen:

$$b1_{kM} = b1_{k+1\ M-1} - \alpha_{MM}\, b2_{k\ M-1}; \quad b1_{k0} = x_k$$

$$b2_{kM} = b2_{k\ M-1} - \alpha_{MM}\, b1_{k+1\ M-1}; \quad b2_{k0} = x_k$$

$$\alpha_{kM} = \alpha_{k\ M-1} + \alpha_{MM}\, \alpha_{M-k\ M-1} \quad \text{für} \quad k = 1, 2, \ldots, M-1$$

$$\operatorname{div}(M) = (1 - \alpha^2_{M-1\ M-1}) \operatorname{div}(M-1) - b1^2_{1\ M-1} - b2^2_{n-M+1\ M-1}$$

sowie

$$P_{M+1} = P_M(1 - \alpha^2_{MM}) \text{ mit } P_1 = \frac{1}{n} \sum_{k=1}^{n} x_k^2.$$

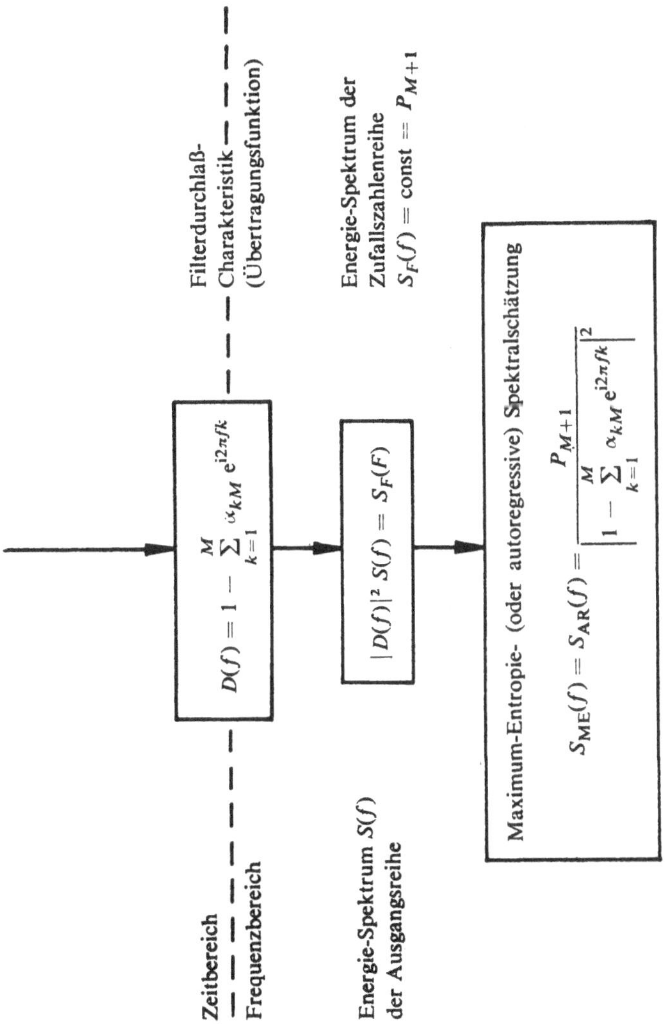

Abb. 24. Blockschema zum Ablauf der MESA (Abtastabstand $\Delta t = 1$)

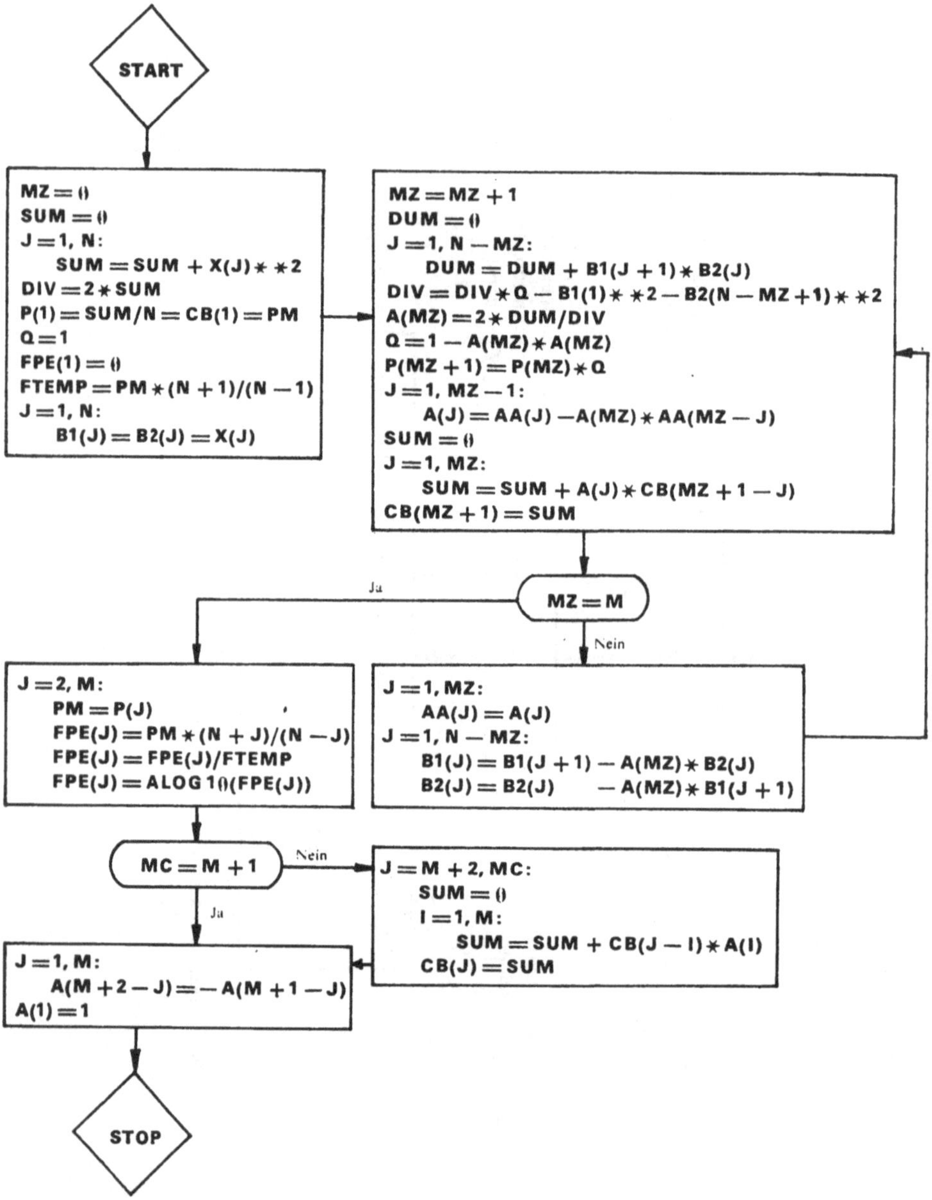

Abb. 25. Flußdiagramm zur Berechnung der AR-Koeffizienten, des FPE und der Autokovarianzkoeffizienten (Ø = Zahl Null)

Tabelle 18 Subroutine **MEANDU** (siehe Flußdiagramm Abb. 25)

```
      SUBROUTINE MEANDU(X,N,M,A,B1,B2,FPE,CB,MC,PM,FTEMP)
C     MEANDU IST EIN ALGORITHMUS ZUR BERECHNUNG DER BURG-
C     SCHEN PREDICTION-ERROR-FILTER-KOEFFIZIENTEN NACH ANDER-
C     SEN; M ≦ 100. X(N) SIND DIE AUSGANGSWERTE, DEREN MITTEL-
C     WERT NULL SEI, A(M+1) SIND DIE PEF-KOEFFIZIENTEN, VEREIN-
C     BARUNG DOUBLE PRECISION A(M+1); CB(MC) SIND DIE AUTO-
C     KOVARIANZKOEFFIZIENTEN, FPE(M) DER LOGARITHMUS DER
C     NORMIERTEN FINAL-PREDICTION-ERROR-KOEFFIZIENTEN, PM DER
C     EXTRAPOLATIONSFEHLER, M DIE ORDNUNG DER AUTOREGRES-
C     SION,
C     MC ≧ M+1, MC > M+1 ERGIBT EXTRAPOLATION DER AUTOKO-
C     VARIANZKOEFFIZIENTEN
      DIMENSION X(N),FPE(M)
      DOUBLE PRECISION A(1),CB(MC),B1(N),B2(N)
      DOUBLE PRECISION AA(100),P(101),Q,SUM,DIV,DUM
      MZ = 0
      SUM = 0.D0
      DO 10 J = 1,N
      SUM = SUM + X(J)*X(J)
   10 CONTINUE
      DIV = 2.D0*SUM
      P(1) = SUM/FLOAT(N)
      PM = P(1)
      CB(1) = P(1)
      Q = 1.D0
      FPE(1) = 0.0
      FTEMP = FLOAT(N+1)/FLOAT(N-1)*PM
      DO 20 J = 1,N
      B1(J) = X(J)
      B2(J) = X(J)
   20 CONTINUE
  100 MZ = MZ+1
      DUM = 0.D0
      IE = N-MZ
      MZ1 = MZ - 1
      DO 30 J = 1,IE
      DUM = DUM + B1(J+1)*B2(J)
   30 CONTINUE
      DIV = DIV*Q - B1(1)*B1(1) - B2(N-MZ+1)*B2(N-MZ+1)
      A(MZ) = 2.D0*DUM/DIV
      Q = 1.D0 - A(MZ)*A(MZ)
      P(MZ+1) = P(MZ)*Q
      DO 40 J = 1,MZ1
      A(J) = AA(J) - A(MZ)*AA(MZ-J)
```

```
40 CONTINUE
   SUM = 0.D0
   DO 31 J = 1,MZ
   SUM = SUM + A(J)*CB(MZ+1-J)
31 CONTINUE
   CB(MZ+1) = SUM
   IF(MZ.EQ.M) GOTO 200
   DO 50 J = 1,MZ
   AA(J) = A(J)
50 CONTINUE
   DO 60 J = 1,IE
   B1(J) = B1(J+1) - A(MZ)*B2(J)
   B2(J) = B2(J) - A(MZ)*B1(J+1)
60 CONTINUE
   GOTO 100
200 DO 70 J = 2,M
   PM = P(J)
   FPE(J) = FLOAT(N+J)/FLOAT(N-J)*PM
   FPE(J) = FPE(J)/FTEMP
   FPE(J) = ALOG10(FPE(J))
70 CONTINUE
   IF(MC.EQ.M+1) GOTO 11
   M2 = M + 2
   DO 80 J = M2,MC
   SUM = 0.D0
   DO 90 I = 1,M
   SUM = SUM + CB(J-I)*A(I)
90 CONTINUE
   CB(J) = SUM
80 CONTINUE
11 DO 300 J = 1,M
   A(M+2-J) = -A(M+1-J)
300 CONTINUE
   A(1) = 1.D0
   RETURN
   END
```

Tabelle 19 Subroutine **MESPEK** zur Berechnung des ME-Spektrums

```
      SUBROUTINE MESPEK(A,M1,MA,ME,MS,PF,MP,NF,PM)
C     BERECHNUNG DES ME-SPEKTRUMS PF(MP) FUER FREQUENZEN
C     2*PI*NY/NF, NYMIN=MA-1, NYMAX=ME-1, NYSPRUNG=MS,
C     M1=M+1
C     A(M1) SIND DIE MIT MEANDU BERECHNETEN PEF-KOEFFIZIENTEN
C     PM DER EXTRAPOLATIONSFEHLER
      COMPLEX SUM
      DIMENSION PF(MP)
      DOUBLE PRECISION A(M1)
      PI=3.14159265
      PIQ = 2.0*PI/FLOAT(NF)
      L = 1
      DO 100 I = MA,ME,MS
      ALF = PIQ*(I-1)
      SUM = 0.0
      DO 200 J = 1,M1
      AR = A(J)
      SUM = SUM + AR*CEXP(CMPLX(0.0,(-ALF (J-1))))
  200 CONTINUE
      PF(L) = PM/CABS(SUM)**2
      L = L+1
  100 CONTINUE
      RETURN
      END
```

$\hat{C}_0, \hat{C}_1, \hat{C}_2, \ldots, \hat{C}_M$ berechnet, wobei der letzte Koeffizient sich zu

$$\hat{C}_M = \hat{\alpha}_{1M}\,\hat{C}_{M-1} + \hat{\alpha}_{2M}\,\hat{C}_{M-2} + \ldots + \hat{\alpha}_{MM}\,\hat{C}_0$$

ergibt. Wird in dieser Subroutine die Anzahl MC der Autokovarianzkoeffizienten größer als $M + 1$ gewählt, z.B. $MC = M + 2$, dann wird mit Hilfe der aus den Daten bereits bestimmten Koeffizienten $\hat{\alpha}_{kM}$ und $\hat{C}_k$ für $k = 1, 2, \ldots, M$ ein extrapolierter Autokovarianzkoeffizientenwert

$$\hat{C}_{M+1} = \hat{\alpha}_{1M}\,\hat{C}_M + \hat{\alpha}_{2M}\,\hat{C}_{M-1} + \ldots + \hat{\alpha}_{MM}\,\hat{C}_1 \tag{3.70}$$

berechnet. Siehe dazu auch die Gleichung (1.137) bzw. (1.136), wobei $n = M + 1$ und $a_{k+1} = -\hat{\alpha}_{kM}$ für $k = 1, 2, 3, \ldots, M$ zu setzen ist und die Autokorrelationskoeffizienten r_k durch die Autokovarianzkoeffizienten $\hat{C}_k$ zu ersetzen sind.

Allgemein kann für beliebiges $MC > M + 1$ eine Extrapolation der Autokovarianzkoeffizienten vorgenommen werden, so daß für die extrapolierten Autokovarianzkoeffizienten die Gleichung

$$\hat{C}_{M+j} = \sum_{k=1}^{M} \hat{\alpha}_{kM} \hat{C}_{M+j-k} \qquad \text{für} \qquad j = 1, 2, 3, \ldots \tag{3.71}$$

gilt. Die Extrapolation in dieser Form stellt eine Maximum-Entropie-Extrapolation der Autokovarianzkoeffizienten dar, denn es zeigt sich, daß der aus der Bedingung $\frac{\partial}{\partial r_n} |\boldsymbol{R}_{n+1}| = 0$ berechnete Wert r_n (er entspricht hier dem Wert für $\hat{C}_{M+1}$) die Information (1.133) bzw. die Entropie

$$H_{n+1}(X) = \ln \sqrt{(2\pi\, e\sigma^2)^{n+1} |\boldsymbol{R}_{n+1}|}$$

maximiert (siehe z.B. VAN DEN BOS [108]). Gleichbedeutend mit der Bedingung $\frac{\partial}{\partial r_n} |\boldsymbol{R}_{n+1}| = 0$ war das Verschwinden der Determinanten (1.134), die mit den hier benutzten Größen

$$\begin{vmatrix} \hat{C}_1 & \hat{C}_0 & \cdots & \hat{C}_{M-2} & \hat{C}_{M-1} \\ \hat{C}_2 & \hat{C}_1 & & \hat{C}_{M-3} & \hat{C}_{M-2} \\ \vdots & & & \vdots & \\ \hat{C}_M & \hat{C}_{M-1} & & \hat{C}_1 & \hat{C}_0 \\ \hat{C}_{M+1} & \hat{C}_M & \cdots & \hat{C}_2 & \hat{C}_1 \end{vmatrix} = 0$$

lautet. Das Verschwinden dieser Determinanten ist gleichzeitig die Bedingung dafür, daß das homogene lineare Gleichungssystem

$$\begin{bmatrix} \hat{C}_1 & \hat{C}_0 & \cdots & \hat{C}_{M-2} & \hat{C}_{M-1} \\ \hat{C}_2 & \hat{C}_1 & & \hat{C}_{M-3} & \hat{C}_{M-2} \\ \vdots & & & \vdots & \\ \hat{C}_M & \hat{C}_{M-1} & & \hat{C}_1 & \hat{C}_0 \\ \hat{C}_{M-1} & \hat{C}_M & \cdots & \hat{C}_2 & \hat{C}_1 \end{bmatrix} \begin{bmatrix} 1 \\ a_1 \\ \vdots \\ a_{M-1} \\ a_M \end{bmatrix} = 0$$

nichttriviale Lösungen a_k für $k = 1, 2, 3, \ldots, M$ besitzt. Wird a_k gleich a_{kM} bzw. $-\hat{\alpha}_{kM}$ für $k = 1, 2, 3, \ldots, M$ gesetzt, dann ergibt sich wieder das Gleichungssystem

$$\hat{C}_l = \sum_{k=1}^{M} \hat{\alpha}_{kM} \hat{C}_{|k-l|} \qquad \text{für} \qquad l = 1, 2, 3, \ldots, M$$

(vergleiche mit der Gleichung (3.41)) und die Gleichung (3.70) für $\hat{C}_{M+1}$ als ME-extrapolierter Wert des Autokovarianzkoeffizienten.

Analog geschieht die Extrapolation von r_{n+1} bzw. $\hat{C}_{M+2}$. Der bereits extrapolierte Wert für r_n wird in die Matrix $\boldsymbol{R}_{n+2}$ substituiert und die dazugehörige Entropie in Abhängigkeit von r_{n+1} maximiert durch Erfüllung der Bedingung $\frac{\partial}{\partial r_{n+1}} |\boldsymbol{R}_{n+2}| = 0.$

3.2.5. Das AKAIKE-Kriterium zur Bestimmung der Ordnung M der Autoregression

Die Bestimmung der Ordnung M der Autoregression, mit der eine optimale Anpassung des AR-Modells an die Datenreihe erreicht wird, ist von besonderer Bedeutung bei der Maximum-Entropie-Spektralanalyse (MESA). Die Zahl der AR-Filterkoeffizienten $\hat{\alpha}_{kM}$ kann sowohl zu klein als auch zu groß gewählt werden. Ist M zu klein, dann wird die in der Datenreihe steckende Information nicht vollständig in die Filterkoeffizienten übertragen, und die Filterausgangswerte x_{jF} (siehe dazu das Blockbild Abb. 24) bilden keine Zufallszahlenreihe (weißes Rauschen n_j). Das ME-Spektrum zeigt eine schlechte Frequenzauflösung, d.h., die einzelnen Peaks sind breit, die Peakflanken fallen nur langsam ab, das Spektrum ist stark geglättet. Bei zu großem M können sich Aufspaltungen der Peaks im Spektrum ergeben, und es treten zusätzliche Peaks auf (siehe zu dieser Problematik CHEN und STEGEN [20], FOUGERE u.a. [33], HALDOUPIS [39], RADOSKI u.a. [72], ULRYCH und BISHOP [105]).

Zur objektiven Bestimmung der optimalen Ordnung des AR-Modells führte AKAIKE [1], [2] das sogenannte „Finalprediction-error“ (FPE)-Kriterium ein. In den Finalprediction-error sind erstens die nichtvorhersagbaren Anteile (das weiße Rauschen) des Prozesses, zweitens die Ungenauigkeiten bei der Schätzung der Autoregressionskoeffizienten, d.h. die Fehler, die durch schlechte Anpassung des Prozesses an ein AR-Modell entstehen, einbezogen. Im allgemeinen nimmt der erste Beitrag zum FPE mit wachsendem M ab, während der zweite Anteil zunimmt. Nach AKAIKE ist dasjenige M für die MESA das günstigste, für das der FPE ein Minimum wird. Der FPE berechnet sich dabei aus dem Faktor $\hat{P}_{M+1}$ und dem Datenumfang n wie folgt

$$\mathrm{FPE}(M) = \frac{n + (M + 1)}{n - (M + 1)} \hat{P}_{M+1}. \tag{3.72}$$

In der Subroutine MEANDU (Tab. 18) ist die numerische Berechnung des Finalprediction-errors enthalten.

Die Ein-Schritt-Vorwärts-Extrapolationsgleichung oder Vorhersagegleichung

$$\hat{x}_k = \sum_{j=1}^{M} \hat{\alpha}_{jM} x_{k-j} \qquad \text{für} \qquad k = M + 1, M + 2, \dots, n$$

erlaubt die Abschätzung des k-ten Wertes der Zeitreihe aus den M vorhergehenden bekannten Werten der Zeitreihe (vergleiche die Gleichung (3.51)). Die Abweichungen der extrapolierten bzw. vorhergesagten Werte $\hat{x}_k$ von den gegebenen Werten x_k ergeben eine Folge von Fehlern $e_{f,k}$ als Filterausgang

$$x_k - \hat{x}_k = x_k - \sum_{j=1}^{M} \hat{\alpha}_{jM}\, x_{k-j} = e_{f,k} = x_{kF}\,,$$

von denen angenommen wird, daß sie bei guter Anpassung der Ausgangsreihe an einen echten AR-Prozeß eine Zufallszahlenreihe n_k darstellen. Sind diese Filterausgangswerte x_{kF} eine Zufallszahlenreihe, dann muß ihre Autokovarianzfunktion für Verschiebungen ungleich Null verschwinden. Für die Schätzungen der Autokovarianzkoeffizienten $\hat{C}_{jF}$ der $n-M$ Werte umfassenden Reihe x_{kF} ergibt sich bei Beachtung der Definitionsgleichung (3.23) der empirischen Autokovarianzkoeffizienten $\hat{C}_j$ der ursprünglichen Wertereihe x_k bei hinreichend großem Stichprobenumfang n

$$\begin{aligned}
\hat{C}_{jF} &= \frac{1}{n-M-j} \sum_{k=M+1}^{n-j} x_{kF}\, x_{k+j,F} \\
&= \frac{1}{n-M-j} \sum_{k=M+1}^{n-j} \left(x_k - \sum_{l=1}^{M} \hat{\alpha}_{lM}\, x_{k-l}\right)\left(x_{k+j} - \sum_{i=1}^{M} \hat{\alpha}_{iM}\, x_{k+j-i}\right) \\
&= \hat{C}_j - \sum_{i=1}^{M} \hat{\alpha}_{iM}\, \hat{C}_{|j-i|} - \sum_{l=1}^{M} \hat{\alpha}_{lM}\left(\hat{C}_{j+l} - \sum_{i=1}^{M} \hat{\alpha}_{iM}\, \hat{C}_{|j+l-i|}\right).
\end{aligned}$$

Gelten in Analogie zu (3.39) die Beziehungen

$$\hat{C}_j - \sum_{i=1}^{M} \hat{\alpha}_{iM}\, \hat{C}_{|i-j|} = \delta_{0,j}\, \hat{Q}_{M+1} \qquad \text{für} \qquad j = 0, 1, 2, \ldots, M, \tag{3.73}$$

dann folgt

$$\hat{C}_{jF} = \hat{Q}_{M+1}\left(\delta_{0,j} - \sum_{l=1}^{M} \hat{\alpha}_{lM}\, \delta_{o,j+l}\right) = \hat{Q}_{M+1}\, \delta_{0,j}, \tag{3.74}$$

wobei

$$\hat{Q}_{M+1} = \hat{C}_{0F} = \frac{1}{n-M} \sum_{k=M+1}^{n} x_{kF}^2 \approx \hat{P}_{M+1} \tag{3.75}$$

der empirische mittlere quadratische Fehler ist. Die Form (3.74) der Autokovarianzkoeffizienten der Filterausgangsreihe besteht natürlich nur, wenn die Gültigkeit der Beziehungen (3.73) angenommen werden kann, d.h., die Überführung der Ausgangsdatenreihe in eine Zufallszahlenreihe durch den Prediction-Filter $(1, -\hat{\alpha}_{1M}, -\hat{\alpha}_{2M} \ldots, -\hat{\alpha}_{MM})$ ist um so besser, je genauer die Schätzwerte $\hat{\alpha}_{kM}$ bzw. $\hat{C}_k$ für die Autoregressionskoeffizienten α_{kM} bzw. für die Autokovarianzkoeffizienten C_k sind und je besser die Ausgangsreihe der Realisierung eines autoregressiven Prozesses entspricht. Das hängt wiederum von der Wahl der Anzahl M der Filterkoeffizienten ab. Die mit Hilfe des FPE-Kriteriums gefundene Anzahl M ist dabei nicht immer befriedigend, insbesondere dann, wenn z.B. die Datenreihe eine kurze Realisierung eines AR-Prozesses hoher Ordnung, einer Harmonischen mit überlagertem Rauschen oder eines gemischten Prozesses gleitender Mittelung und Autoregression (ARMA-Modell) darstellt. Numerische Experimente mit solchen Prozeßrealisierungen findet man bei Chen und Stegen [20], Haldoupis [39], Ulrych [103] (siehe dazu auch die Diskussion des FPE bei Ulrych und Bishop [105]).

Die Festlegung der Ordnung des AR-Modells ist stets mit einer gewissen Unsicherheit behaftet, wobei insbesondere bei Abweichungen der zu bearbeitenden Prozeßrealisierung von einem AR-Modell das FPE-Kriterium zu kleine M-Werte liefert. Als günstigste Anzahl M stellte sich bei den Experimenten mit synthetischen Reihen $M = n/3$ heraus, falls n kleiner als 100 ist; mit zunehmenden n größer als 100 ist für M ein abnehmender Prozentsatz des Datenumfangs anzusetzen ($n/5$ bis $n/10$).

Für eine gute Wiedergabe der Frequenzlage eines Gipfels im ME-Spektrum ist neben der Anzahl M der Autoregressionskoeffizienten auch der Datenumfang n, die Anfangsphase der abgetasteten Schwingung und die Stärke des überlagerten Rauschens von Bedeutung. Detaillierte Untersuchungen dazu findet man in den vorangehend zitierten Arbeiten. Die Experimente mit der MESA weisen weiter darauf hin, daß die berechneten Filterkoeffizienten mitunter mit Rundungsfehlern behaftet sind. Barrodale und Erickson [11] geben einen Algorithmus und FORTRAN-Subroutinen an, die numerisch stabile Ergebnisse liefern und die zu einer genaueren Bestimmung der Frequenzlage eines Gipfels im ME-Spektrum bei kurzen Realisierungen harmonischer Prozesse führen sollen. Für die im weiteren folgenden Anwendungsbeispiele wird jedoch der angegebene Burg-Andersen-Algorithmus und die Subroutine MEANDU benutzt.

Ein anderes, ebenfalls von Akaike [3] begründetes Kriterium zur Bestimmung der optimalen Ordnung M der Autoregression, ist das sogenannte informationstheoretische Kriterium (AIC). Es wird definiert durch

$$\mathrm{AIC}(M) = \ln(P_M) + 2\frac{M}{n},$$

und es zeigt sich, daß FPE(M) und AIC(M) für $n \to \infty$ gleich sind (siehe dazu auch Ulrych und Clayton [106]).

3.2.6. Signifikanzgrenzen für das empirische ME-Spektrum

Zur statistischen Sicherung eines im empirischen ME-Spektrum hervortretenden Frequenzbandes in Form eines Gipfels im sonst glatten Verlauf ist die Angabe einer

Signifikanzgrenze erforderlich, bei deren Überschreitung die Abweichung im jeweiligen Frequenzbereich vom glatten Verlauf als statistisch gesichert angesehen werden kann. Ein solches Signifikanzniveau läßt sich bestimmen, wenn die Wahrscheinlichkeitsverteilung der ME-Spektralschätzwerte bekannt ist.

Nach KROMER (siehe PARZEN [70] oder ULRYCH und BISHOP [105]) ist die ME-Spektralschätzung asymptotisch normalverteilt. Andere Untersuchungen (BAGGEROER [7]) weisen auf eine verallgemeinerte STUDENTsche t-Verteilung hin. Hier soll bei der Festlegung des Signifikanzniveaus, das die Beurteilung der Realität einzelner Gipfel im empirischen ME-Spektrum gestattet, von der asymptotischen Normalverteiltheit ausgegangen werden. Bei Kenntnis des Erwartungswertes $\mathbf{E}(\hat{S}(f))$ und der Varianz $\mathbf{D}^2(\hat{S}(f))$ der ME-Spektralschätzwerte $\hat{S}(f)$ kann dann die Signifikanztestaussage sofort formuliert werden.

Da die Größe

$$u = \frac{\hat{S}(f) - \mathbf{E}(\hat{S}(f))}{\mathbf{D}(\hat{S}(f))}$$

asymptotisch $N(0, 1)$-verteilt ist, d.h. mit dem Erwartungswert Null und der Varianz Eins, kann die Abweichung des empirischen Spektraldichtewertes $\hat{S}(f)$ vom Erwartungswert als signifikant angesehen werden, wenn die Größe u die Signifikanzgrenze u_β der Normalverteilung überschreitet. Das Signifikanzniveau folgt dann zu

$$S_\beta(f) = \mathbf{E}(\hat{S}(f)) + u_\beta \mathbf{D}(\hat{S}(f)), \tag{3.76}$$

wobei hier nur das Überschreiten der oberen Signifikanzgrenze betrachtet werden soll.

Die Schwierigkeit der Bestimmung des Signifikanzniveaus liegt nun bei der Ermittlung des Erwartungswertes und der Varianz der empirischen Spektralwerte. Die Varianz der Spektralschätzung läßt sich über die „Güte" der Schätzung bestimmen, die ihrerseits durch den Freiheitsgrad

$$\mathrm{Fg} = 2\,\frac{[\mathbf{E}(\hat{S}(f))]^2}{\mathbf{D}^2(\hat{S}(f))} \tag{3.77}$$

beschrieben wird (siehe BLACKMAN und TUKEY [15], LACOSS [52]). Gleichung (3.77) gilt nicht nur für die konventionelle Spektralschätzung, sondern auch für die ME-Spektralschätzung, wobei die Zahl der Freiheitsgrade mit der Ordnung M des AR-Prozesses und dem Stichprobenumfang n durch $\mathrm{Fg} = n/M$ verknüpft ist. Damit ergibt sich für das Signifikanzniveau

$$S_\beta(f) = \left(1 + u_\beta \sqrt{2\,\frac{M}{n}}\right) \mathbf{E}(\hat{S}(f)). \tag{3.78}$$

Da der Erwartungswert des empirischen ME-Spektralwertes $\hat{S}(f)$ eine biasfreie Schätzung ist, d.h., $\mathbf{E}(\hat{S}(f)) = S(f)$ gilt, sind bei Kenntnis der wahren ME-Spektralwerte die Signifikanzgrenzen bestimmt. Die wahren Werte $S(f)$ sind jedoch nicht bekannt, daher muß hierfür eine hypothetische Annahme gemacht werden. Als Nullhypothese wird ein theoretisch „glattes" ME-Spektrum $S_{\text{Hyp}}(f)$ angenommen, das dem zu prüfenden empirischen ME-Spektrum gut angepaßt ist.

Im folgenden wird das hypothetische Spektrum frequenzunabhängig angesetzt, d.h., als Modellspektrum wird ein weißes Rauschen gewählt, dessen Größe durch den Parameter $\hat{P}_{M+1}$ gegeben ist. Speziell für $n/M = 3$ und mit der einseitigen 5%-Sicherheitsgrenze $u_{0,05} = 1{,}645$ der Normalverteilung ergibt sich dann das frequenzunabhängige Signifikanzniveau $S_{0,05} = 2{,}34\ \hat{P}_{M+1}$.

In diesem Abschnitt 3.2 wurde aus informationstheoretischer Sicht die Maximum-Entropie- oder Autoregressive-Spektralschätzung einer Zeitreihe behandelt. Wie bereits erwähnt, gibt es noch andere Prozeßmodellierungen und damit auch andere Schätzmethoden für das Spektrum. In einem lehrbuchartigen Artikel geben KAY und MARPLE [50] eine Zusammenstellung der in den letzten zwei Jahrzehnten entwickelten neuen Methoden der Spektralanalyse von Zeitreihen, wobei insbesondere das Verständnis für die Unterschiede zwischen den verschiedenen Spektralschätzmethoden herausgearbeitet wird. Die angeführten Verfahren umfassen das klassische Periodogramm, die konventionelle Methode von BLACKMAN und TUKEY, die ME-Methode oder AR-Prozeßmodellierung, die MA- und ARMA-Prozeßmodellierung, die Maximum-Likelihood-Methode sowie die Methoden von PRONY und PISARENKO. In einer tabellarischen Übersicht werden die Vor- und Nachteile der einzelnen Methoden gegenübergestellt. Die 278 angeführten Literaturhinweise vermitteln einen Eindruck von der intensiven Forschung auf diesem Gebiet der modernen Methoden der statistischen Zeitreihenanalyse.

3.3. Anwendung der Maximum-Entropie-Methode bei der Analyse meteorologisch-klimatologischer Datenreihen

3.3.1. ME-Spektren klimatologischer Zeitreihen

Die konventionelle Spektralanalysetechnik (diskrete FOURIER-Transformation der Autokovarianzkoeffizienten) gibt für lange Realisierungsreihen quasi-stationärer geophysikalischer Prozesse zuverlässige Schätzungen für die spektrale Energiedichte. Bei kurzen Datenfolgen ergeben sich durch die schlechte Frequenzauflösung jedoch Einschränkungen der Anwendbarkeit dieses Verfahrens. Oft liegen gerade aber in der Klimatologie nur Meßreihen mit geringem Werteumfang vor (im allgemeinen reicht der Meßzeitbereich nicht viel weiter als 100 Jahre zurück), wobei außerdem die Stationarität nicht immer vorausgesetzt werden kann.

Mit Hilfe der Methoden der Spektralanalyse sollen aus der Vielfalt klimatologischer Schwankungen bestimmte Periodizitäten herausgearbeitet werden. Dabei findet der Periodenbereich von einigen Monaten bis zu einigen Jahrzehnten bedingt durch die Verarbeitung von Monats- bzw. Jahreswerten besondere Beachtung. Außerdem läßt sich aus den Ergebnissen der Untersuchungen in diesem Periodenbereich der größte praktische Nutzen für Aussagen hinsichtlich für die Volkswirtschaft relevanter Veränderungen des Klimas ziehen. Im Falle statistisch gesicherter Befunde bezüglich bestimmter Periodizitäten ließen sich dann Wahrscheinlichkeitsaussagen mit Vorhersagecharakter gewinnen. Leider sind jedoch viele der aufgefundenen Perioden nicht persistent, d.h., die einzelnen Schwingungen sind nicht über den gesamten vorliegenden Zeitabschnitt der betrachteten Zeitreihe vertreten, sondern nur in einzelnen Teilintervallen des Beobachtungszeitraumes. In dem nach der konventionellen Methode berechneten Energiespektrum kann dann bedingt durch den bei der diskreten FOURIER-Transformation der Autokovarianzkoeffizienten auftretenden Glättungseffekt die betreffende Schwingung stark vermindert angezeigt werden bzw. ungünstigenfalls fast verschwinden. Die Aufdeckung solcher zeitlichen Schwankungen bei der Ausprägung einzelner Perioden ist für die Vorhersagbarkeit von großer Wichtigkeit.

Zur größtmöglichsten Ausschöpfung der in den Wertereihen enthaltenen meteorologisch-klimatologischen Information sind daher neben dem Aufsuchen von Perioden auch Aussagen über zeitliche Veränderungen „periodischer“ Schwankungen notwendig. Für ausgewählte Frequenzbereiche können mit Hilfe der Bandpaß-Filtertechnik solche zeitlichen Änderungen im spektralen Verhalten der Datenreihen kenntlich gemacht werden (siehe z.B. SCHÖNWIESE [86], [87], [88], BRIER [17]).

Das Verfahren der ME-Spektralschätzung ist dagegen zur Erfassung der Variabilität des Spektrums einer Zeitreihe über den gesamten auflösbaren Frequenzbereich besonders gut geeignet, wie im folgenden noch gezeigt wird. Zunächst sollen jedoch eine Gegenüberstellung des konventionellen Energiespektrums und des ME-Spektrums am Beispiel der Reihe der monatlichen Niederschlagsmengen vorgenommen werden und die Vorteile der höheren Frequenzauflösung beim ME-Spektrum aufgezeigt werden.

Von BAUR [13] (siehe auch LINKE und BAUR [56]) stammt eine „synthetische“ Reihe von Monatsmengen des Niederschlags beginnend mit dem Januarwert des Jahres 1851. Diese Wertereihe besteht aus Mittelwerten der Niederschlagsmengen von 14 Stationen im Gebiet der BRD und der DDR; die Reihe wurde bis Ende 1980 verarbeitet, sie wird laufend ergänzt. Abb. 26 zeigt in einer graphischen Darstellung den Verlauf der Jahressummen dieser Niederschlagswerte. In diese Abbildung ist der Verlauf der im Periodendurchlaßbereich um 5 Jahre gefilterten Wertereihe eingezeichnet (siehe dazu OLBERG [68], OLBERG und ROSENOW [69]). Es ist zu erkennen, daß die im Spektrum der Reihe (Abb. 27) hervortretende Schwingung im Filterergebnis nicht in allen Zeitabschnitten gleich gut ausgeprägt ist. In den Jahren zwischen 1875 und 1925 sowie um 1950 sind die Amplituden klein im Vergleich zu denen in den übrigen

Jahren. Die Schwingung kann in diesen Jahren nicht als statistisch gesichert nachgewiesen gelten. Über diese unterschiedliche Ausbildung einzelner Schwingungen im Zeitablauf können die Spektralschätzungen keine Auskunft geben. Neben dem konventionellen Spektrum ist in der Abb. 27 das ME-Spektrum der Niederschlagsreihe dargestellt. Beide Spektren wurden nicht für die 130 Jahressummen, sondern für die 260 Halbjahressummen berechnet, damit der Periodenbereich von zwei Jahren noch erfaßt wird (die NYQUIST-Frequenzbegrenzung liegt in diesem Falle bei einer Schwingung pro Jahr). Das konventionelle Spektrum ist für Verschiebungen $M = 24$ bei der

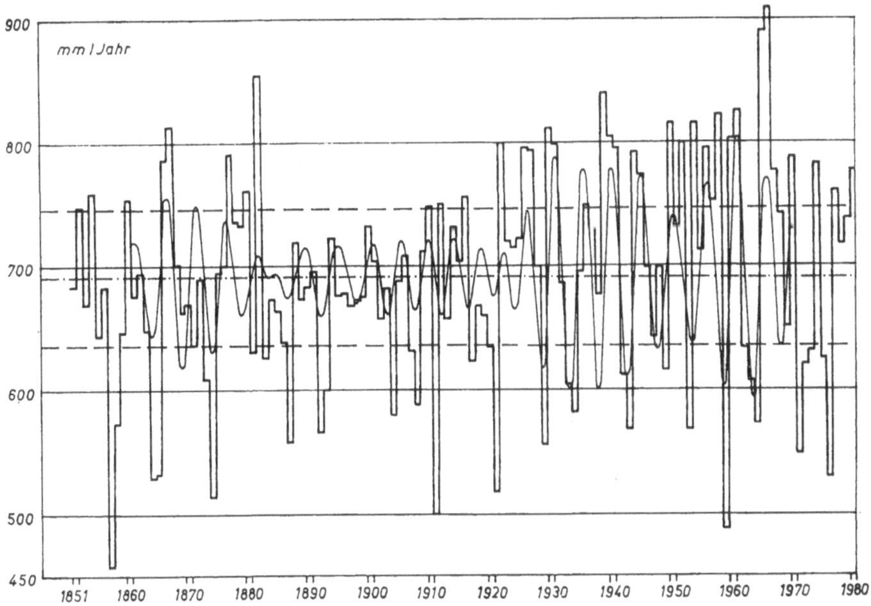

Abb. 26. Zeitlicher Verlauf der Niederschlagsjahressummen nach BAUR mit Verlauf der im Frequenzband einer annähernd 5jährigen Schwankung gefilterten Reihe (- - - - Signifikanzgrenzen)

Bestimmung der Autokovarianzkoeffizienten berechnet; beim ME-Spektrum betrug die Anzahl der berechneten AR-Koeffizienten $M = 10$ und $M = 20$. Da hier nur die Frequenzauflösung näher betrachtet werden soll, wurden die ME-Spektralwerte jeweils auf ihren Maximalwert normiert.

In allen drei Spektren tritt eine 4–5jährige und eine etwa zweijährige Schwankung hervor, beide Perioden sind in der Klimatologie wohlbekannt. Wie in der Abb. 26 aber bereits angedeutet, ist die 4–5jährige Schwankung zeitlich unterschiedlich stark ausgebildet, ähnliches gilt für die etwa zweijährige Schwankung. Im ME-Spektrum

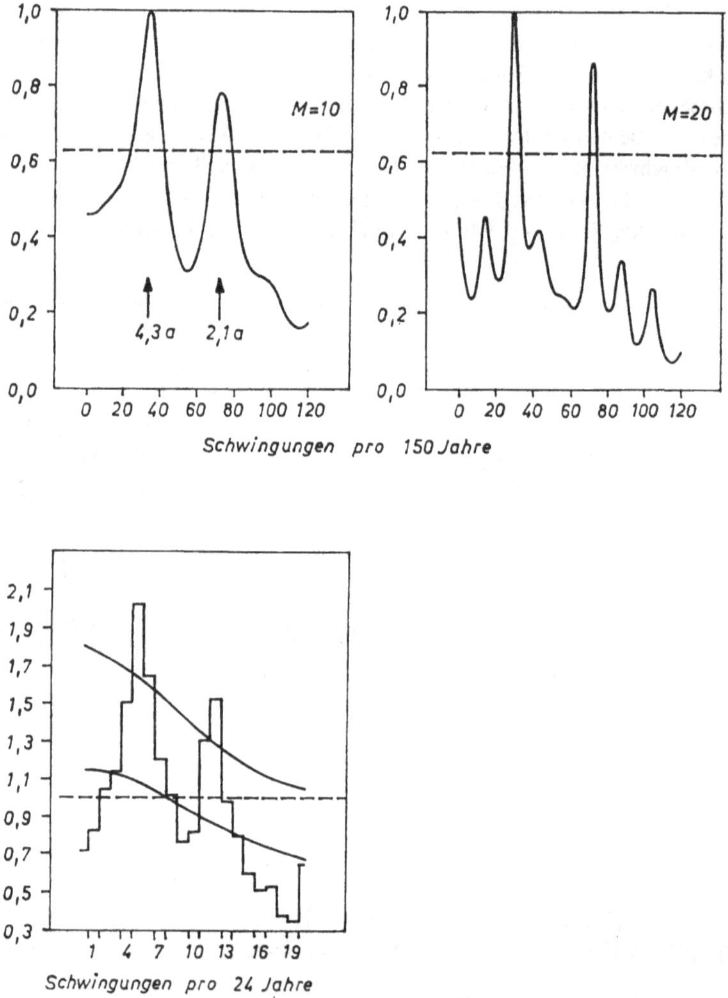

Abb. 27. ME-Spektren und konventionelles Spektrum der Niederschlagsreihe

für $M = 20$ ist eine bessere Feinstruktur bezüglich der Frequenzauflösung zu erkennen. Es sei hier nochmals darauf hingewiesen, daß bei Erhöhung der Anzahl M der AR-Koeffizienten Aufspaltungen der Spektralpeaks in zwei oder mehrere benachbarte Gipfel auftreten können. Solche Spektralpeak-Aufspaltungen können sich aber auch dann ergeben, wenn im Spektrum hervortretende Perioden im zeitlichen Verlauf nicht persistent sind, d.h., wenn Frequenzverschiebungen der Peaks im Zeitablauf auftreten. Anhand des ME-Spektrums der Gesamtreihe läßt sich nicht entscheiden, ob diese Peakaufspaltungen durch den mathematischen Algorithmus (zu hohe Ordnung der Autoregression) bedingt sind, oder ob sie Eigenschaften des zugrunde liegenden Zufallsprozesses widerspiegeln, z. B. ein instationäres Verhalten.

3.3.2. Gleitende ME-Spektralanalyse klimatologischer Zeitreihen

Zeitliche Veränderungen im spektralen Verhalten einer Zeitreihe können durch eine gleitende ME-Analyse erfaßt werden. Da die Frequenzauflösung der MESA auch für kurze Zeitreihen noch sehr groß ist, kann man die gesamte gegebene Wertereihe in Teilabschnitte unterteilen und für diese jeweils eine ME-Spektralanalyse durchführen. Beginnt man diese Analyse mit einem kurzen Zeitintervall am Anfang der Gesamtreihe und verschiebt dieses Abtastintervall schrittweise, wobei für jedes Zeitintervall eine ME-Spektraldichteschätzung vorgenommen wird und die zeitliche Zuordnung der berechneten spektralen Energiedichtewerte auf die Abtastintervallmitte erfolgt, dann erhält man eine Aussage über die zeitliche Veränderlichkeit besonders hervortretender Perioden der untersuchten Wertereihe. Dieses Verfahren kann als gleitende MESA bezeichnet werden. Es lassen sich damit zeitliche Schwankungen des spektralen Verhaltens, die durch den instationären Charakter der hinter meteorologisch-klimatologischen Datenreihen stehenden Zufallsprozesse bedingt sind, aufdecken. Die bei dem Analyseverfahren vorausgesetzte Stationarität ist dabei nur für die Teilintervalle der zu untersuchenden Zeitreihe zu fordern.

Zur Veranschaulichung der zeitlichen Veränderungen des spektralen Verhaltens werden in einem Zeit-Frequenz-Diagramm auf der Abszisse die Frequenzen bzw. Perioden, auf der Ordinate die Zeit (die der Abtastintervallmitte entspricht) aufgetragen. In diesem Zeit-Frequenz-Diagramm werden dann Isolinienniveaus gleicher ME-Spektraldichtewerte dargestellt.

Für die angeführte Niederschlagsreihe zeigt Abb. 28 solch eine Darstellung, die Spektrogramm genannt wird. Zur schnellen Erstellung eines Spektrogramms werden dazu in einem Computerzeilendrucker-Listing Isolinienniveaus gleicher Spektraldichtewerte ausgedruckt (vergleiche dazu die entsprechenden Abbildungen bei Olberg und Rosenow [69]; die Ziffern in diesen Abbildungen bedeuten die Isolinienniveaus gleicher ME-Spektraldichtewerte in Dezibel-Einheiten, d. h., es wird der zehnfache Wert des dekadischen Logarithmus der auf den Maximalwert normierten Spektraldichte dargestellt. Insgesamt werden dabei von der speziell dafür entwickelten FORTRAN-Subroutine 41 Niveaus über den Zeilendrucker ausgegeben, gekennzeichnet durch die Zeichen **Ø12** ... **9X12** ... **9Y12** ... **9Z12** ... **9***, wobei die Ziffer **Ø** dem Spektraldichtemaximum entspricht).

In diesen Spektrogrammen können einzelne Isolinienniveaus durch verbindende Kurvenzüge besonders herausgehoben werden, um die Struktur besser zu verdeut-

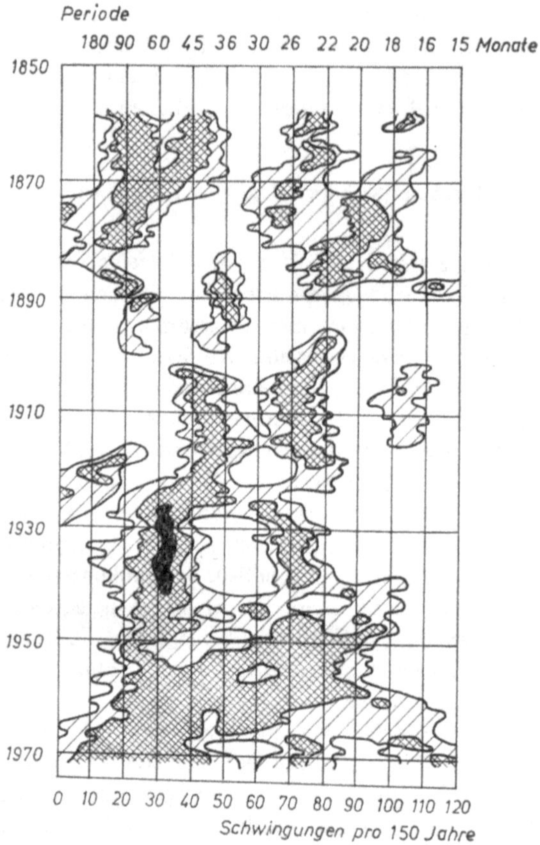

Abb. 28. Spektrogramm der Niederschlagsreihe

lichen. Die dunkel und doppelt schraffierten Gebiete in Abb. 28 sind Frequenz-Zeit-Bereiche, in denen die Spektralwerte oberhalb des Signifikanzniveaus liegen. Dieses ergibt sich in Dezibel-Einheiten aus der Gleichung (3.78) mit $u_{0,05} = 1{,}645$ sowie $n/M = 3$ zu

$$D_{0,05} = 3{,}7 + 10 \log(S_{\mathrm{Hyp}}/S_{\mathrm{Norm}}), \tag{3.79}$$

wobei hier für den Normierungsfaktor S_{Norm} das Maximum der ME-Spektralwerte im betrachteten Zeit-Frequenz-Diagramm und für S_{Hyp} der mittlere Rauschpegel (Mittelwert der $\hat{P}_{M+1}$-Werte aus den Einzelanalysen) verwendet wurde. Die Signifikanzniveau-Isolinie kann im Druckbild des Spektrogramms durch ein besonderes Drucksymbol markiert werden.

Die zweidimensionale Darstellung der Ergebnisse der gleitenden MESA zeigt für die Niederschlagsreihe, daß eine 4–5jährige (48–60monatige) und eine etwa zweijährige (20–28monatige) Schwankung deutlich hervortritt. Im Unterschied zum Spektrum der Gesamtreihe (Abb. 27) ist jedoch die zeitlich recht unterschiedliche Ausprägung der Spektralgipfel und dabei insbesondere deren Frequenzverschiebung zu erkennen. Anhand des Spektrogramms läßt sich die im ME-Spektrum für $M = 20$ gefundene spektrale Feinstruktur erklären. So bedeutet z.B. der kleine Spektralgipfel rechts neben dem Frequenzband der etwa zweijährigen Schwankung eine Periode von 150/88 Jahren $\approx$20 Monaten, die nur um 1880 und 1950 auftritt, wie das Spektrogramm dies ausweist. Für die 4–5jährige Schwankung in der Niederschlagsreihe ergibt sich im ME-Spektrum für $M = 20$ gegenüber dem für $M = 10$ eine Verschiebung des Spektraldichtemaximums von der Periode 150/35 Jahre = 4,3 Jahre = 51 Monate zur längeren Periode von 150/31 Jahre = 4,8 Jahre = 58 Monate mit einem Nebengipfel bei 150/45 Jahren = 3,3 Jahren = 40 Monaten. Die Erklärung dafür folgt wieder aus dem Spektrogramm. Danach zeigt sich, daß im Zeitraum von 1900 bis 1925 eine 40monatige Schwankung existiert, die um 1925 in eine etwa 60monatige Periode übergeht. Im ME-Spektrum der Gesamtreihe erfolgt für $M = 10$ keine Auflösung dieser Frequenzfeinstruktur, daher der Gipfel bei einer mittleren Periode von 4,3 Jahren.

Weitere Beispiele für Spektrogramme klimatologischer Datenreihen sind bei Olberg und Rosenow [69] zu finden. Aus den Untersuchungen geht hervor, daß die gleitende MESA ein geeignetes Analyseverfahren zur Aufklärung der spektral-zeitlichen Struktur meteorologischer Wertereihen ist. Die Spektrogramme zeigen in dieser zweidimensionalen Darstellung anschaulich die zeitlich recht unterschiedliche Ausprägung bestimmter Schwingungen in einer Zeitreihe und erlauben damit eine gute Beurteilung der Persistenz bestimmter hervortretender Perioden.

Oft treten im Spektrum, das aus der Gesamtreihe berechnet wurde, Peaks auf, die nicht sehr stark ausgebildet sind und daher das Signifikanzniveau nicht überschreiten, so daß sie als statistisch nicht gesichert angesehen werden. Hat man in dem betreffenden Frequenzband trotzdem eine deutliche Heraushebung erwartet, dann könnte ein klein ausfallender Spektralgipfel dadurch bedingt sein, daß die betreffende Schwingung nicht im gesamten Beobachtungszeitraum vertreten ist. Aus dem Spektrum der Gesamtreihe würde daher wegen des Nichtübersteigens der Signifikanzgrenze die Schwingung als nicht gesichert gefolgert und damit zu Unrecht verworfen werden, obwohl in einzelnen Zeitabschnitten eine statistische Sicherung gegeben werden kann, die das Spektrogramm dann ausweist.

Neben der zweidimensionalen Darstellung durch Isolinien im Spektrogramm kann die zeitlich-spektrale Änderung einer Zeitreihe im Anblick noch anschaulicher durch ein räumlich-perspektivisches Bild wiedergegeben werden. Bei Benutzung geeigneter Maskentechniken, d.h. Ausblendung verdeckter Linien oder Linienabschnitte (siehe z.B. Algorithmus von Watkins [114] und dessen Anwendung von Wölkerling

[118]) beim Zeichnen, können auf computergesteuerten Zeichenaufomafen dreidimensionale Darstellungen, wie sie Abb. 29 zeigt, erzeugt werden. In einer solchen Abbildung ist im Gegensatz zum zweidimensionalen Spektrogramm die Höhe der einzelnen Gipfel besser einzuschätzen (siehe dazu auch RADOSKI u.a. [73]).

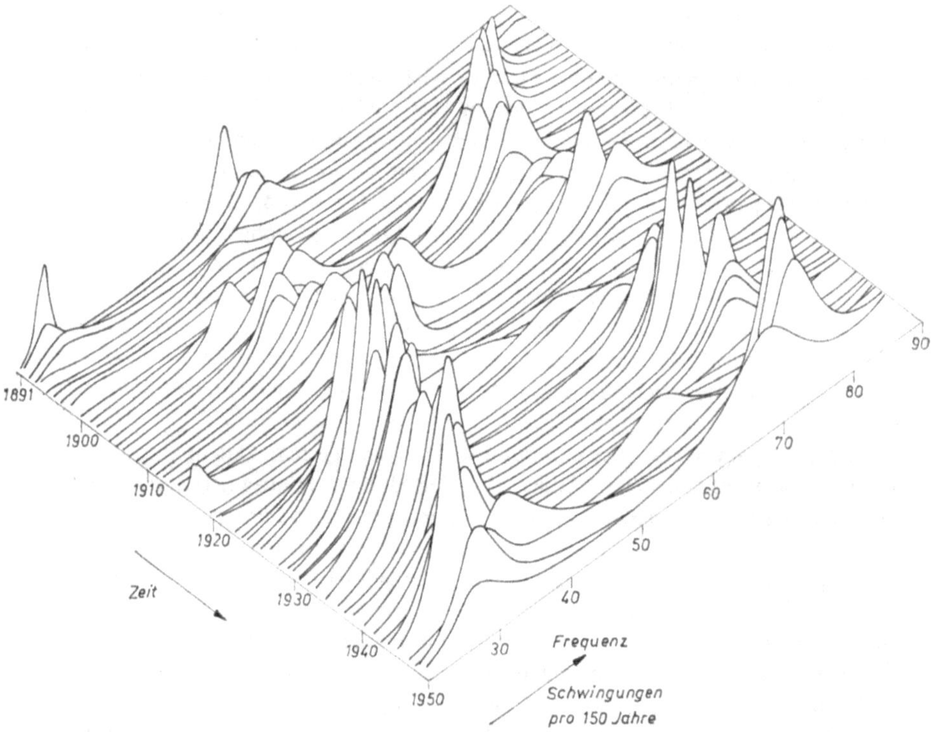

Abb. 29. Ausschnitt der 3D-Darstellung der gleitenden MESA der Niederschlagsreihe

3.3.3. Experimente mit gleitenden ME-Spektren

Analog zu den Experimenten mit der ME-Spektralanalyse synthetischer Zeitreihen (siehe CHEN und STEGEN [20], HALDOUPIS [39], ULRYCH [103]) können auch Modellversuche mit der gleitenden MESA durchgeführt werden. Dabei kann die Amplitude und Frequenz einer vorgegebenen Schwankung zeitabhängig modelliert werden. Als Simulationsmodell einer instationären Zeitreihe sei eine Harmonische mit zeitvariabler Amplitude und Frequenz, die von einem stationären weißen Rauschen überlagert wird, in der Form

$$x_{\text{Modell}}(t) = A(t)\cos(2\pi f(t)t) + 1{,}5\%\ \text{weißes Rauschen} \tag{3.80}$$

gewählt, wobei die zeitabhängige Amplitude

$$A(t) = A_0 \exp(-a(t - b)^2) \tag{3.81}$$

und die zeitabhängige Frequenz

$$f(t) = \frac{f_0}{1 + \beta t} \tag{3.82}$$

sei. A_0, a, b, f_0 und β sind dabei konstante Parameter.

Abb. 30 zeigt die Realisierung einer Modellreihe in der Form (3.80) mit den Parametern $A_0 = 15$, $a = 2.58 \cdot 10^{-4}$, $b = 73\,\Delta t$, $f_0 = 2/3\,\Delta t$ und $\beta = 1/75\,\Delta t$. Man erkennt in der Abbildung die zeitliche Abnahme der Schwingungsfrequenz, die allerdings wegen der nach Gleichung (3.82) gewählten Form der Zeitabhängigkeit der Frequenz nicht linear erfolgt.

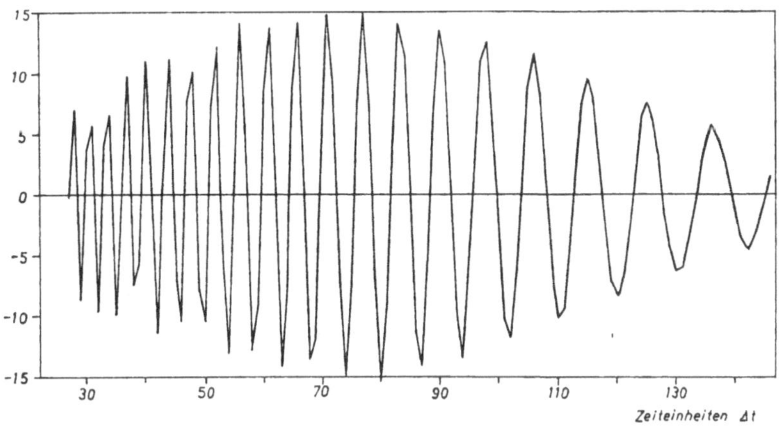

Abb. 30. Modellreihe

Das ME-Spektrum (Abb. 31) dieser instationären Zeitreihe weist hervortretende Frequenzbänder bei Perioden von $9\,\Delta t$, $6\,\Delta t$ und $4\,\Delta t$ auf. Daraus könnte zunächst auf drei ausgeprägte Perioden in der Zeitreihe geschlossen werden. Annähernd lassen sich diese aus dem Verlauf der Modellreihe ablesen, sie sind aber nur in begrenzten Zeitabschnitten zu erkennen. So kann eine Schwingung mit der Periode von $9\,\Delta t$ aus der Abb. 30 im Zeitbereich von etwa 90 bis $120\,\Delta t$ herausgelesen werden, eine Periode von $6\,\Delta t$ wäre im Zeitbereich von etwa 60 bis $90\,\Delta t$ und eine Periode von $4\,\Delta t$ im Zeitbereich von etwa 30 bis $60\,\Delta t$ zu finden, wobei die Perioden allerdings ineinander übergehen. Viel aussagekräftiger ist dagegen das Spektrogramm (Abb. 32) dieser Modellreihe. Daraus ist die zeitliche Abnahme der Schwingungsfrequenz der instationären Zeitreihe sowie die zeitliche Lageveränderung des Spektralgipfels sofort abzulesen.

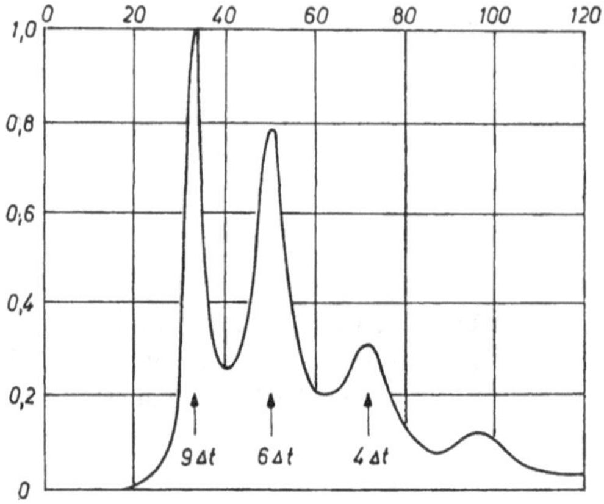

Abb. 31. ME-Spektrum der Modellreihe

Durch Veränderung der Parameter a, b, f_0 und β sowie Überlagerung zweier oder mehrerer Harmonischer mit unterschiedlicher zeitvariabler Amplitude und Frequenz können im Spektrogramm beliebige Muster modelliert werden, so daß bei entsprechendem Aufwand das Spektrogramm einer Beobachtungsreihe durch Superposition harmonischer Schwingungen nachgebildet werden kann.

Es muß jedoch festgestellt werden, daß die Modellierungen nicht eindeutig sind, d.h., mit unterschiedlichen Modellfunktionen können untereinander ähnliche Struk-

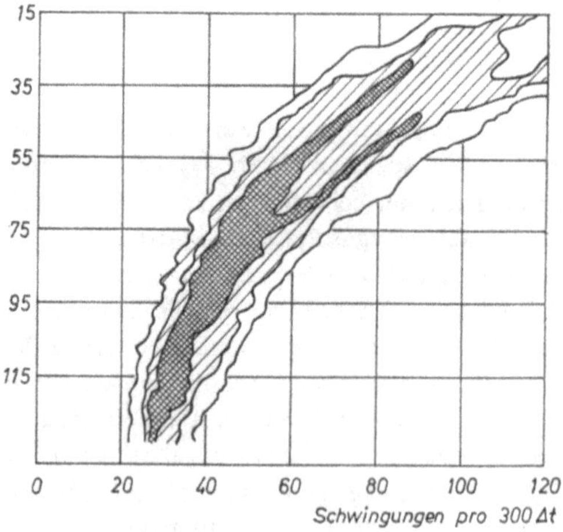

Abb. 32. Spektrogramm der Modellreihe

turen nachgebildet werden. Das erschwert natürlich die Interpretation der Spektrogramme von Zeitreihen, deren Frequenzstruktur erst erkundet werden soll, erheblich. Zusätzlich können sich auch hierbei die bereits erwähnten Einflüsse der Anfangsphase einer abgetasteten Schwingung oder der Werteumfang oder die benutzte Ordnung der Autoregression auf die Frequenzlage der Gipfel im ME-Spektrum (siehe dazu CHEN und STEGEN [20]) interpretationserschwerend auswirken. Daher ist es vorteilhaft, bei Untersuchungen zeitlicher Änderungen des spektralen Verhaltens einer gegebenen Zeitreihe hinsichtlich von Frequenz- und Amplitudenveränderungen eine numerische Filterung der Wertereihe in den entsprechenden Frequenzdurchlaßbereichen mit heranzuziehen, um die gewonnenen Ergebnisse der gleitenden MESA gegebenenfalls zu bestätigen.

3.4. Hinweise zur Maximum-Entropie-Spektralanalyse mehrkanaliger Zeitreihen

3.4.1. Schätzung des multivariaten Spektrums nach YULE-WALKER

Die Erweiterung der Maximum-Entropie-Methode zur Analyse mehrerer, miteinander korrelierter (mehrkanaliger oder multivariater) Zeitreihen führt neben der Schätzung der Autospektren der einzelnen Reihen zur Schätzung der Kreuzspektren bzw. der Kohärenzen und Phasenverschiebungen. Dabei ist die spektrale Auflösung gegenüber den konventionellen Schätzmethoden (siehe z.B. JENKINS und WATTS [46]) dieser Größen wiederum erheblich besser.

Insbesondere in der Meteorologie und Geophysik kann eine solche hochauflösende Analysemethode bei der Untersuchung der Zeitreihen unterschiedlicher geophysikalischer oder meteorologischer Elemente an einem Ort oder der Zeitreihen eines Elementes an verschiedenen Orten Aufschlüsse über bestehende Zusammenhänge ergeben. So können damit z.B. Beziehungen zwischen länger anhaltenden atmosphärischen Zirkulationsanomalien und Klimaänderungen in einzelnen Regionen der Erdoberfläche detaillierter als bisher mit den konventionellen Methoden der Kohärenzanalyse (siehe z.B. DOBERITZ [26], HASTENRATH und KACZMARCZYK [40]) erfaßt werden.

Ausführungen zu den theoretischen Grundlagen und den Schätzungen von Kreuzspektren multivariater Zeitreihen nach der ME-Methode findet man u.a. bei FRYER u.a. [34], HAYKIN und KESLER [41], JONES [48], MORF u.a. [61], STIEWE [96], ULRYCH und JENSEN [104].

Man geht bei der autoregressiven oder Maximum-Entropie-Spektralschätzung eines multivariaten Zufallsprozesses analog dem Ansatz (3.48) für den eindimensionalen

Fall von dem autoregressiven Modellansatz

$$\boldsymbol{x}_j = -\sum_{k=1}^{p} \boldsymbol{A}_k \boldsymbol{x}_{j-k} + \boldsymbol{n}_j \tag{3.83}$$

aus, wobei $\boldsymbol{x}_j = (x_{j1}, x_{j2}, \ldots, x_{jN})^{\mathsf{T}}$ der N-dimensionale Spaltenvektor der Beobachtungswerte der N reellen Zeitreihen zu den diskreten Zeitpunkten $t_j = j\,\Delta t$ für $j = 1, 2, \ldots, n$ sei. Das Symbol ^{T} bedeutet die Transponierung eines Vektors bzw. einer Matrix. Es wird angenommen, daß der Mittelwert der N Zeitreihen jeweils Null ist. Die $\boldsymbol{A}$ sind die Autoregressionskoeffizienten, die im N-dimensionalen Fall Matrizen vom Typ (N, N) sind. Der Vektor $\boldsymbol{N}_j$ mit der Realisierung $\boldsymbol{n}_j$ stellt, bei guter Anpassung (große Anzahl p der Autoregressionsmatrizen) des multivariaten Zufallsprozesses an einen AR-Prozeß, einen N-kanaligen Zufallszahlenvektor (weißes Rauschen) dar, dessen Erwartungswert der Nullvektor ist, d.h. $\mathbf{E}(\boldsymbol{N}_j) = (0, 0, \ldots, 0)^{\mathsf{T}}$, und dessen einzelne Komponenten unkorreliert sind, d.h. $\mathbf{E}(\boldsymbol{N}_j \boldsymbol{N}_{j+k}^{\mathsf{T}}) = \delta_{0,k} \boldsymbol{V}$, wobei

$$\boldsymbol{V} = \begin{bmatrix} \sigma_1^2 & 0 & \ldots & 0 \\ 0 & \sigma_2^2 & \ldots & 0 \\ \vdots & \vdots & \ddots & \vdots \\ 0 & 0 & \ldots & \sigma_N^2 \end{bmatrix}$$

die (N, N)-Kovarianzmatrix des Zufallszahlenvektors bedeutet.

Bei der praktischen Durchführung der autoregressiven Modellierung ist in der Gleichung (3.83) eine kleine Anzahl M von Koeffizientenmatrizen anzunehmen, so daß von dem multivariaten AR-Modell

$$\boldsymbol{x}_j = -\sum_{k=1}^{M} \boldsymbol{A}_k^{(M)} \boldsymbol{x}_{j-k} + \boldsymbol{e}_{f,j}^{(M)} \tag{3.84}$$

auszugehen ist, wobei die Abhängigkeit der Autoregressionsmatrizen von der Ordnung M der Autoregression im Gegensatz zu Abschnitt 3.3 durch das in Klammern gesetzte M in Exponentenstellung angezeigt ist. Der Spaltenvektor $\boldsymbol{e}_{f,j}^{(M)}$ gibt für jeden Vorwärts-Extrapolationsschritt den Fehler an, der bei der Anwendung eines „forward-prediction-error-Filters" der Ordnung M begangen wird. $\boldsymbol{e}_{f,j}^{(M)}$ kann dabei durchaus von dem Zufallszahlenvektor $\boldsymbol{n}_j$ abweichen.

Die Schätzungen $\hat{\boldsymbol{A}}_k^{(M)}$ der Autoregressionsmatrizen können entweder wieder durch Lösung des multivariaten Yule-Walker-Gleichungssystems bestimmt werden (siehe dazu z.B. Fryer u.a. [34]) oder mit Hilfe einer mehrkanaligen Version des Burgschen Algorithmus.

Die multivariaten Yule-Walker-Gleichungen lauten

$$\sum_{k=0}^{M} \hat{\boldsymbol{A}}_k^{(M)} \hat{\boldsymbol{R}}_{j-k} = \boldsymbol{0} \qquad \text{für} \qquad j = 1, 2, \ldots, M, \tag{3.85}$$

wobei $\hat{A}_0^{(M)} = E$ die (N,N)-Einheitsmatrix, 0 die (N,N)-Nullmatrix, $\hat{R}_j$ die Autokovarianzmatrizen, geschätzt aus den Beobachtungsdatenreihen x_j nach der Gleichung

$$\hat{R}_j = \frac{1}{n} \sum_{k=1}^{n-j} x_{k+j}\, x_k^{\mathsf{T}}, \tag{3.86}$$

und $\hat{A}_k^{(M)}$ die Schätzungen für die Autoregressionsmatrizen $A_k^{(M)}$ sind. Außerdem gilt die Beziehung

$$\sum_{k=0}^{M} \hat{A}_k^{(M)}\, \hat{R}_{-k} = \hat{P}_{f,M}, \tag{3.87}$$

wobei $P_{f,M}$ der Erwartungswert der Prediction-error-Filter-Outputleistungen (Prediction-error-Kovarianzmatrix) ist, d.h. $P_{f,M} = \mathsf{E}(e_{f,j}^{(M)} e_{f,j}^{(M)\mathsf{T}})$.

Zur Lösung des Yule-Walker-Gleichungssystems mit Hilfe des von Wiggins und Robinson [117] für die Prediktions-Filterung mehrkanaliger Zeitreihen erweiterten Levinson-Algorithmus, daher LWR-Algorithmus genannt, muß neben der Vorwärts-Prediktions-Filterung entsprechend der Gleichung (3.84) auch die Rückwärts-Prediktions-Filterung (backward-prediction-error-Filter)

$$x_{j-M} = -\sum_{k=1}^{M} B_{M+1-k}^{(M)}\, x_{j+1-k} + e_{b,j}^{(M)} = -\sum_{k=1}^{M} B_k^{(M)}\, x_{j-M+k} + e_{b,j}^{(M)} \tag{3.88}$$

herangezogen werden, wobei $B_k^{(M)}$ die Rückwärts-Prediction-error-Filterkoeffizientenmatrizen sind mit $B_0^{(M)} = E$ und $e_{b,j}^{(M)}$ die entsprechenden Prediktionsfehler darstellen. $P_{b,M} = \mathsf{E}(e_{b,j}^{(M)}\, e_{b,j}^{(M)\mathsf{T}})$ ist der Erwartungswert der Prediction-error-Filter-Outputleistungen bei der Rückwärts-Prediktions-Filterung.

Im univariaten Fall sind die Vorwärts- und Rückwärts-Prediction-error-Filterkoeffizienten konjugiert komplex, falls die Ausgangsreihe komplex ist, und erscheinen in umgekehrter Reihenfolge, sind aber sonst einander gleich. Im mehrkanaligen Fall müssen beide Koeffizienten-Matrix-Folgen $A_k^{(M)}$ und $B_k^{(M)}$ für $k = 1, 2, \ldots, M$ bei jedem Rekursionsschritt gleichzeitig berechnet werden. Eine FORTRAN-Subroutine dafür findet man bei Robinson [84].

Die mehrkanaligen Übertragungsfunktionen des Vorwärts- und Rückwärts-Prediktions-Filters erhält man durch Z-Transformation der Matrix-Folgen $A_k^{(M)}$ und $B_k^{(M)}$ zu

$$A_M(z) = E + \sum_{k=1}^{M} A_k^{(M)}\, z^{-k} \tag{3.89}$$

und

$$B_M(z) = \left(E + \sum_{k=1}^{M} B_k^{(M)} z^k\right) z^{-M}. \tag{3.90}$$

Mit den Schätzwerten $\hat{\boldsymbol{A}}_k^{(M)}$, $\hat{\boldsymbol{B}}_k^{(M)}$, $\hat{\boldsymbol{P}}_{f,M}$ und $\hat{\boldsymbol{P}}_{b,M}$ folgt die Schätzung des multivariaten Maximum-Entropie-Spektrums

$$\hat{S}(f) = \hat{\boldsymbol{A}}_M^{-1}(z)\,\hat{\boldsymbol{P}}_{f,M}\,\hat{\boldsymbol{A}}_M^{-\mathsf{T}}(z^{-1}) \tag{3.91}$$

bzw.

$$\hat{S}(f) = \hat{\boldsymbol{B}}_M^{-1}(z)\,\hat{\boldsymbol{P}}_{b,M}\,\hat{\boldsymbol{B}}_M^{-\mathsf{T}}(z^{-1}), \tag{3.92}$$

wobei wieder $z = \exp(\mathrm{i}\,2\pi f)$ ist, der Abtastabstand Δt ist gleich Eins gesetzt. Das Symbol $-\mathsf{T}$ bedeutet dabei die Invertierung und Transponierung einer Matrix, wobei gilt $\boldsymbol{A}^{-\mathsf{T}} = (\boldsymbol{A}^{-1})^{\mathsf{T}} = (\boldsymbol{A}^{\mathsf{T}})^{-1}$. $\hat{S}(f)$ ist die (N,N)-Matrix der Auto- und Kreuzspektralschätzungen der N Zeitreihen. Dabei sind in der Diagonalen der Matrix die Autospektren $\hat{S}_{jj}(f)$ enthalten, außerhalb der Diagonalen befinden sich die komplexen Kreuzspektren $\hat{S}_{jk}(f)$. Man berechnet daraus das Kohärenzspektrum zwischen der j-ten und k-ten Zeitreihe zu

$$\hat{\mathrm{Co}}_{jk}^2(f) = \frac{\hat{S}_{jk}(f)\,\hat{S}_{jk}^*(f)}{\hat{S}_{jj}(f)\,\hat{S}_{kk}(f)} \tag{3.93}$$

für $j, k = 1, 2, \ldots, N$ und das Phasenspektrum als Arkustangens des Quotienten aus dem Imaginär- und Realteil der Kreuzspektren zu

$$\hat{\mathrm{Ph}}_{jk}(f) = \arctan\frac{\mathrm{Im}(\hat{S}_{jk}(f))}{\mathrm{Re}(\hat{S}_{jk}(f))}. \tag{3.94}$$

In Abb. 33 ist in einem Blockschema der Ablauf einer mehrkanaligen Maximum-Entropie-Spektralanalyse skizzenhaft dargestellt. Von besonderer Bedeutung ist wieder die Wahl der günstigsten Anzahl M der Autoregressionsmatrizen, d.h. die optimale Ordnung des multivariaten AR-Modells. Auch hier hat sich das von Akaike eingeführte Final-prediction-error-Kriterium (FPE) bzw. das informationstheoretische Kriterium (AIC) als geeignet erwiesen.

Der multivariate Final-prediction-error ist

$$\mathrm{FPE}(M, N) = \left(1 + \frac{(M+1)N}{n}\right)^N \det(\boldsymbol{V}_M). \tag{3.95}$$

Durch passende Wahl von M ist dieser zu minimieren. Mit $\det(\boldsymbol{V}_M)$ ist die Determinante der Prediktion-Kovarianzmatrix gekennzeichnet. $\boldsymbol{V}_M$ kann aus den Prediction-error-Kovarianzmatrizen abgeschätzt werden durch

$$\boldsymbol{V}_M \approx \boldsymbol{P}_{f,M} \qquad \text{oder} \qquad \boldsymbol{V}_M \approx \frac{1}{2}(\boldsymbol{P}_{f,M} + \boldsymbol{P}_{b,M}).$$

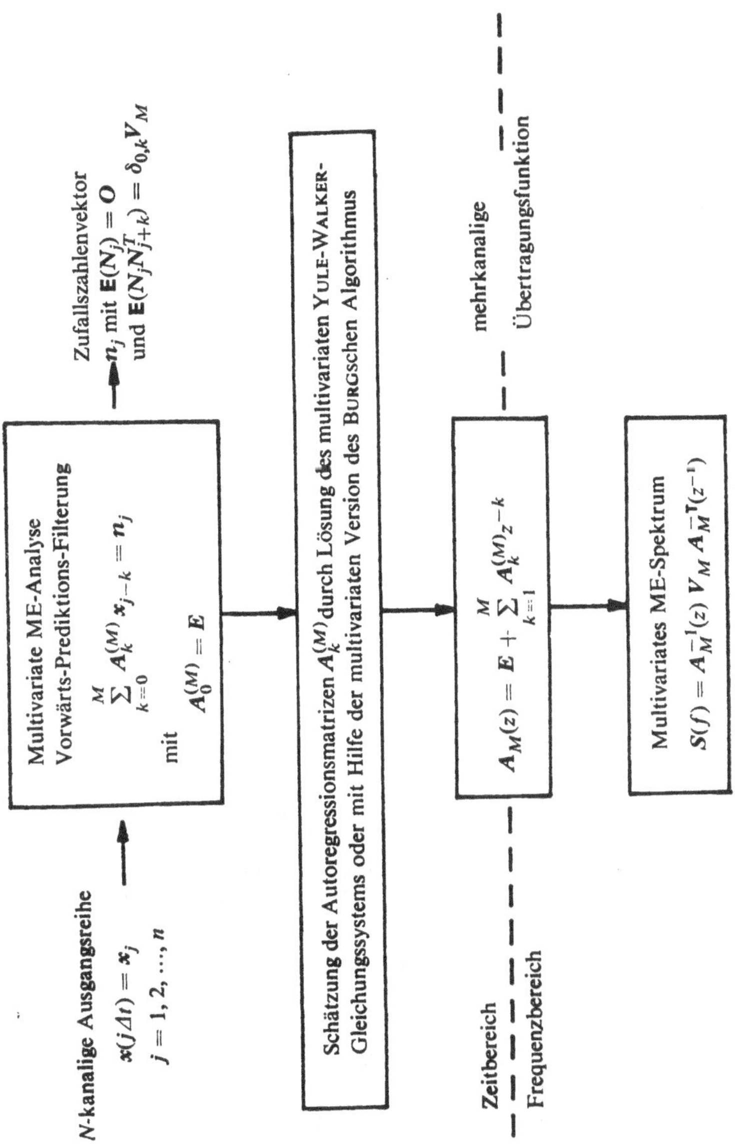

Abb. 33. Blockschema zur multivariaten MESA

Die Matrizen $\boldsymbol{P}_{f,M}$ und $\boldsymbol{P}_{b,M}$ selbst lassen sich aus den Produktsummen der Vorwärts- und Rückwärts-Extrapolationsfehler

$$\boldsymbol{P}_{f,S} = \sum_{j=M+1}^{n} \boldsymbol{e}_{f,j}^{(M)} \boldsymbol{e}_{f,j}^{(M)\mathsf{T}} \quad \text{und} \quad \boldsymbol{P}_{b,S} = \sum_{j=M+1}^{n} \boldsymbol{e}_{b,j}^{(M)} \boldsymbol{e}_{b,j}^{(M)\mathsf{T}} \tag{3.96}$$

durch die Gleichungen

$$\hat{\boldsymbol{P}}_{f,M} = \frac{\boldsymbol{P}_{f,S}}{n-(M+1)N} \quad \text{und} \quad \hat{\boldsymbol{P}}_{b,M} = \frac{\boldsymbol{P}_{b,S}}{n-(M+1)N} \tag{3.97}$$

schätzen, so daß für den Final-prediction-error schließlich

$$\text{FPE}(M, N) = \left(\frac{n+(M+1)N}{n-(M+1)N}\right)^N \frac{\det(\boldsymbol{P}_{f,S})}{n^N} \tag{3.98}$$

folgt (siehe dazu Fryer u.a. [34], Jones [48]).

3.4.2. Berechnung der Autoregressionsmatrizen mit Hilfe eines normierten LWR-Algorithmus

Die Erweiterung des rekursiven Burgschen Algorithmus zur MES-Analyse multivariater Zeitreihen kann analog der im vorangehenden Abschnitt 3.2.3 gegebenen Herleitung des Burgschen Algorithmus zur Bestimmung der Autoregressionskoeffizienten für eine Zeitreihe erfolgen (siehe z.B. Stiewe [96]). Eine andere Version der rekursiven mehrkanaligen ME-Methode, die hier kurz dargelegt werden soll, findet man bei Morf u.a. [61] (siehe dazu auch Haykin und Kesler [41]). Die rekursive Berechnung der Autoregressionsmatrizen erfolgt dabei mit Hilfe einer geeignet gewählten Normierung des multivariaten LWR-Algorithmus.

Zur Normierung des LWR-Algorithmus ist die Einführung der sogenannten Quadrat-Wurzel-Matrix notwendig. Für eine positiv-definite Matrix $\boldsymbol{A}$ ist die Quadrat-Wurzel-Matrix $\boldsymbol{A}^{1/2}$ definiert als eine untere Dreiecks-Matrix, die der Bedingung $\boldsymbol{A}^{1/2}\boldsymbol{A}^{\mathsf{T}/2} = \boldsymbol{A}$ genügt, wobei $\boldsymbol{A}^{\mathsf{T}/2} = (\boldsymbol{A}^{1/2})^{\mathsf{T}}$ gilt. Es ist weiter $\boldsymbol{A}^{-1/2} = (\boldsymbol{A}^{1/2})^{-1}$ und $\boldsymbol{A}^{-\mathsf{T}/2} = (\boldsymbol{A}^{-1/2})^{\mathsf{T}} = ((\boldsymbol{A}^{1/2})^{-1})^{\mathsf{T}}$, aber $(\boldsymbol{A}^{-1})^{1/2} \neq \boldsymbol{A}^{-1/2}$. Mit Hilfe der im Anhang angegebenen FORTRAN-Subroutine MROOT2 kann die numerische Berechnung der zu einer vorgegebenen positiv-definiten Matrix gehörenden Quadrat-Wurzel-Matrix erfolgen.

Ist $\boldsymbol{x}_j = (x_{j1}, x_{j2}, \ldots, x_{jN})^{\mathsf{T}}$ der N-dimensionale Spaltenvektor der Realisierungen der N reellen Zeitreihen zu den äquidistanten Zeitpunkten t_j für $j = 0, 1, 2, \ldots, n$ mit den Mittelwerten Null, dann wird die Berechnung der normierten Autoregressionsmatrizen $\tilde{\boldsymbol{A}}_k^{(M)}$ und $\tilde{\boldsymbol{B}}_k^{(M)}$ entsprechend dem in der Abb. 34 angeführten Ablaufplan vorgenommen. Die Tilde hebt die Normierung der jeweiligen Größen nochmals besonders hervor.

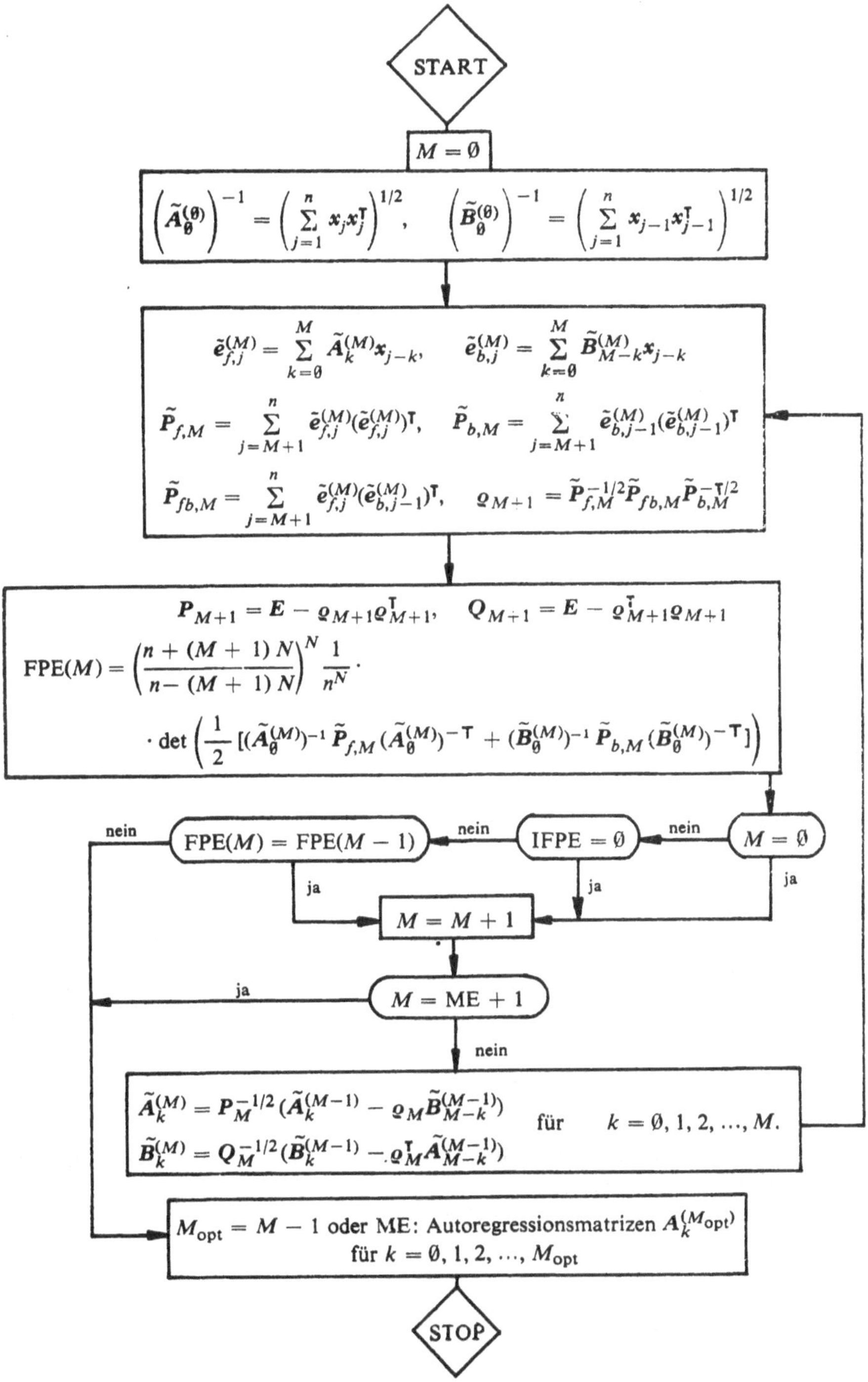

Abb. 34. Ablaufplan zur Berechnung der AR-Matrizen

Man kann die Normierung der Autoregressionsmatrizen rückgängig machen, indem mit den inversen Matrizen $(\tilde{A}_0^{(M)})^{-1}$ bzw. $(\tilde{B}_0^{(M)})^{-1}$ multipliziert wird. Die nichtnormierten Autoregressionsmatrizen sind dann

$$\left.\begin{aligned} A_k^{(M)} &= (\tilde{A}_0^{(M)})^{-1}\,\tilde{A}_k^{(M)} \\ \text{bzw.}\quad & \\ B_k^{(M)} &= (\tilde{B}_0^{(M)})^{-1}\,\tilde{B}_k^{(M)} \end{aligned}\right\}\quad \text{für}\quad k = 0, 1, 2, \ldots, M. \tag{3.99}$$

Mit Hilfe der Subroutine MKARCO, die neben den dazugehörenden Unterprogrammen im Anhang 1 angeführt ist, können die Mehrkanal-Autoregressionsmatrizen numerisch berechnet werden (vergleiche mit dem Ablaufplan in Abb. 34).

Aus den berechneten normierten Autoregressionsmatrixfolgen ergeben sich die entsprechenden Übertragungsfunktionen

$$\tilde{A}_M(z) = \sum_{k=0}^{M} \tilde{A}_k^{(M)}\, z^{-k} \tag{3.100}$$

und

$$\tilde{B}_M(z) = \sum_{k=0}^{M} \tilde{B}_k^{(M)}\, z^{k-M} \tag{3.101}$$

und daraus das multivariate Maximum-Entropie-Spektrum

$$S(f) = \tilde{A}_M^{-1}(z)\,\tilde{A}_M^{-\mathsf{T}}(z^{-1}) \tag{3.102}$$

bzw.

$$S(f) = \tilde{B}_M^{-1}(z)\,\tilde{B}_M^{-\mathsf{T}}(z^{-1}). \tag{3.103}$$

Wegen $z = \exp(\mathrm{i}\,2\pi f)$ ist $z^{-1} = z^*$ die zu z konjugiert komplexe Größe.

$\tilde{A}_M(z)$ und $\tilde{B}_M(z)$ stellen Polynommatrizen oder Matrix-Polynome dar der allgemeinen Form

$$A(z) = A_0 + A_1 z + A_2 z^2 + \ldots + A_M z^M = \sum_{k=0}^{M} A_k z^k, \tag{3.104}$$

wobei die A_k quadratische Matrizen der Ordnung N sind. Die Inversion einer Polynommatrix erfordert die Berechnung der Adjungierten adj$A(z)$ und der Determinanten det$A(z)$ der Polynommatrix, und es ergibt sich dann

$$A^{-1}(z) = \frac{\operatorname{adj} A(z)}{\det A(z)}. \tag{3.105}$$

Sind $a_{ij}^{(k)}$ die Elemente der quadratischen Koeffizientenmatrizen $\boldsymbol{A}_k$, dann ist das Element

$$A_{ij}(z) = \sum_{k=0}^{M} a_{ij}^{(k)} z^k \tag{3.106}$$

der Polynommatrix $\boldsymbol{A}(z)$ an der Stelle i, j ein Polynom M-ten Grades in z und die Determinante $\det \boldsymbol{A}(z)$ wird ein Polynom $(N \cdot M)$-ten Grades in z der Form

$$\det \boldsymbol{A}(z) = \sum_{k=0}^{N \cdot M} \mathrm{d}_k z^k \tag{3.107}$$

mit $N \cdot M + 1$ Koeffizienten d_k. Die Adjungierte ist wieder eine Polynommatrix.

Beispielsweise ist für $N = 2$ und $M = 1$ die Polynommatrix

$$\boldsymbol{A}(z) = \begin{pmatrix} a_{11}^{(0)} + a_{11}^{(1)} z & a_{12}^{(0)} + a_{12}^{(1)} z \\ a_{21}^{(0)} + a_{21}^{(1)} z & a_{22}^{(0)} + a_{22}^{(1)} z \end{pmatrix},$$

ihre Adjungierte

$$\operatorname{adj} \boldsymbol{A}(z) = \begin{pmatrix} a_{22}^{(0)} + a_{22}^{(1)} z & -a_{21}^{(0)} - a_{21}^{(1)} z \\ -a_{12}^{(0)} - a_{12}^{(1)} z & a_{11}^{(0)} + a_{11}^{(1)} z \end{pmatrix},$$

und ihre Determinante lautet

$$\det \boldsymbol{A}(z) = d_0 + d_1 z + d_2 z^2$$

mit den drei skalaren Koeffizienten

$$d_0 = a_{11}^{(0)} a_{22}^{(0)} - a_{12}^{(0)} a_{21}^{(0)},$$

$$d_1 = a_{11}^{(0)} a_{22}^{(1)} + a_{11}^{(1)} a_{22}^{(0)} - a_{12}^{(0)} a_{21}^{(1)} - a_{12}^{(1)} a_{21}^{(0)},$$

$$d_2 = a_{11}^{(1)} a_{22}^{(1)} - a_{12}^{(1)} a_{21}^{(1)}.$$

Zur Berechnung der Adjungierten und Determinanten einer Polynommatrix läßt sich die von Gantmacher [37] beschriebene Methode benutzen (Polynommatrizen werden auch λ-Matrizen, in unserem Falle z-Matrizen, genannt). Ein FORTRAN-Unterprogramm zur numerischen Berechnung der Adjungierten und Determinanten einer Polynommatrix nach dieser Methode ist bei Robinson [84] mit der Subroutine POMAIN gegeben. Mit Hilfe dieses Unterprogramms kann das Maximum-Entropie-Spektrum nach Gleichung (3.102) berechnet werden. Im Anhang 2 ist dazu die Subroutine MKMESP angeführt. Das Maximum-Entropie-Spektrum wird dabei entsprechend der Gleichung (3.105) für die Inverse einer Polynom-Matrix aus

$$\boldsymbol{S}(f) = \frac{\operatorname{adj} \tilde{\boldsymbol{A}}_M(z) \, (\operatorname{adj} \tilde{\boldsymbol{A}}_M(z^*))^{\mathrm{T}}}{\det \tilde{\boldsymbol{A}}_M(z) \det \tilde{\boldsymbol{A}}_M(z^*)} \tag{3.108}$$

bestimmt. In der Subroutine werden die für die Berechnung der Adjungierten und Determinanten der z-Matrix notwendigen Rechenoperationen Addition, Subtraktion und Multiplikation lediglich an den Koeffizienten (-matrizen) ausgeführt, die Variable z kommt erst in der Gleichung (3.108) zur Wirkung.

Als Anwendungsbeispiel für die Berechnung eines Kohärenzspektrums mit Hilfe der Subroutinen MKARCO und MKMESP sei hier das Ergebnis der Kohärenzanalyse zwischen der bereits im Abschnitt 3.3.1. benutzten Reihe der Monatsmengen des Niederschlags nach Baur und der Reihe der Monatsmengen des Niederschlags in Potsdam für die Jahre 1893 bis 1980 mitgeteilt. In die Baursche Niederschlagsreihe gehen u.a. die Monatsmengen des Niederschlags für die Station Berlin-Dahlem ein, d.h., die Kohärenzanalyse läßt von vornherein enge Zusammenhänge zwischen der Baurschen und der Potsdamer Reihe erwarten. Abb. 35 zeigt im oberen Bildteil die ME-Spektren der beiden Reihen für die Autoregressionsordnung $M = 20$. Die ME-Spektren der einzelnen Reihen zeigen wieder Spektralgipfel jeweils bei einer Periode von 4 bis 5 Jahren und bei etwa 2 Jahren, im kurzperiodischen Teil der Spektren treten jedoch etwas größere Abweichungen zwischen den Spektralwerten auf. Das Kohärenzspektrum hat, von einigen Ausnahmen abgesehen, für alle Frequenzen recht hohe Werte, die erwartete enge Beziehung zwischen den in beiden Zeitreihen enthaltenen Schwingungen anzeigend. Im Gegensatz zu den ME-Spektralwerten sind für die ME-Kohärenzwerte noch keine Signifikanzschwellen bekannt, so daß die statistische Beurteilung einzelner Gipfel im empirischen ME-Kohärenzspektrum schwierig ist.

Neben der Kohärenzanalyse zweier oder mehrerer Zeitreihen eröffnet die multivariate MESA die Möglichkeit, analog der gleitenden MESA für eine Zeitreihe eine mehrkanalige gleitende Maximum-Entropie-Kohärenzanalyse vorzunehmen. Von besonderer Bedeutung wird dabei die Erforschung von zeitlichen Veränderungen der Kopplungsbeziehungen zwischen den einzelnen Zeitreihen sein. Diese müßten in einem Zeit-Frequenz-Diagramm, in dem die jeweiligen Kohärenzspektren eingetragen werden zum Vorschein kommen. Eine solche Darstellung könnte Kohärogramm genannt werden. In dem Kohärogramm müßten ähnlich wie im Spektrogramm durch Isolinien gleicher Kohärenzwerte begrenzte Gebiete mit besonders hohen Kohärenzen hervortreten, eventuelle Veränderungen der Kopplungsbeziehungen zwischen den in den Zeitreihen enthaltenen Schwingungen in ihrer Zeit- und Frequenzlage signalisierend.

3.5. Zusammenfassende Bemerkungen zur autoregressiven Spektralschätzung

Die in den letzten zwei Jahrzehnten entwickelten, datenadaptiven Verfahren zur Schätzung von Energiespektren stationärer Zufallsprozesse aus zeitlich begrenzten, diskreten Realisierungen haben sich in ihrer Leistungsfähigkeit und Aussagekraft bei der Suche nach periodischen und quasiperiodischen Schwankungen in meteorologisch-

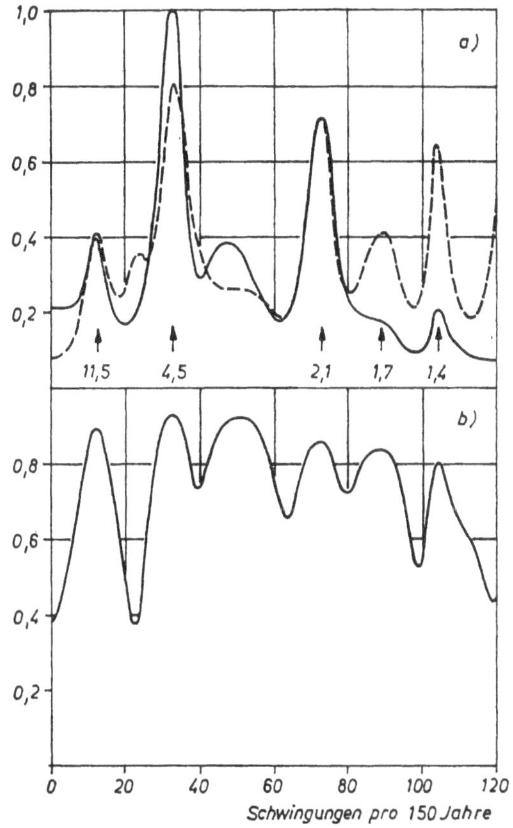

Abb. 35a) ME-Spektren der Niederschlagsreihen (—— nach BAUR, --- für Potsdam), b) Kohärenzspektrum beider Reihen

geophysikalischen Zeitreihen als sehr vorteilhaft gegenüber den bisher benutzten konventionellen Schätzmethoden erwiesen. Insbesondere die Maximum-Entropie (ME) oder autoregressive (AR) Spektralschätzung ist mit ihrer hohen Frequenzauflösung den klassischen, mit festen Zeitfensterfunktionen arbeitenden Schätzmethoden, wie Periodogrammanalyse mit Hilfe der schnellen FOURIER-Transformation (SFT) oder Verfahren nach BLACKMAN und TUKEY (BT), überlegen bei der spektralen Untersuchung kurzer Datenserien.

Bekanntlich führt die Zeitbegrenzung zu den beiden einschneidendsten Einschränkungen der Leistungsfähigkeit der SFT- und BT-Methode (siehe dazu Abschnitt 3.1.3a). Das ist erstens die schlechte Frequenzauflösung, d.h. der breite Frequenzabstand Δf benachbarter Spektralwerte, der reziprok der Zeitfensterbreite bei der

SFT und reziprok der Breite des Zeitverschiebungsfensters bei der BT-Methode ist und der besonders bei kurzen Datenreihen sehr ungünstig ist. Die zweite Begrenzung der Güte der Spektraldichteschätzung kommt durch die Glättung der Spektralwerte zustande, die im Frequenzbereich durch das dem Zeitfenster entsprechende Frequenzfenster (FOURIER-Transformierte des Zeitfensters) mit seiner Sollfrequenz (Hauptmaximum) und seinen Nebenbändern (Nebenmaxima und -minima) bedingt ist, wobei insbesondere die Nebenextreme der Spektralfenster Verzerrungen bewirken können, die bis zu negativen Spektraldichteschätzwerten gehen. Weniger gut ausgeprägte Frequenzbänder im Energiespektrum werden dabei durch markant ausgeprägte benachbarte Frequenzbänder verdeckt.

Die ME- oder AR-Methode der Spektraldichteschätzung besitzt gegenüber der SFT- oder BT-Schätzung eine höhere Frequenzauflösung, wobei für kurze Zeitserien die Frequenzauflösung der BURGschen Methode besser ist als die nach YULE-WALKER. In Untersuchungen an Modellreihen wird in der Literatur das bessere Frequenzauflösungsvermögen sehr eindrucksvoll demonstriert.

Kurze Datenreihen müssen gerade in der Meteorologie und Geophysik oft bearbeitet werden, da die Meßserien entweder nur über kurze Zeitbereiche vorhanden sind oder aber der untersuchte Prozeß eine langsame zeitliche Änderung seines spektralen Verhaltens zeigt, so daß nur für kurze Zeitabschnitte Stationarität angenommen werden kann. Wegen der Eignung des BURGschen Algorithmus für die Analyse kurzer Datenreihen ergibt sich für die genannten schwach instationären Prozesse die Möglichkeit der Untersuchung der zeitlichen Änderung des spektralen Verhaltens mit Hilfe einer gleitenden oder adaptiven ME-Spektralanalyse.

Als weiterer Vorteil der ME-Spektralschätzung ist zu vermerken, daß keine festen Fensterfunktionen erforderlich sind und damit deren verfälschender Einfluß entfällt. Den Vorteilen dieser Schätzmethode stehen allerdings auch gewisse Nachteile gegenüber. Zuerst wäre dazu die Bestimmung der Ordnung der Autoregression zu nennen, die nur im Falle eines echten AR-Prozesses mit den geschilderten Methoden einigermaßen gut erfaßt werden kann. Ein bisher noch ungelöstes Problem ist die Entscheidungsmöglichkeit darüber, ob eine vorliegende Prozeßrealisierung zu einem AR-, MA- oder ARMA-Prozeßmodell gehört. Zur Verringerung der Spektraldichteschätzfehler bei Abweichungen von einem AR-Modell (beispielsweise bei Vorhandensein eines hohen prozentualen Rauschanteils) wäre eine ARMA-Spektralschätzung (deren Methodik noch nicht so gut entwickelt ist wie die AR-Modellierung und die in vorliegender Monographie nicht behandelt wurde) vorzunehmen oder eine hohe Ordnung des AR-Modells anzusetzen. Diese wiederum kann die Gefahr einer Aufspaltung der Frequenzbänder im ME-Spektrum mit sich bringen, wobei es allerdings oft nicht leicht ist zu unterscheiden, ob eine solche Frequenzbandaufspaltung durch die zu hohe Ordnung der Autoregression, also mathematisch durch das schlecht angepaßte Modell, oder aber durch ein schwach instationäres Verhalten des Prozesses hervorgerufen wird. Im letzteren Fall wird mit der Erhöhung der AR-Ordnung die Feinstruktur der Spektralschätzung verbessert, weil dann auch Schwingungen in der Zeitreihe erfaßt werden, die nur in begrenzten Zeitabschnitten der Gesamtrealisierung ausgeprägt sind. Als nachteilig ist bei der ME-Methode auch das nicht ganz gelöste Problem der statistischen Beurteilung herausragender Peaks im Verlauf des Spektrums zu bewerten.

Insgesamt muß festgestellt werden, daß die Maximum-Entropie-Methode der Spektralschätzung trotz ihrer wesentlichen Vorteile gegenüber den klassischen Verfahren diese nicht voll verdrängt hat. Man versucht durch Anwendung aller zur Verfügung stehenden Verfahren, die Vorteile der einzelnen auszunutzen und die Nachteile auszugleichen, um zu einer Schätzung des Spektrums aus einer vorliegenden Prozeßrealisierung zu gelangen, die dem wahren möglichst nahe kommt. Auch die numerische Filterung wird herangezogen, um z.B. die Aussagen der adaptiven MESA zu stützen.

Die Bemerkungen, die hinsichtlich des Frequenzauflösungsvermögens bei der eindimensionalen Spektralanalyse gemacht wurden, gelten auch für die Analyse mehrkanaliger Datenreihen. Bei den mehrdimensionalen, datenadaptiven Schätzverfahren der Auto- und Kreuzspektren, der Kohärenz- und Phasenspektren sind jedoch noch viele Fragen offen, deren Klärung Aufgabe der Forschung in den nächsten Jahren sein wird.

Anhang 1

FORTRAN-Subroutinen zur Berechnung der Autoregressionsmatrizen: **MKARCO** erfordert die spaltenweise Eingabe der **N** Ausgangsreihen **X** vom Umfang **LX** und die Vorgabe einer Begrenzung **M** der Ordnung der Autoregression. Mit Hilfe des Parameters **IFPE = Ø** oder **1** kann die Berechnung des Final-prediction-errors und der optimalen Ordnung **MOPT** der Autoregression übergangen oder angesteuert werden. Am Ende der Rechnung sind auf den Feldern **AA(N,N,MOPT)** und **BB(N,N, MOPT)** die normierten, auf den Feldern **A(N,N,MOPT)** und **B(N,N,MOPT)** die nichtnormierten Autoregressionsmatrizen abgespeichert.

Zur Berechnung der Inversen, Adjungierten und Determinanten einer Matrix wurde in der Subroutine **MKARCO** das Unterprogramm **FADDEJ** verwendet, das in etwas abgeänderter Form zusammen mit dem Unterprogramm **MATTAU** dem Buch von ROBINSON [84] entnommen wurde.

```
      SUBROUTINE MKARCO(N,LX,X,A,B,AA,BB,EF,EB,PF,PB,PFB,RHO,
     +RHOT,PM1,QM1,PFM,PBM,E,FPE,IFPE,M,MOPT)
C     BERECHNUNG DER AUTOREGRESSIONSMATRIZEN FUER EINE
C     MEHRKANALIGE ME-ANALYSE NACH MORF, HAYKIN U. A.
      DIMENSION X(N,LX),EF(N,LX),EB(N,LX),E(N,N),FPE(M)
      DIMENSION A(N,N,M),AA(N,N,M),B(N,N,M),BB(N,N,M)
      DIMENSION PF(N,N),PB(N,N),PFB(N,N),RHO(N,N),RHOT(N,N)
      DIMENSION PM1(N,N),QM1(N,N),PFM(N,N),PBM(N,N)
      DO 1ØØ I = 1,N
      KA = (I-1)*LX+1
      CALL NORMAV(LX,X(KA),XQ)
  1ØØ CONTINUE
      MZ = 1
      CALL MATTAU(X,LX,N*LX)
      CALL SCALE(A,N*N*M,Ø.Ø)
      CALL SCALE(AA,N*N*M,Ø.Ø)
      CALL SCALE(B,N*N*M,Ø.Ø)
      CALL SCALE(BB,N*N*M,Ø.Ø)
C     BERECHNUNG VON AØØ=A(N,N,1) UND BØØ=B(N,N,1)
      CALL MAVEKT(X,X,LX,N,RHO,1,1,1)
      CALL MAVEKT(X,X,LX,N,RHOT,Ø,Ø,1)
      CALL MROOT2(N,RHO,PF)
      CALL FADDEJ(N,PF,RHO,DET,PB,PFB)
      CALL MROOT2(N,RHOT,PB)
      CALL FADDEJ(N,PB,RHOT,DET,PF,PFB)
      CALL MOVE(N*N,RHO,N*N*M,A,1,1,N*N)
      CALL MOVE(N*N,RHOT,N*N*M,B,1,1,N*N)
```

```
C      BERECHNUNG VON EF UND EB
   1Ø  CALL MATMUL(N,N,MZ,LX,A,X,EF,Ø)
       CALL MATMUL(N,N,MZ,LX,B,X,EB,MZ+1)
C      BERECHNUNG VON PF, PB UND PFB
       CALL MAVEKT(EF,EF,LX,N,PF,MZ,MZ,MZ)
       CALL MAVEKT(EB,EB,LX,N,PB,MZ-1,MZ-1,MZ)
       CALL MAVEKT(EF,EB,LX,N,PFB,MZ,MZ-1,MZ)
C      ZWISCHENSPEICHERUNG VON PF UND PB AUF EF UND EB
       CALL MOVE(N*N,PF,N*LX,EF,1,1,N*N)
       CALL MOVE(N*N,PB,N*LX,EB,1,1,N*N)
C      BERECHNUNG VON RHO UND RHOT
       CALL MROOT2(N,PF,RHO)
       CALL FADDEJ(N,RHO,PF,DET,RHOT,E)
       CALL MROOT2(N,PB,RHOT)
       CALL FADDEJ(N,RHOT,PB,DET,RHO,E)
       CALL MATTAU(PB,N,N*N)
       CALL MATMUL(N,N,1,N,PF,PFB,RHOT,Ø)
       CALL MATMUL(N,N,1,N,RHOT,PB,RHO,Ø)
       CALL MTRANS(N,RHO,RHOT)
C      BERECHNUNG VON PM1 UND QM1
       CALL MATEIN(N,E,1.Ø)
       CALL MATMUL(N,N,1,N,RHO,RHOT,PM1,Ø)
       CALL MATMUL(N,N,1,N,RHOT,RHO,QM1,Ø)
       CALL MATADD(N,E,PM1,PM1,-1.Ø,1.Ø)
       CALL MATADD(N,E,QM1,QM1,-1.Ø,1.Ø)
       IF(IFPE.LT.Ø) GOTO 4Ø
C      BERECHNUNG DES FINAL-PREDICTION-ERRORS FPE(MZ)
       CALL FADDEJ(N,A(1,1,1),E,DET,PF,PFB)
       CALL MATMUL(N,N,1,N,E,EF,PFB,Ø)
       CALL MTRANS(N,E,EF)
       CALL MATMUL(N,N,1,N,PFB,EF,PF,Ø)
       CALL FADDEJ(N,B(1,1,1),E,DET,PB,PFB)
       CALL MATMUL(N,N,1,N,E,EB,PFB,Ø)
       CALL MTRANS(N,E,EB)
       CALL MATMUL(N,N,1,N,PFB,EB,PB,Ø)
       CALL MATADD(N,PF,PB,E,1.Ø,Ø.5)
       CALL FADDEJ(N,E,EF,DET,EB,PFB)
       FPE(MZ) = DET*(FLØAT(LX+MZ*N)/(FLØAT(LX-MZ*N)*LX))**N
C      FESTLEGUNG DER OPTIMALEN ORDNUNG MOPT DER
C      AUTOREGRESSION
   4Ø  IF(MZ.EQ.1) GOTO 3Ø
       IF(IFPE.LE.1) GOTO 3Ø
       IF(FPE(MZ).LE.FPE(MZ-1)) GOTO 3Ø
   2Ø  MOPT=MZ-1
       GOTO 999
```

```
C     SPEICHERUNG DER NICHTNORMIERTEN MATRIZEN PF UND PB
C     AUF DIE FELDER PFM UND PBM
   3Ø CALL MOVE(N*N,PF,N*N,PFM,1,1,N*N)
      CALL MOVE (N*N,PB,N*N,PBM,1,1,N*N)
C     SPEICHERUNG DER AUTOREGRESSIONSMATRIZEN A(N,N,MZ) UND
C     B(N,N,MZ) AUF DIE FELDER AA(N,N,MZ) UND BB(N,N,MZ)
      CALL MOVE(N*N*M,A,N*N*M,AA,1,1,N*N*MZ)
      CALL MOVE(N*N*M,B,N*N*M,BB,1,1,N*N*MZ)
C     BERECHNUNG VON A(N,N,MZ+1) UND B(N,N,MZ+1)
      MZ=MZ+1
      IF(MZ.EQ.M+1) GOTO 2Ø
      CALL MROOT2(N,PM1,PF)
      CALL FADDEJ(N,PF,PM1,DET,PB,E)
      CALL MROOT2(N,QM1,PB)
      CALL FADDEJ(N,PB,QM1,DET,PF,E)
      DO 2ØØ J = 1,MZ
      LV=MZ-J+1
      CALL MATMUL(N,N,1,N,RHO,BB(1,1,LV),PF,Ø)
      CALL MATMUL(N,N,1,N,RHOT,AA(1,1,LV),PB,Ø)
      CALL MATADD (N,AA(1,1,J),PF,PF,-1.Ø,1.Ø)
      CALL MATADD(N,BB(1,1,J),PB,PB,-1.Ø,1.Ø)
      CALL MATMUL(N,N,1,N,PM1,PF,A(1,1,J),Ø)
      CALL MATMUL(N,N,1,N,QM1,PB,B(1,1,J),Ø)
  2ØØ CONTINUE
      GOTO 1Ø
C     BERECHNUNG DER NICHTNORMIERTEN AUTOREGRESSIONS-
C     MATRIZEN
  999 CALL FADDEJ(N,AA(1,1,1),PF,DET,PFB,E)
      CALL FADDEJ(N,BB(1,1,1),PB,DET,PFB,E)
      DO 3ØØ J = 1,MOPT
      CALL MATMUL(N,N,1,N,PF,AA(1,1,J),A(1,1,J),Ø)
      CALL MATMUL(N,N,1,N,PB,BB(1,1,J),B(1,1,J),Ø)
  3ØØ CONTINUE
      RETURN
      END
```

Der Ausdruck der berechneten Größen (normierte oder nichtnormierte Autoregressionsmatrizen, Final-Prediction-Error, optimale Ordnung der Autoregression) ist vom Anwender jeweils selbst im aufrufenden Programm zu organisieren.

Bezüglich des Final-Prediction-Errors und der Festlegung der optimalen Ordnung der Autoregression treten auch hier wie im eindimensionalen Falle gewisse Unsicherheiten auf. Daher wird in der Subroutine **MKARCO** bei Vorgabe von **IFPE = Ø** die Berechnung des Final-Prediction-Error zwar durchgeführt, aber nicht für die Festlegung des optimalen **M** genutzt; in diesem Falle ist das vorgegebene **M** gleich **MOPT**.

Die Realisierung der numerischen Rechnungen auf der EDVA BESM6 erfordert für zwei kurze Zeitreihen mit je 100 Werten für die Berechnung von 10 AR-Matrizen, den Auto-, Kohärenz- und Phasenspektren für 121 Frequenzwerte eine Rechenzeit von etwa 200 Sekunden. Der Hauptspeicher wird dabei zur Hälfte genutzt. Für längere Zeitreihen und eine größere Anzahl zu berechnender AR-Matrizen steigt die Rechenzeit stark an, liegt aber noch unter 30 Minuten, die Hauptspeicherkapazität ist für zwei Reihen mit 360 Werten bei Berechnung von 36 AR-Matrizen noch ausreichend.

```
      SUBROUTINE FADDEJ(N,A,AINV,DET,ADJUG,P)
C     INVERSION EINER MATRIX A(N,N) NACH FADDEEV/SOMINSKII
      DIMENSION A(N,N),AINV(N,N),ADJUG(N,N),P(N)
      CALL MOVE (N*N,A,N*N,AINV,1,1,N*N)
      DO 100 K = 1,N
      P(K) = 0.0
      DO 200 I = 1,N
      P(K) = P(K)+AINV(I,I)
  200 CONTINUE
      P(K) = P(K)/FLOAT(K)
      IF(K.EQ.N) GOTO 10
      CALL MOVE(N*N,AINV,N*N,ADJUG,1,1,N*N)
      DO 300 I = 1,N
      ADJUG(I,I) = AINV(I,I)-P(K)
  300 CONTINUE
      CALL MATMUL(N,N,1,N,A,ADJUG,AINV,0)
  100 CONTINUE
   10 CALL MOVE(N*N,ADJUG,N*N,AINV,1,1,N*N)
      IF(ABS(P(N)).GE.1.E-30) CALL SCALE(AINV,N*N,1./P(N))
      DET = P(N)
      IF(MOD(N,2).EQ.1) RETURN
      DET = -DET
      CALL SCALE (ADJUG,N*N,-1.0)
      RETURN
      END

      SUBROUTINE MATEIN(N,E,SIGN)
C     AUFBAU EINER EINHEITSMATRIX VOM TYP(N,N)
C     SIGN=+1.0 POSITIVE, SIGN=-1.0 NEGATIVE EINHEITSMATRIX
      DIMENSION E(N,N)
      CALL SCALE(E,N*N,0.0)
      DO 100 I = 1,N
      E(I,I) = SIGN
  100 CONTINUE
      RETURN
      END
```

```
      SUBROUTINE MAVEKT(X,Y,L,N,A,LVX,LVY,LZ)
C     BERECHNUNG DES PRODUKTES EINES SPALTEN-(X) MIT EINEM
C     ZEILEN-(Y)-VEKTOR UND SUMMATION VON 1 BIS L-LZ,
C     BEI SPALTENWEISER EINGABE VON X UND Y VORHER JEWEILS
C     MIT SUBROUTINE MATTAU TRANSPONIEREN
      DIMENSION X(N,L),Y(N,L),A(N,N)
      CALL SCALE(A,N*N,Ø.Ø)
      KE = L-LZ
      DO 1ØØ I = 1,N
      DO 1ØØ J = 1,N
      DO 1ØØ K = 1,KE
      A(I,J) = A(I,J)+X(I,K+LVX)*Y(J,K+LVY)
  1ØØ CONTINUE
      RETURN
      END

      SUBROUTINE MATADD(N,A,B,C,SIGN,FAK)
C     ADDITION (SIGN=+1.) ODER SUBTRAKTION (SIGN=-1.) ZWEIER
C     MATRIZEN A UND B UND MULTIPLIKATION DER ERGEBNISMATRIX
C     MIT DEM FAKTOR FAK
      DIMENSION A(N,N),B(N,N),C(N,N)
      DO 1ØØ I = 1,N
      DO 1ØØ J = 1,N
      C(I,J) = (A(I,J)+SIGN*B(I,J))*FAK
  1ØØ CONTINUE
      RETURN
      END

      SUBROUTINE MAXMIN(X,LX,XMAX,XMIN)
C     BERECHNUNG DES MAXIMALEN UND MINIMALEN WERTES EINES
C     FELDES
      DIMENSION X(LX)
      XMAX = X(1)
      XMIN =X(1)
      DO 1ØØ I = 2,LX
      IF(X(I).GT.XMAX) XMAX = X(I)
      IF(X(I).LT.XMIN) XMIN = X(I)
  1ØØ CONTINUE
      RETURN
      END

      SUBROUTINE MATMUL(M,N,LA,LB,A,B,C,LVA)
C     MULTIPLIKATION ZWEIER MATRIZEN MIT VERSCHIEBUNG UND
C     AUFSUMMIERUNG
      DIMENSION A(M,N,LA),B(N,LB),C(M,LB)
```

```
      CALL SCALE(C,M*LB,Ø.Ø)
      DO 1ØØ J = LA,LB
      DO 1ØØ I = 1,M
      DO 1ØØ K = 1,N
      DO 1ØØ LZ = 1,LA
      LV = J-LZ+1
      LF = IABS(LVA-LZ)
      C(I,J) = C(I,J) + A(I,K,LF)*B(K,LV)
  1ØØ CONTINUE
      RETURN
      END

      SUBROUTINE MOVE(LX,X,LY,Y,LAX,LAY,LAN)
C     VERLAGERUNG VON FELDSEGMENTEN VON X NACH Y
C     INNERHALB DES FELDES X, WENN X=Y UND LX=LY
      DIMENSION X(LX),Y(LY)
      IF(LAX-LAY) 1Ø,2Ø,2Ø
   1Ø DO 1ØØ I = 1,LAN
      Y(LAY+LAN-I) = X(LAX+LAN-I)
  1ØØ CONTINUE
      GOTO 3Ø
   2Ø DO 2ØØ I = 1,LAN
      Y(I+LAY-1) = X(I+LAX-1)
  2ØØ CONTINUE
   3Ø RETURN
      END

      SUBROUTINE SCALE(X,LX,FAK)
C     MULTIPLIKATION EINES FELDES X(LX) MIT EINEM FAKTOR FAK
      DIMENSION X(LX)
      DO 1ØØ I = 1,LX
      X(I) = X(I)*FAK
  1ØØ CONTINUE
      RETURN
      END

      SUBROUTINE MROOT2(N,A,C)
C     BERECHNUNG DER QUADRATWURZEL-MATRIX C = A**1/2
C     A(N,N) POSITIV-DEFINITE MATRIX
      DIMENSION A(N,N),C(N,N)
      CALL SCALE(C,N*N,Ø.Ø)
      DO 1ØØ I = 1,N
      SUM = A(I,I)
      JE = I-1
      DO 2ØØ J = 1,JE
```

```
      SUM = SUM - C(I,J)*C(I,J)
  200 CONTINUE
      C(I,I) = SQRT(SUM)
      KA = I+1
      DO 100 K = KA,N
      SUM = A(I,K)
      DO 300 J = 1,JE
      SUM = SUM - C(I,J)*C(K,J)
  300 CONTINUE
      C(K,I) = SUM/C(I,I)
  100 CONTINUE
      RETURN
      END

      SUBROUTINE NORMAV(LX,X,XQ)
C     SUBTRAKTION DES MITTELWERTES XQ VON DEN WERTEN X(LX)
      DIMENSION X(LX)
      SUM = 0.0
      DO 100 I = 1,LX
      SUM = SUM+X(I)
  100 CONTINUE
      XQ = SUM/FLOAT(LX)
      DO 200 I = 1,LX
      X(I) = X(I) - XQ
  200 CONTINUE
      RETURN
      END

      SUBROUTINE MATTAU(A,M,MN)
C     TRANSPONIERUNG EINER MATRIX A(M,N) IN SICH SELBST;
C     MN = M*N
      DIMENSION A(MN)
      REAL KEEP, KATCH
      K = MN
      K1 = K-1
      N = MN/M
      CALL MAXMIN(A,K,AMAX,AMIN)
      D = AMAX - AMIN + 1.0
      DO 100 I = 2,K1
      A(I) = A(I)+D
  100 CONTINUE
      DO 200 L = 2,K1
      IF(A(L).LE.AMAX) GOTO 200
      KEEP = A(L) - D
      IJ = L
```

```
   10 JLESS1 = (IJ-1)/M
      I = IJ-JLESS1*M
      J = JLESS1+1
      JI = J+(I-1)*N
      KATCH = A(JI) - D
      A(JI) = KEEP
      KEEP = KATCH
      IJ = JI
      IF(IJ.NE.L) GOTO 10
  200 CONTINUE
      RETURN
      END

      SUBROUTINE MTRANS(N,A,AT)
C     TRANSPONIERUNG EINER MATRIX A(N,N) IN AT(N,N)
      DIMENSION A(N,N),AT(N,N)
      DO 100 I = 1,N
      DO 100 J = 1,N
      AT(I,J) = A(J,I)
  100 CONTINUE
      RETURN
      END
```

Anhang 2

FORTRAN-Subroutinen zur Berechnung des multivariaten ME-Spektrums: **MKMESP** erfordert die Übergabe der mit der Subroutine **MKARCO** berechneten Autoregressionsmatrizen (normiert) **AA(N,N,LA)**. Zur Berechnung der Adjugierten, Determinanten und des charakteristischen Polynoms der Polynommatrix sind die Felder **ADJ(N,N,LADJ)**, **DET(LDET)** und **P(N,LDET)** sowie das Arbeitsfeld **S(N,N,LDET)** erforderlich mit **LADJ = (N−1)∗(LA−1)+1** und **LDET = N∗(LA−1)+1**.

Am Ende der Rechnung stehen bei Vorgabe der Parameter **NF**, **JFA**, **JFS** und **MP** auf dem Feld **PS(MP,N,N)** für die **MP** Frequenzen **2.Ø∗PI∗NY/NF** im Wertebereich zwischen **NYMIN = JFA−1** und **NYMAX = MP∗JFS + JFA−1** mit einem Frequenzabstand **2.Ø∗PI∗JFS/NF** (Δt ist gleich der Zeiteinheit gewählt) die Auto- und Kreuzspektraldichtewerte. Und zwar in der Hauptdiagonalen der Matrix **PS(...,N,N)** die **N** Autospektren der einzelnen Zeitreihen, im rechten oberen Matrixbereich die Realteile (Co-Spektren), im linken unteren Matrixbereich die negativen Imaginärteile (Quadraturspektren) der komplexen Kreuzspektren. Mit der Zusatz-Subroutine **COHERE** kann diese Matrix **PS(MP,N,N)** der Auto-, Co- und Quadraturspektren umgeformt werden in eine Matrix **PC(MP,N,N)** in der in der Hauptdiagonalen die auf den jeweiligen Maximalwert normierten Autospektren stehen, im rechten oberen Matrixbereich die Kohärenzspektren und im linken unteren Matrixbereich die Phasenspektren.

```
      SUBROUTINE MKMESP(N,LA,AA,ADJ,LADJ,P,DET,S,LDET,NF,JFA,
     +JFS,PS,MP,AZØ,AZST,CM)
C     BERECHNUNG DES MULTIVARIATEN MAXIMUM-ENTROPIE-
C     SPEKTRUMS PS(MP,N,N) AUS DEN MIT MKARCO BERECHNETEN
C     NORMIERTEN AUTOREGRESSIONSMATRIZEN AA(N,N,LA)
C     LADJ = (N-1)*(LA-1)+1, LDET = N*(LA-1)+1
      DIMENSION AA(N,N,LA),ADJ(N,N,LADJ),P(N,LDET),DET(LDET)
      DIMENSION S(N,N,LDET),PS(MP,N,N)
      COMPLEX Z,AZ,ZST,AZØ(N,N),AZST(N,N),CM(N,N)
C     BERECHNUNG DER KOEFFIZIENTEN DER ADJUGIERTEN UND
C     DETERMINANTEN DER POLYNOM-MATRIX
      CALL POMAIN(N,LA,AA,ADJ,P,DET,S)
      CALL MOVE(N*N*LADJ,ADJ, N*N*LADJ,S,1,1, N*N*LADJ)
C     TRANSPONIERUNG DER MATRIXKOEFFIZIENTEN DER ADJUGIERTEN
C     POLYNOM-MATRIX
```

```
      DO 100 L = 1,LADJ
      IL = (L-1)*N*N+1
      CALL MATTAU(ADJ(IL),N,N*N)
  100 CONTINUE
      PI = 3.14159265
      PIQ = 2.0*PI/FLOAT(NF)
      JFE = MP*JFS + JFA - 1
      JZ = 1
      DO 200 JF = JFA,JFE,JFS
      ALF = PIQ*(JF-1)
      Z = CEXP(CMPLX(0.0,ALF))
      ZST = CEXP(CMPLX(0.0,-ALF))
C     BERECHNUNG DES DETERMINANTEN-POLYNOMS
      CALL MPOLEV(1,LDET,DET,Z,AZ)
      DIV = CABS(AZ)**2
C     BERECHNUNG DER POLYNOM-MATRIZEN ADJ(Z) UND ADJT(Z)
      CALL MPOLEV(N,LADJ,S,Z,AZ0)
      CALL MPOLEV(N,LADJ,ADJ,ZST,AZST)
C     MULTIPLIKATION DER POLYNOM-MATRIZEN ADJ(Z) UND ADJT(Z)
      CALL BRAICO(N,AZ0,AZST,CM)
C     BERECHNUNG DES MAXIMUM-ENTROPIE-SPEKTRUMS PS(MP,N,N)
      DO 300 J = 1,N
      DO 300 I = 1,N
      PS(JZ,J,I) = REAL(CM(I,J))/DIV
      IF(J.GT.I) PS(JZ,J,I) = -AIMAG(CM(I,J))/DIV
  300 CONTINUE
      JZ = JZ + 1
  200 CONTINUE
      RETURN
      END


      SUBROUTINE MPOLEV(N,LA,A,Z,AZ)
C     POLYNOM-MATRIX-BERECHNUNG: AZ = A1+Z*(A2+Z*(A3+...)))
      DIMENSION A(N,N,LA)
      COMPLEX Z,AZ(N,N)
      DO 100 J = 1,N
      DO 100 I = 1,N
      AZ(I,J) = 0.0
      DO 100 L = 1,LA
      LZ = LA - L + 1
      AZ(I,J) = Z*AZ(I,J) + A(I,J,LZ)
  100 CONTINUE
      RETURN
      END
```

```
      SUBROUTINE BRAICO(N,A,B,C)
C     MULTIPLIKATION KOMPLEXER MATRIZEN
      COMPLEX A(N,N),B(N,N),C(N,N)
      DO 100 J = 1,N
      DO 100 I = 1,N
      C(I,J) = 0.0
  100 CONTINUE
      DO 200 J = 1,N
      DO 200 I = 1,N
      DO 200 L = 1,N
      C(I,J) = C(I,J) + A(I,L)*B(L,J)
  200 CONTINUE
      RETURN
      END

      SUBROUTINE BRAINY(NRA,NCA,LA,A,NRB,NCB,LB,B,C)
C     FALTUNG ZWEIER MEHRKANALIGER SIGNALE
      DIMENSION A(NRA,NCA,LA),B(NRB,NCB,LB),C(NRA,NCB,1)
C     DIMENSION C(NRA,NCB,LC)
      LC = LA + LB - 1
      CALL SCALE(C,NRA*NCB*LC,0.0)
      DO 100 I = 1,LA
      DO 100 J = 1,LB
      K = I+J - 1
      DO 100 M = 1,NRA
      DO 100 N = 1,NCB
      DO 100 L = 1,NCA
      C(M,N,K) = C(M,N,K) + A(M,L,I)*B(L,N,J)
  100 CONTINUE
      RETURN
      END

      SUBROUTINE POMAIN(N,LA,A,ADJ,P,DET,S)
C     BERECHNUNG DER KOEFFIZIENTEN-MATRIZEN DER POLYNOM-
C     DETERMINANTEN, DER ADJUGIERTEN POLYNOM-MATRIX UND DER
C     KOEFFIZIENTEN DES CHARAKTERISTISCHEN POLYNOMS EINER
C     POLYNOM-MATRIX, LADJ=(N-1)*(LA-1)+1, LDET=N*(LA-1)+1
      DIMENSION A(N,N,LA),ADJ(N,N,1),P(N,1),DET(1),S(N,N,1)
C     DIMENSION ADJ(N,N,LADJ),P(N,LDET),DET(LDET),S(N,N,LDET)
      CALL MOVE(N*N*LA,A,N*N*LA,S,1,1,N*N*LA)
      J = LA
      DO 100 L = 1,N
      DO 200 K = 1,J
      P(L,K) = 0.0
```

```
      DO 200 I = 1,N
      P(L,K) = P(L,K) + S(I,I,K)/FLOAT(L)
  200 CONTINUE
      IF(L.EQ.N) GOTO 10
      CALL MOVE(N*N*J,S,N*N*J,ADJ,1,1,N*N*J)
      DO 300 I = 1,N
      DO 300 K = 1,N
      ADJ(I,I,K) = ADJ(I,I,K)-P(L,K)
  300 CONTINUE
      CALL BRAINY(N,N,LA,A,N,N,J,ADJ,S)
      J = J + LA - 1
  100 CONTINUE
   10 SC = FLOAT(2*MOD(N,2)-1)
      CALL SCALE(ADJ,N*N*(J-LA+1),SC)
      DO 400 L = 1,J
      DET(L) = P(N,L)*SC
  400 CONTINUE
      RETURN
      END

      SUBROUTINE COHERE(MP,N,PS,PC)
C     BERECHNUNG DER KOHAERENZ- UND PHASEN-SPEKTREN
      DIMENSION PS(MP,N,N),PC(MP,N,N)
      PI = 3.14159265
      DO 100 J = 1,N
      CALL MOVE(MP,PS(1,J,J),MP,PC(1,J,J),1,1,MP)
      CALL NORMAX(MP,PC(1,J,J),CMAX)
  100 CONTINUE
      DO 200 JZ = 2,N
      J = JZ - 1
      DO 200 K = JZ,N
      DO 200 I = 1,MP
      F1 = PS(I,J,K)*PS(I,J,K) + PS(I,K,J)*PS(I,K,J)
      F2 = PS(I,J,J)*PS(I,K,K)
      IF(F2.EQ.0.0)CO = 0.0
      IF(F2.NE.0.0) CO = SQRT(ABS(F1/F2))
      PH = ATAN2(PS(I,K,J),PS(I,J,K))
      PC(I,J,K) = CO
      PC(I,K,J) = 180.0*PH/PI
  200 CONTINUE
      RETURN
      END

      SUBROUTINE NORMAX(LX,X,XMAX)
C     NORMIERUNG EINES FELDES X(LX) AUF SEINEN MAXIMALWERT
      DIMENSION X(LX)
```

```
      CALL MAXMIN(X,LX,XMAX,XMIN)
      DO 100 I = 1,LX
      X(I) = X(I)/XMAX
  100 CONTINUE
      RETURN
      END
```

Anhang 3

Die im Ablaufplan 34 auf Seite 149 zur Berechnung der AR-Matrizen benutzten normierten Größen lassen sich mit Hilfe der nachfolgend angeführten Beziehungen in die entsprechenden nichtnormierten Größen umrechnen. Für die einzelnen Prediktionsfehler der Vorwärts- und Rückwärts-Prediktions-Filterung gilt

$$\boldsymbol{e}_{f,j}^{(M)} = (\tilde{\boldsymbol{A}}_0^{(M)})^{-1}\, \tilde{\boldsymbol{e}}_{f,j}^{(M)} \quad \text{und} \quad \boldsymbol{e}_{b,j}^{(M)} = (\tilde{\boldsymbol{B}}_0^{(M)})^{-1}\, \tilde{\boldsymbol{e}}_{b,j}^{(M)},$$

und damit für die Prediktionsfehler-Filter-Outputleistungen (symmetrische Matrizen der mittleren quadratischen Fehler)

$$\boldsymbol{P}_{f,M} = (\tilde{\boldsymbol{A}}_0^{(M)})^{-1}\, \tilde{\boldsymbol{P}}_{f,M}\, (\tilde{\boldsymbol{A}}_0^{(M)})^{-T}$$

und

$$\boldsymbol{P}_{b,M} = (\tilde{\boldsymbol{B}}_0^{(M)})^{-1}\, \tilde{\boldsymbol{P}}_{b,M}\, (\tilde{\boldsymbol{B}}_0^{(M)})^{-T}$$

sowie

$$\boldsymbol{P}_{fb,M} = (\tilde{\boldsymbol{A}}_0^{(M)})^{-1}\, \tilde{\boldsymbol{P}}_{fb,M}\, (\tilde{\boldsymbol{B}}_0^{(M)})^{-T}.$$

Da die Schätzung der AR-Matrizen $\boldsymbol{A}_k^{(M)}$ und $\boldsymbol{B}_k^{(M)}$ mit Hilfe des LWR-Algorithmus ohne vorherige Schätzung der Kovarianzmatrizen $\boldsymbol{R}_k$ nach Gleichung (3.86) erfolgt, ist es möglich, letztere bei Bedarf nach der Schätzung der AR-Matrizen rekursiv aus diesen zu berechnen (analog der Berechnung der Autokovarianzkoeffizienten aus den mit Hilfe des BURGschen Algorithmus geschätzten AR-Koeffizienten (siehe Gl. (3.60)) im einkanaligen Fall).

Die multivariate Version des Gleichungssystems (3.40) für die mehrkanalige Vorwärts- und Rückwärts-Prediktions-Filterung lautet in Matrixform (siehe dazu auch die Gln. (3.85) und (3.87))

$$\begin{bmatrix} \boldsymbol{E} & \boldsymbol{A}_1^{(M)} & \boldsymbol{A}_2^{(M)} & \dots & \boldsymbol{A}_M^{(M)} \\ \boldsymbol{B}_M^{(M)} & \boldsymbol{B}_{M-1}^{(M)} & \boldsymbol{B}_{M-2}^{(M)} & \dots & \boldsymbol{E} \end{bmatrix} \cdot \begin{bmatrix} \boldsymbol{R}_0 & \boldsymbol{R}_1 & \dots & \boldsymbol{R}_M \\ \boldsymbol{R}_{-1} & \boldsymbol{R}_0 & \dots & \boldsymbol{R}_{M-1} \\ \vdots & \vdots & & \vdots \\ \boldsymbol{R}_{-M} & \boldsymbol{R}_{-M+1} & & \boldsymbol{R}_0 \end{bmatrix} = \begin{bmatrix} \boldsymbol{P}_{f,M} & 0 \dots 0 \\ 0 & 0 \dots \boldsymbol{P}_{b,M} \end{bmatrix}.$$

Für $M = 0$ ergibt sich die Anfangsbedingung $\boldsymbol{R}_0 = \boldsymbol{P}_{f,0} = \boldsymbol{P}_{b,0}$, und die Kovarianzmatrizen können aus den Gleichungen

$$\boldsymbol{R}_M = -\sum_{k=1}^{M} \boldsymbol{A}_k^{(M)}\, \boldsymbol{R}_{M-k}$$

und

$$\boldsymbol{R}_{-M} = -\sum_{k=1}^{M} \boldsymbol{B}_k^{(M)}\, \boldsymbol{R}_{-(M-k)}$$

mit $M = 1$ beginnend rekursiv berechnet werden, d.h., für $M = 1$ ergibt sich:

$$\boldsymbol{R}_1 = -\boldsymbol{A}_1^{(1)} \boldsymbol{R}_0 \quad \text{und} \quad \boldsymbol{R}_{-1} = -\boldsymbol{B}_1^{(1)} \boldsymbol{R}_0,$$

für $M = 2$:

$$\boldsymbol{R}_2 = -\boldsymbol{A}_1^{(2)} \boldsymbol{R}_1 - \boldsymbol{A}_2^{(2)} \boldsymbol{R}_0 \quad \text{und} \quad \boldsymbol{R}_{-2} = -\boldsymbol{B}_1^{(2)} \boldsymbol{R}_{-1} - \boldsymbol{B}_2^{(2)} \boldsymbol{R}_0,$$

für $M = 3$:

$$\boldsymbol{R}_3 = -\boldsymbol{A}_1^{(3)} \boldsymbol{R}_2 - \boldsymbol{A}_2^{(3)} \boldsymbol{R}_1 - \boldsymbol{A}_3^{(3)} \boldsymbol{R}_0 \quad \text{und}$$

$$\boldsymbol{R}_{-3} = -\boldsymbol{B}_1^{(3)} \boldsymbol{R}_{-2} - \boldsymbol{B}_2^{(3)} \boldsymbol{R}_{-1} - \boldsymbol{B}_3^{(3)} \boldsymbol{R}_0$$

usw., wobei außerdem $\boldsymbol{R}_{-M} = \boldsymbol{R}_M^T$ gilt.

Mit Hilfe dieser Beziehungen läßt sich die rekursive Berechnung der Kovarianzmatrizen ohne weiteres in die Subroutine MKARCO einbauen. Benutzt man dabei die normierten AR-Matrizen $\tilde{\boldsymbol{A}}_k^{(M)}$ und $\tilde{\boldsymbol{B}}_k^{(M)}$, dann lautet die Anfangsbedingung des rekursiven Berechnungsverfahrens wegen $\tilde{\boldsymbol{P}}_{f,0} = \tilde{\boldsymbol{P}}_{b,0} = \boldsymbol{E}$

$$\boldsymbol{R}_0 = (\tilde{\boldsymbol{A}}_0^{(0)})^{-1} (\tilde{\boldsymbol{A}}_0^{(0)})^{-T} = (\tilde{\boldsymbol{B}}_0^{(0)})^{-1} (\tilde{\boldsymbol{B}}_0^{(0)})^{-T},$$

und $\boldsymbol{R}_M$ bzw. $\boldsymbol{R}_{-M}$ kann mit $M = 1$ beginnend aus

$$\boldsymbol{R}_M = -(\tilde{\boldsymbol{A}}_0^{(M)})^{-1} \sum_{k=1}^{M} \tilde{\boldsymbol{A}}_k^{(M)} \boldsymbol{R}_{M-k}$$

bzw.

$$\boldsymbol{R}_{-M} = -(\tilde{\boldsymbol{B}}_0^{(M)})^{-1} \sum_{k=1}^{M} \tilde{\boldsymbol{B}}_k^{(M)} \boldsymbol{R}_{-(M-k)}$$

berechnet werden. Erfolgt die Schätzung der normierten Matrizen $\tilde{\boldsymbol{A}}_0^{(0)}$ und $\tilde{\boldsymbol{B}}_0^{(0)}$ entsprechend dem im Ablaufplan 34 gewählten Ansatz, dann sind am Schluß der Rechnungen die geschätzten Kovarianzmatrizen $\boldsymbol{R}_k$ und $\boldsymbol{R}_{-k}$ für $k = 0, 1, 2, \ldots, M$ jeweils noch durch den Umfang n der multivariaten Zeitreihe zu dividieren.

Literatur

[1] AKAIKE, H.; Power spectrum estimation through autoregressive model fitting. Ann. Inst. Statist. Math., Tokyo, **21** (1969) 407–419.

[2] AKAIKE, H.; Statistical predictor identification. Ann. Inst. Statist. Math., Tokyo, **22** (1970) 203–217.

[3] AKAIKE, H.; A new look at the statistical model identification. IEEE Trans. Automatic Control, New York, **AC-19** (1974) 716–723.

[4] ANDERSEN, N.; On the calculation of filter coefficients for maximum entropy spectral analysis. Geophysics, Tulsa, Oklahoma, **39** (1974) 69–72.

[5] ANDERSEN, N.; Comments on the performance of maximum entropy algorithms. Proc. IEEE, New York, **66** (1978) 1581–1582.

[6] AURASS, H.; GRÄSSL, S.; KURTHS, J.; Zur Schätzung von Leistungsspektren geophysikalischer Registrierungen unter besonderer Berücksichtigung der Maximum-Entropie-Methode. Gerlands Beitr. Geophysik, Leipzig, **86** (1977) 121–136.

[7] BAGGEROER, A. B.; Confidence intervals for regression (MEM) spectral estimates. IEEE Trans. Information Theory, New York, **IT-22** (1976) 534–545.

[8] BAGROV, N. A.; Statističeskaja entropija kak mera neopredelennosti i svjazannosti slučajnych javlenij. Meteorologija i Gidrologija, Moskva, No. 9 (1957) 43–48.

[9] BAGROV, N. A.; Indeks analogičnosti vektornych polej. Trudy CIP, **123** (1962).

[10] BAGROV, N. A.; Statističeskaja entropija kak pokazatel' schodstva ili različija meteorologičeskich polej. Meteorologija i Gidrologija, Moskva, No. 1 (1963) 9–15.

[11] BARRODALE, I.; ERICKSON, R. E.; Algorithms for least-square linear prediction and maximum entropy spectral analysis – Part I: Theory, Part II: Fortran program. Geophysics, Tulsa, Oklahoma, **45** (1980) 420–432, 433–446.

[12] BARTELS, J.; Zur Morphologie geophysikalischer Zeitfunktionen. Sitz.-Ber. Preuß. Akad. Wiss. Berlin, phys.-math. Kl. **29/30** (1935) 504–522.

[13] BAUR, F.; Abweichungen der Monatsmengen des Niederschlags in Deutschland westlich der Oder in Ltr/m², Mittel aus 14 Stationen, vom 120jährigen Mittelwert 1851–1970. Beilage zur Berliner Wetterkarte des Inst. f. Meteorologie der FU Berlin vom 24. 6. 1975.

[14] BENDAT, J. S.; Principles and applications of random noise theory. New York: Wiley 1958.

[15] BLACKMAN, R. B.; TUKEY, J. W.; The measurement of power spectra. New York: Dover Publications, Inc. 1958.

[16] BOX, G. E. P.; JENKINS, G. M.; Time series analysis; forecasting and control. San Francisco: Holden-Day 1970.

[17] BRIER, G. W.; Some statistical aspects of long-term fluctuations in solar and atmospheric phenomena. Ann. New York Acad. Sci. **95** (1) (1961) 173–187.

[18] BURG, J. P.; Maximum entropy spectral analysis. Proc. 37th Annual Meeting Soc. Exploration Geophysicists, Oklahoma City, OK, 1967.

[19] CEHAK, K.; Die Verwendung von orthogonalen Polynomen in der Meteorologie. Archiv Meteorol., Geophys., Bioklimatologie, Wien, **12** A (1962) 40–61.

[20] CHEN, W. Y.; STEGEN, G. R.; Experiments with maximum entropy power spectra of sinusoids. J. Geophysical Research, Washington, **79** (1974) 3019–3022.

[21] CLAERBOUT, J. F.; Fundamentals of geophysical data processing. New York: Mc-Graw-Hill 1976.

[22] COOLEY, J. W.; TUKEY, J. W.; An algorithm for the machin calculation of complex Fourier series. Math. Computation, Washington, **19** (1965) 297–301.

[23] CZELNAI, R.; DÉSI, F.; RÁKÓCZI, F.; On the determination of the rational density of the temperature-measuring network. Idöjárás, Budapest, **67** (1963) 129–136.

[24] CZELNAI, R.; DÉSI, F.; RÁKÓCZI, F.; Determination of the rational station density in a temperature observing network. Idöjárás, Budapest, **68** (1964) 65–71.

[25] CZELNAI, R.; DÉSI, F.; RÁKÓCZI, F.; The information quantity as a measure of the representativity of meteorological stations. Idöjárás, Budapest, **70** (1966) 321–326.

[26] DOBERITZ, R.; Kohärenzanalyse von Niederschlag und Wassertemperatur im tropischen Pazifischen Ozean. Berichte Dtsch. Wetterdienst, Offenbach a.M., Nr. 112 (Band 15) 1968.

[27] DOETSCH, G.; Anleitung zum praktischen Gebrauch der Laplace-Transformation und der Z-Transformation. München: Oldenbourg 1967.

[28] EDWARD, J. A.; FITELSON, M. M.; Notes on maximum-entropy processing. IEEE Trans. Information Theory, New York, **IT-19** (1973) 232–234.

[29] FABIAN, V.; Statistische Methoden. Berlin: Dtsch. Verlag d. Wiss., 2. Aufl. 1970.

[30] FEINSTEIN, A.; Foundations of information theory. New York: Mc Graw-Hill 1958.

[31] FEY, P.; Informationstheorie. Einführung in die statistische Theorie der elektrischen Nachrichtenübertragung. Berlin: Akademie-Verlag, 2. Aufl. 1966.

[32] FISZ, M.; Wahrscheinlichkeitsrechnung und Mathematische Statistik. Berlin: Dtsch. Verlag d. Wiss., 7. Aufl. 1973.

[33] FOUGERE, P. F.; ZAWALICK, E. J.; RADOSKI, H. R.; Spontaneous line splitting in maximum entropy power analysis. Physics Earth and Planetary Interiors, Amsterdam, **12** (1976) 201–207.

[34] FRYER, G. J.; ODEGARD, M. E.; SUTTON, G. H.; Deconvolution and spectral estimation using final prediction error. Geophysics, Tulsa, Oklahoma, **40** (1975) 411–425.

[35] GANDIN, L. S.; BAGROVA, E. I.; O strukture polja vysot poverchnosti 500 mb. Trudy GGO, Leningrad, **99** (1959).

[36] GANDIN, L. S.; Ob'ektivnyj analiz meteorologičeskich polej. Leningrad: Gidrometeoizdat 1963.

[37] GANTMACHER, F. R.; Matrizenrechnung, Bd. I: Allgemeine Theorie. Berlin: Dtsch. Verlag d. Wiss., 3. Aufl. 1970.

[38] GNEDENKO, B. W.; Lehrbuch der Wahrscheinlichkeitsrechnung. Berlin: Akademie-Verlag, 7. Aufl. 1979.

[39] HALDOUPIS, CH. I.; Spectral analysis techniques of geophysical data: On the performance of periodogram and maximum entropy method. Geophysica Norvegica, Oslo, **32** (1981) 29–43.

[40] HASTENRATH, S.; KACZMARCZYK, E. B.; On spectra and coherence of tropical climate anomalies. Tellus, Stockholm, **33** (1981) 453–462.

[41] HAYKIN, S.; KESLER, S.; Multichannel maximum-entropy estimation. In: Nonlinear methods of spectral analysis. Herausgeber: S. HAYKIN. Berlin/Heidelberg/New York: Springer-Verlag 1979.

[42] HESS, P.; BREZOWSKY, H.; Katalog der Großwetterlagen Europas. Berichte Dtsch. Wetterdienst, Offenbach a.M., Nr. 113 (Band 15) 3. verb. u. ergänzte Aufl. 1977.

[43] HOLLOWAY, J. L.; WOODBURY, M. A.; Application of information theory and discriminant function analysis to weather forecasting and forecast verification. Techn. Report No. 1 to Office of Naval Research, Univ. of Pennsylvania, Inst. for Cooperative Research, Philadelphia, Penn. 1955.

[44] JAGLOM, A M.; Einführung in die Theorie der stationären Zufallsfunktionen. Berlin: Akademie-Verlag 1959.

[45] JAGLOM, A. M.; JAGLOM, I. M.; Wahrscheinlichkeit und Information. Berlin; Dtsch. Verlag d. Wiss., 3. Aufl. 1967.

[46] JENKINS, G. M.; WATTS, D. G.; Spectral analysis and its applications. San Francisco: Holden-Day 1968.

[47] JONES, R. H.; A reappraisal of the periodogram in spectral analysis. Technometrics, Washington, **7** (1965) 531–542.

[48] JONES, R. H.; Identification and autoregressive spectrum estimation. IEEE Trans. Automatic Control, New York, **AC-19** (1974) 894–897.

[49] KAGAN, V. K.; KONDRAT'EV, K. JA.; Osnovy informacionnoj teorii vidimosti v atmosfere. Leningrad: Gidrometeoizdat 1968.

[50] KAY, S. M.; MARPLE, S. L.; Spectrum analysis – a modern perspective Proc. IEEE, New York, **69** (1981) 1380–1419.

[51] KOLMOGOROV, A. N.; Die lokale Struktur der Turbulenz in einer inkompressiblen zähen Flüssigkeit bei sehr großen Reynoldsschen Zahlen. *In:* Sammelband zur statistischen Theorie der Turbulenz. Herausgeber: H. GOERING. Berlin: Akademie-Verlag 1958.

[52] LACOSS, R. T.; Data adaptive spectral analysis methods. Geophysics, Tulsa, Oklahoma, **36** (1971) 661–675.

[53] LAHRES, H.; Einführung in die diskreten Markoff-Prozesse und ihre Anwendungen. Leipzig: Teubner 1964.

[54] LEE, Y. W.; Statistical theory of communication. New York/London/Sydney: Wiley 1960.

[55] LEVINSON, N.; The Wiener RMS (root mean square) error criterion in filter design and prediction. J. Math. and Phys., Baltimore, **25** (1947) 261–278.

[56] LINKE, F.; BAUR, F.; Meteorologisches Taschenbuch. Leipzig: Akademische Verlagsgesellschaft Geest and Portig I. Band, 2. Aufl. 1962, S. 740–748, II. Band, 2. Aufl. 1970, S. 696.

[57] Lucke, O.; Statistische Untersuchungen über die Stundenmittel des Windvektors in Potsdam während eines Jahres. Gerlands Beitr. Geophysik, Leipzig, **71** (1962) 337–378.

[58] Magnus, W.; Oberhettinger, F.; Formeln und Sätze für die speziellen Funktionen der mathematischen Physik. Berlin/Göttingen/Heidelberg: Springer-Verlag 1948.

[59] Makhoul, J.; Linear prediction: A tutorial review. Proc. IEEE, New York, **63** (1975) 561–580.

[60] Malitz, G.; Beschreibung des horizontalen Windvektors von Potsdam im Zeitraum 1961 bis 1970 mit Hilfe der Informationsentropie. Z. Meteorologie, Berlin, **28** (1978) 79–85.

[61] Morf, M.; Vieira, A.; Lee, D. T. L.; Kailath, T.; Recursive multichannel maximum entropy spectral estimation. IEEE Trans. Geoscience Electronics, New York, **GE-16** (1978) 85–94.

[62] Oberhettinger, F.; Tabellen zur Fourier Transformation. Berlin/Göttingen/Heidelberg: Springer-Verlag 1957.

[63] Obuchov, A. M.; Normal'naja korreljacija vektorov. Izvestija AN SSSR, Serija Matem. No. 3 (1938).

[64] Olberg, M.; Zur Schätzung der Zufallswahrscheinlichkeit von Periodizitäten in geophysikalischen Beobachtungsreihen. Acta Hydrophysica, Berlin, **16** (1971) 83–94.

[65] Olberg, M.; Bemerkungen zur Verwendung der effiktiven Anzahl unabhängiger Stichprobenwerte bei statistischen Testverfahren in der Meteorologie und Geophysik. Gerlands Beitr. Geophysik, Leipzig, **81** (1972) 57–64.

[66] Olberg, M.; Untersuchungen zur Signifikanzprüfung des periodischen Verhaltens und statistischer Parameter meteorologischer Zeitreihen. Wiss. Z. Humboldt-Univ. Berlin, Math.-nat. R. **25** (1976) 423–427.

[67] Olberg, M.; Die statistische Entropie des horizontalen Windvektors in Potsdam. Idöjárás, Budapest, **82** (1978) 17–30.

[68] Olberg, M.; Zeitliche Änderungen im spektralen Verhalten der Zeitreihe Monatssummen des Niederschlags nach Baur. Idöjárás, Budapest, **83** (1979) 70–78.

[69] Olberg, M.; Rosenow, W.; Zeitliche Änderungen im spektralen Verhalten meteorologisch-klimatologischer Datenreihen. Z. Meteorologie, Berlin **30** (1980) 296–307.

[70] Parzen, E.; Some recent advances in time series modeling. IEEE Trans. Automatic Control, New York, **AC-19** (1974) 723–730.

[71] Pugačev, V. S.; Teorija slučajnych funkcij. Moskva 1962.

[72] Radoski, H. R.; Fougere, P. F.; Zawalick, E. J.; A comparison of power spectral estimates and applications of the maximum entropy method. J. Geophysical Research, Washington, **80** (1975) 619–625.

[73] Radoski, H. R.; Zawalick, E. J.; Fougere, P. F.; The superiority of maximum entropy power spectrum techniques applied to geomagnetic micropulsations. Physics Earth and Planetary Interiors, Amsterdam, **12** (1976) 208–216.

[74] Rákóczi, F.; Der Zusammenhang der täglichen Maximaltemperatur mit der relativen Topographie 500/1000 mb an heiteren Tagen. Idöjárás, Budapest, **61** (1957) 419–423 (ungar. Text).

[75] Rákóczi, F.; Über die Vorhersagemethoden der Temperaturextremwerte. Diss. Eötvös-Universität Budapest 1961 (ungar. Text).

[76] Rákóczi, F.; Die Eigentümlichkeiten des Temperatur- und Feuchtefeldes in Ungarn

und die Fragen des Beobachtungsnetzes. 3. Konferenz für Karpatenmeteorologie, Beograd 1966, 395–402.

[77] Rákóczi, F.; Die statistische Entropie, als Charakteristik der meteorologischen Felder. Idöjárás, Budapest, **72** (1968) 298–304.

[78] Rákóczi, F.; Einige meteorologische Anwendungen der Informationstheorie. Kandidaten-Diss. Eötvös-Universität Budapest 1972 (ungar. Text).

[79] Rákóczi, F.; Szidarovsky, F.; Some statistical parameters of Manley's central England temperature data. Idöjárás, Budapest, **84** (1980) 255–260.

[80] Rényi, A.; Wahrscheinlichkeitsrechnung. Berlin: Dtsch. Verlag d. Wiss. 2. Aufl. 1966.

[81] Reuter, H.; Forecasting minimum temperatures. Tellus, Stockholm, **3** (1951) 141–147.

[82] Reza, Fazlollah M.; An introduction to information theory. New York/Toronto/London: McGraw-Hill 1961.

[83] Rice, S. O.; Mathematical analysis of random noise. Bell. Syst. Techn. J., New York, **23** (1944) 282–332, **24** (1945) 46–156.

[84] Robinson, E. A.; Multichannel time series analysis with digital computer programs. San Francisco/Cambridge/London/Amsterdam: Holden-Day 1967.

[85] Scherhag, R.; Neue Methoden der Wetteranalyse und Wetterprognose. Berlin/Göttingen/Heidelberg: Springer-Verlag 1948.

[86] Schönwiese, C. D.; Klimaanalyse mittels Varianzspektrum und numerischer Band-paßfilterung. Münchener Universitäts-Schriften, Meteorol. Inst. **21** (1971).

[87] Schönwiese, C. D.; Schwankungsklimatologie im Frequenz- und Zeitbereich. Wiss. Mitt. Meteorol. Inst. München Nr. **24** (1974).

[88] Schönwiese, C. D.; Central England temperature and sunspot variability 1660–1975. Archiv Meteorol., Geophys., Bioklimatol., Serie B, Wien/New York, **26** (1978) 1–16.

[89] Schuster, A.; On the investigation of hidden periodicities with application to a supposed 26-day period of meteorological phenomena. Terrest. Magnetism and Atmosph. Electricity, Baltimore, Maryland, **3** (1898) 13–41.

[90] Schwarz, H.; Optimale Regelung und Filterung. Berlin: Akademie-Verlag 1981.

[91] Shannon, C. E.; A mathematical theory of communication. Bell. Syst. Techn. J., New York, **27** (1948) 379–423, 623–656.

[92] Smirnow, N. W.; Dunin-Barkowski, I. W.; Mathematische Statistik in der Technik. Berlin: Dtsch. Verlag d. Wiss. 1963.

[93] Smylie, D. E.; Clarke, G. K. C.; Ulrych, T. J.; Analysis of irregularities in the earth's rotation. Methods Computational Physics, New York, **13** (1973) 391–430.

[94] Sonečkin, D. M.; Nekotorye charakteristiki oblačnosti po dannym samoletnych i nazemnych nabljudenie. Trudy MMC **11** (1966) 34–41.

[95] Sonečkin, D. M.; Obrabotka i analiz televizionnych i infrakrasnych snimkov s cel'ju polučenija informacii ob oblačnosti. Trudy meždunarodnogo simpoziuma po sputnikoj meteorologija. Moskva 1970.

[96] Stiewe, H.; Eine Erweiterung des Burg-Algorithmus zur Maximum-Entropie-Spektral-analyse multivariater Zeitserien. Gerlands Beitr. Geophysik, Leipzig, **88** (1979) 453–462.

[97] Storm, R.; Wahrscheinlichkeitsrechnung, mathematische Statistik und statistische Qualitätskontrolle. Leipzig: Fachbuchverlag 1965.

[98] Stumpff, K.; Über die Zufallswahrscheinlichkeit von Periodizitäten in Beobachtungs-reihen. Veröff. Meteorologisches Inst. Univ. Berlin **1** (1936) H. 2.

[99] STUMPFF, K.; Grundlagen und Methoden der Periodenforschung. Berlin: Springer-Verlag 1937.

[100] SWESCHNIKOW, A. A.; Untersuchungsmethoden der Theorie der Zufallsfunktionen mit praktischen Anwendungen. Leipzig: Teubner 1965.

[101] TAUBENHEIM, J.; Statistische Auswertung geophysikalischer und meteorologischer Daten. Leipzig: Akademische Verlagsgesellschaft Geest & Portig 1969.

[102] TAUBENHEIM, J.; Zur Berücksichtigung der Autokorrelation bei der statistischen Signifikanzprüfung von Korrelationen zwischen zwei Zeitreihen. Gerlands Beitr. Geophysik Leipzig, **83** (1974) 413–416.

[103] ULRYCH, T. J.; Maximum entropy power spectrum of truncated sinusoids. J. Geophysical Research, Washington, **77** (1972) 1396–1400.

[104] ULRYCH, T. J.; JENSEN, O.; Cross-spectral analysis using maximum entropy. Geophysics, Tulsa, Oklahoma, **39** (1974) 353–354.

[105] ULRYCH, T. J.; BISHOP, T. N.; Maximum entropy spectral analysis and autoregressive decomposition. Rev. Geophys. Space Phys., Richmond/Virginia, **13** (1975) 183–200.

[106] ULRYCH, T. J.; CLAYTON, R. W.; Time series modelling and maximum entropy. Physics Earth and Planetary Interiors, Amsterdam, **12** (1976) 188–200.

[107] UNBEHAUEN, R.; Systemtheorie. Eine Einführung für Ingenieure. Berlin: Akademie-Verlag 1970.

[108] VAN DEN BOS, A.; Alternative interpretation of maximum entropy spectral analysis. IEEE Trans. Information Theory, New York, **IT-17** (1971) 493–494.

[109] VAN DER BIJL, W.; Das statistische Entropieverhältnis, ein Hilfsmittel zur Lösung von Vorhersageproblemen. Meteorol. Rdsch., Berlin/Göttingen/Heidelberg, **12** (1959) 33–36.

[110] VAN ISACKER, J.; Generalized harmonic analysis. Adv. Geophysics, New York, **7** (1961).

[111] VASJUKOV, K. A.; ZVEREV, N. I.; PED', D. A.; Prognoz sinoptičeskich processov na tekuščij estestvennyj sinoptičeskij period s pomošč'ju analoga. Meteorologija i Gidrologija, Moskva, **1** (1962).

[112] VÍCH, R.; Z-Transformation, Theorie und Anwendung. Berlin: Verlag Technik 1964.

[113] WAHL, E. W.; Das statistische Entropieverhältnis, ein Hilfsmittel zur Lösung von Vorhersageproblemen. Meteorol. Rdsch., Berlin/Göttingen/Heidelberg, **8** (1955) 51–54.

[114] WATKINS, S. L.; Algorithm 483, masked three-dimensional plot program with rotations. Communications ACM, New York, **17** (1974) 520–523.

[115] WIENER, N.; The Fourier integral and certain of its applications. Cambridge: Univ. Press 1933.

[116] WIENER, N.; Extrapolation, interpolation, and smoothing of stationary time series with engineering applications. New York: Wiley 1949.

[117] WIGGINS, R. A.; ROBINSON, E. A.; Recursive solution to the multichannel filtering problem. J. Geophysical Research, Washington, **70** (1965) 1885–1891.

[118] WÖLKERLING, B.; Zwei- und dreidimensionale Darstellung von Berechnungsergebnissen der Methode finiter Elemente oder der Methode finiter Differenzen. Mitt. KAPG, AG 5.2 Analysemethoden mittels EDVA, Sommer-Schule 1977 Liblice, Praha, 1978, 349–362.

[119] Wold, H.; A study in the analysis of stationary time series. Uppsala: Almquist and Wiksell 1938.
[120] Wold, H.; Bibliography on time series and stochastic processes. London: Oliver and Boyd 1965.
[121] Zverev, A. C.; Sinoptičeskaja meteorologija. Leningrad: Gidrometeoizdat 1957.

Sachverzeichnis

MIX
Papier | Fördert gute Waldnutzung
FSC® C083411

Zeitfracht Medien GmbH
Ferdinand-Jühlke-Straße 7
99095 Erfurt, Deutschland
produktsicherheit@kolibri360.de